中等职业学校教材

劳动和社会保障部培训就业司认定

有 机 化 学

第二版

王秀芳 编

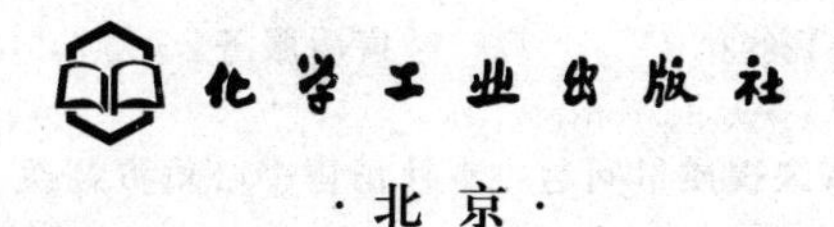

·北京·

本书共四章，主要内容包括绪言、烃、烃的衍生物、糖类和蛋白质、合成有机高分子化合物。该书基本上是按官能团体系将脂肪族化合物和芳香族化合物进行混合编排，系统叙述了有机化学基础知识，并对烃和烃的衍生物进行了重点介绍。为了适应学生的不同状况，丰富学生的科学技术知识，开阔眼界，教材中编排了少量选学内容和适量的阅读内容。

书末有学生实验内容，并附：常见有机物的分类、常见各类有机物的通式、官能团、分子结构特点和主要化学性质、烃及其衍生物的相互关系、有机化学反应的基本类型。为了便于更好地学习、掌握有机化学基本概念、基础知识和基本技能，每节课的各种类型习题和每章的测验题，另编在《有机化学练习册》中，该练习册与本教材配套使用。

本书可作化工中等职业学校无机化工工艺、化工分析等专业的教材，也可作其他中等职业学校相关专业的教学用书和职工自学及工人培训用书。

图书在版编目（CIP）数据

有机化学/王秀芳编. —2版. —北京：化学工业出版社，2006.11（2025.1重印）
中等职业学校教材
ISBN 978-7-5025-9710-8

Ⅰ. 有…　Ⅱ. 王…　Ⅲ. 有机化学-专业学校-教材
Ⅳ. 062

中国版本图书馆 CIP 数据核字（2006）第 144430 号

责任编辑：张双进　　　　装帧设计：韩　飞
责任校对：蒋　宇

出版发行：化学工业出版社（北京市东城区青年湖南街 13 号　邮政编码 100011）
印　　装：河北延风印务有限公司
850mm×1168mm　1/32　印张 9¾　字数 267 千字
2025 年 1月北京第 2 版第 18 次印刷

购书咨询：010-64518888　　　　售后服务：010-64518899
网　　址：http://www.cip.com.cn
凡购买本书，如有缺损质量问题，本社销售中心负责调换。

定　　价：22.00 元　

前　言

本书是在全国中等职业学校教材《有机化学》第一版内容的基础上编写而成的。编写时，按照教学大纲的要求，保留了第一版教材内容的编排形式、风格和特点。注意了有关知识与中等职业学校教材《无机化学》（王秀芳主编，2005 年 7 月第二版由化学工业出版社出版）的紧密衔接。为了适应中国教育形势的发展，充分考虑到中等职业学校教学的实际情况和技工教育的特点，对第一版教材部分内容进行了修改。为了进一步拓展学生视野，提高文化素质，适当增加了用小字编排的选修内容和阅读内容。

该教材配有《有机化学练习册》，可直接作为作业本与教材配套使用。练习册中有关有机物的计算内容，教师应作为教学任务讲解。练习册中的各类型习题，一部分可穿插在课堂教学中完成，一部分可作为课外作业完成。

本教材是由陕西工业技术学院高级讲师王秀芳编写，由陕西师范大学化学与材料科学学院周鸿顺教授任主审，参加审稿的有高级讲师周士超、杨苗和宁粉英。

编写本书时，主要参考了高中《化学》课本以及一些大学、中专、技校的《有机化学》教材，在此一并表示感谢。

由于编者水平有限，书中不妥之处在所难免，敬请广大师生提出宝贵意见。

编　者

2006 年 10 月

第一版前言

本书是根据1996年7月原化工部全国化工技校教学指导委员会化工工艺专业教材编审组制定的全国化工技工学校教材《有机化学教学大纲》编写的。

根据大纲的要求和初中学生初学有机化学的实际情况，编写本书时加强了针对性，认真精选了教学内容，避免了偏多、偏深、偏难和与本专业要求不甚密切的内容，力求使教材内容主次分明，重点突出，详略得当；教学内容的编排注意遵循实践—认识—实践这一认识规律，按照物质之间的内在联系，由近及远，由浅入深，由简到繁，由感性到理性，符合循序渐进的原则；贯彻了理论联系实际的原则，教材内容紧密联系化工生产实际，增加了课堂演示实验内容，加强了化学实验教学；注意了教材内容的正确性、先进性、科学性和思想性以及概念、理论说明的严密性、逻辑性，力求做到层次分明、条理清楚，叙述深入浅出，举例、分析问题通俗易懂。为了丰富学生的科学技术知识，教材中用小字编排了适量选学内容（用※表示），也可供学生课外阅读，开阔眼界。为了给师生提供方便，提高效率，还编写了与本教材配套的《有机化学练习册》。在该练习册中，有目的、有计划、有针对性地编写了考查学生最基本、最重要的基础知识和基本技能的各种类型的习题，还注意编选了一些稍有综合性和有一定灵活性的习题，以便使学生打好基础。该练习册按照本教材的章节顺序编排，各节配有填空题、选择题、判断题和计算题，每章后配有自测题和学习辅导内容。练习册可直接作为作业本使用。

本书由陕西石油化工高级技校王秀芳编写。由上海化工厂技校曹福民任主审，参加审稿的还有吉林化工技工学校陈性永、杨洪英，上海化工厂技校邱芳伟。

在编写本书的过程中，主要参考了高中《化学》课本、全国化工技工学校第一轮教材《有机化学》以及大学、中专的《有机化学》教材，在此一并表示衷心的感谢。

由于编者水平有限，书中难免疏漏之处，敬请读者、特别是使用本书的师生提出批评意见。

编　者

1997年12月

目　录

绪　　言

一、有机化合物和有机化学

1. 有机化合物

人们生活在物质世界里，物质的种类很多，根据它们的组成、结构和性质等方面的特点，可分为纯净物和混合物，纯净物可分为单质和化合物，化合物又分为无机化合物和有机化合物两大类。在无机化学中已经学过的氧化物、酸、碱、盐等化合物，都属于无机化合物；另一类化合物如淀粉、蛋白质、酒精、油脂、纤维、橡胶、石油、染料等，则属于有机化合物。

人们对有机化合物的认识是在实践中逐渐加深，由片面到比较全面。最初人们接触到的有机化合物，只能从动植物等有机[1]体中取得，而不能用人工的方法合成。因此，当时人们把来源于动、植物有机体的这类化合物称为“有机化合物”，简称“有机物”。从 19 世纪 20 年代开始，人们用非生物体内取得的物质先后合成了许多有机化合物，如尿素、乙酸、油脂等。这些科学事实说明人工合成有机物是完全可能的。这样，也就打破了只能从有机体取得有机化合物的限制。现在，人们不但能合成自然界里已经有的许多种有机化合物，而且还能大量的合成自然界中原来没有的多种多样性质良好的有机化合物，如合成树脂、合成橡胶、合成纤维、结晶牛胰岛素、核糖核酸和许多染料、药物等。因此，“有机化合物”这个名称已经在历史的原意上有了很大发展，但由于历史和习惯的原因，这个名称一直沿用至今。

通过元素分析法，人们发现，不论是来自生物体的还是人工合成

---

[1] “有机”就是指有生命机能的意思。

的有机化合物都含有碳元素。所以，**把含碳元素的化合物叫做有机化合物**。无机化合物，一般指的是组成里不含碳元素的物质。而像一氧化碳、二氧化碳、碳酸、碳酸盐、碳化物（CaC_2、SiC 等）、氰化物等少数物质，虽然含有碳元素，但由于它们的结构和性质与无机化合物相似，所以还是把它们归属在无机化合物里。随着科学研究的深入，还发现有机物除含碳元素外，几乎都含有氢元素，有些还含有卤素、氧、硫、氮等元素。

2. 有机化学

人们把研究有机物的化学叫做“有机化学”。**有机化学是研究有机物的组成、结构、性质、合成方法、应用及其相互转化规律的科学**。

二、有机化合物的特点

有机物种类繁多，远远超过了无机物的数量。目前，从自然界里发现的和人工合成的有机物约有三千万种，而无机物却只有十来万种。这是由于有机物都含有碳元素的缘故，碳元素位于元素周期表的第 2 周期第ⅣA 族，碳原子最外电子层有 4 个价电子，在化学反应中不易失去电子形成阳离子，也不易得到电子形成阴离子，通常是以共价键与其他原子相结合，可以与其他原子形成 4 个共价键，而且碳原子与碳原子之间也能以共价键相结合，形成单键、双键或三键，多个碳原子也可以相互结合形成长短不同的碳链或大小不等的碳环结构。因此一个有机物的分子可能只含一个碳原子，也可能含有几千甚至上万个碳原子；而含有相同原子种类和数目的分子又可能具有不同的结构。这就是造成有机物种类和数目繁多的主要原因。

有机化合物的许多物理性质和化学性质的特点，与其结构密切相关。一般来说，有机化合物与无机化合物相比较，在性质上具有以下主要特点。

1. 难溶于水而易溶于有机溶剂

多数有机化合物难溶于水，易溶于酒精、汽油、苯、乙醚等有机溶剂中。而多数无机化合物则易溶于水，难溶于有机溶剂。

由于大多数有机化合物分子里的碳原子与其他原子以共价键相结

合，分子的极性很弱或没有极性，根据“相似相溶”的经验规律，它们易溶于极性弱或非极性的有机溶剂中，难溶于强极性的水中。而大多数无机化合物是极性的，所以一般能溶于水，难溶于有机溶剂中。

2. 容易燃烧

绝大多数有机化合物受热时不稳定，容易分解，也容易燃烧。如蔗糖、淀粉、纤维、油脂、汽油、酒精等遇火就会发烟、碳化、燃烧。而无机化合物一般不易或不能燃烧。

有机化合物的易燃性与它含有的碳和氢元素有关。

3. 熔点和沸点较低

有机化合物在室温下常以气体、液体或低熔点的固体状态存在，液体的沸点最高不超过350℃左右，固体的熔点在400℃以下。而许多无机化合物的熔点、沸点则比较高，如NaCl晶体的熔点为801℃，沸点为1413℃。

由于有机化合物分子聚集时形成的晶体，大多数是分子晶体，分子间以微弱的分子间作用力互相结合着，破坏这种力需要较少的能量，所以有机化合物的熔点、沸点低。而无机化合物许多是以离子键结合的，并形成离子晶体，离子键的键能比较大，要破坏它则需要较大的能量，所以无机化合物的熔点、沸点一般较高。

4. 不易导电

绝大多数有机化合物不容易发生电离，是非电解质，所以不易导电。而大多数无机化合物是电解质，在水溶液中或熔化状态下能电离出自由移动的离子，因而能导电。

5. 反应速率慢，常有副反应发生

有机化合物所进行的化学反应叫有机反应。有机反应一般来说都是分子之间的反应，其反应速率决定于分子之间不规则的碰撞而使分子中的某个共价键断裂，这种分子碰撞机率与反应过程通常比较慢，所以多数有机反应进行缓慢，往往需要几小时、几天、甚至更长的时间才能完成。因此许多有机反应常常需要加热、用光照射或使用催化剂等手段，增加分子间的碰撞率，促进反应顺利进行，提高反应速率。又由于有机物分子是复杂分子，分子中键的断裂可以发生在不同的位置上，故有机反应还常伴有副反应发生，反应产物也比较复杂。

无机反应往往是离子反应，反应的发生是依靠离子间的静电引力，结合比较迅速，所以反应速率快。例如酸碱中和反应、卤素离子和银离子生成卤化银沉淀的反应等，都可在瞬间完成。

以上列举的只是有机化合物的一般特性，严格来讲，有机化合物和无机化合物在性质上的区别仅仅是相对的，并不是绝对的。例如，少数有机化合物易溶于水（如酒精、乙酸、蔗糖等）；某些有机化合物（如四氯化碳）非但不能燃烧，反而可用作灭火剂；有些有机反应速率很快，甚至进行爆炸式的反应（如 TNT 炸药的爆炸）。因此，在了解有机化合物的共同特性时，还应当十分重视它们的个性。

三、有机化学的重要性

有机化学对国民经济的发展和人民生活水平的提高起着非常重要的作用，它在许多科学技术研究领域里占有十分重要的地位。

在农业方面，长效、低污染新农药的研制、农副产品的综合利用等都需要应用有机化学知识。在工业和国防方面，能源中的煤、石油和天然气的大力开发、提炼和综合利用，合成纤维、合成橡胶、塑料、染料、医药、涂料、炸药、表面活性剂、高能燃料、特殊材料、石油化工、日用化工、食品工业等的发展，都依赖于有机化学的成就。近代随着石油化工生产的突飞猛进，中国五大合成材料（合成纤维、合成橡胶、塑料、涂料、胶黏剂）基地已基本建成，用于火箭、导弹、人造卫星、核工业等所需要的特殊材料已能独立生产，这些成绩都与有机化学的飞速发展密切相关。人们的衣、食、住、行和日常生活用品都离不开有机化学，可以说，人类生活的各个方面，都与有机化学息息相关。有机化学也是研究与生命有关的生物化学和分子生物学的基础之一，中国在 1965 年用化学方法在世界上首次完成具有生命活性的蛋白质结晶牛胰岛素的人工合成；1971 年完成了猪胰岛素晶体结构的测定，以后又完成酵母丙氨酸转移核糖核酸的合成；1990 年 11 月在世界上首次观察到 DNA 的变异结构——三链辫态缠绕结构片断，这些科学研究不仅使有机化学学科得到进一步发展，同时对于人类认识复杂的生命现象、控制遗传、征服顽症和造福人类都是非常重要的。

随着现代科学技术的不断发展，不仅化工行业需要专门的化学知识，其他行业和很多部门也需要化学知识，因此化学教育的普及是社会发展的需要。有机化学是化学的一个分支学科，它是化工中等职业学校化工专业必修的一门基础理论课程。因此，一定要努力学好有机化学这门课，掌握有机化学基础知识和基本技能，了解它们在实际中的应用，为化工专业课程的学习和将来从事化工生产奠定良好的基础。

四、有机化合物的分类

1. 按碳架分类

有机化合物可以按碳原子结合方式的不同分为四类。

（1）开链化合物　这类化合物分子中，碳原子与碳原子连接成链状结构。例如

```
   H  H  H              H  H  H              H  H  H
   |  |  |              |  |  |              |  |  |
H—C—C—C—H          H—C—C═C—H          H—C—C—C—OH
   |  |  |              |                    |  |  |
   H  H  H              H                    H  H  H

     丙烷                  丙烯                 1-丙醇
```

开链化合物最初是在油脂中发现的，所以又叫做脂肪族化合物。

（2）脂环族化合物　这类化合物分子中的碳原子连接成环状结构，它们的性质和脂肪族化合物相似，所以叫做脂环族化合物。例如

```
                      H              O
       H2             C              ‖
       C             ╱‖╲             C
     ╱   ╲        HC    CH2        ╱   ╲
  H2C     CH2      |     |      H2C     CH2
   |       |    H2C     CH2      |       |
  H2C——CH2          ╲  ╱        H2C     CH2
                     C             ╲   ╱
                     H2              C
                                     H2

    环戊烷         环己烯          环己酮
```

（3）芳香族化合物　这类化合物分子中都含有由 6 个碳原子连接成的“特殊的”环状结构——苯环结构，它们的性质与脂肪族化合物和脂环族化合物都不同。例如

苯　　苯酚　　萘

这类化合物最初发现的是具有芳香味的有机物，所以叫做芳香族化合物。

（4）杂环化合物　这类化合物分子中，具有由碳原子和其他杂原子（氧、氮、硫等）共同组成的环状结构。例如

噻吩　　糠醛　　吡啶

2．按官能团分类

根据分子中所含的官能团不同，将有机化合物分为几种类型，即将含有相同官能团的化合物归为一类。官能团是决定化合物主要性质的原子或原子团。一般来说，含有相同官能团的化合物，化学性质基本相似，把它们归为一类进行研究是比较方便的。有关这方面的知识，将在后面各章里学习。

本书是将上述两种分类方法结合在一起，讨论各类有机化合物，主要分为烃、烃的衍生物、糖类、高分子化合物（详见附录一）。

[阅读]

物质的分类

1．物质的分类

- 物质
  - 混合物
  - 纯净物
    - 单质
      - 金属
      - 非金属(同素异形体)
      - 稀有气体
    - 化合物
      - 无机化合物
      - 有机化合物(同系物，同分异构体)

2. 无机化合物的分类

- 氢化物
  - 气态氢化物：HF、HCl、NH_3、H_2S ($\overset{+1}{H}$)
  - 金属氢化物：NaH、CaH_2 ($\overset{-1}{H}$)

- 无机化合物
  - 氧化物
    - 成盐氧化物
      - 酸性氧化物：SO_2、CO_2、P_2O_5
      - 碱性氧化物：K_2O、CaO、CuO
      - 两性氧化物：Al_2O_3、ZnO
    - 不成盐氧化物：NO、N_2O
    - 过氧化物：Na_2O_2、H_2O_2
    - 特殊氧化物：Fe_3O_4、Pb_3O_4
  - 碱
    - 按溶解性
      - 可溶性碱：NaOH、KOH、$Ba(OH)_2$
      - 不溶性碱：$Cu(OH)_2$、$Fe(OH)_3$
    - 按强弱
      - 强碱：KOH、$Ba(OH)_2$
      - 弱碱：$NH_3 \cdot H_2O$、$Cu(OH)_2$、$Fe(OH)_3$
      - 两性氢氧化物：$Al(OH)_3$、$Zn(OH)_2$
  - 酸
    - 按是否有氧
      - 含氧酸：H_2SO_4、H_3PO_4
      - 无氧酸：HI、HBr、HCl、H_2S
    - 按强弱
      - 强酸：HCl、HNO_3、H_2SO_4、HBr、HI、$HClO_4$
      - 弱酸：H_2CO_3、H_2S、CH_3COOH
    - 按有无氧化性
      - 氧化性酸：HNO_3、浓H_2SO_4、HClO
      - 非氧化性酸：HF、HCl、H_3PO_4
    - 按含氢个数
      - 一元酸：HNO_3、HCl
      - 多元酸：H_2SO_3、H_3PO_4
  - 盐
    - 正盐：Na_2SO_4、K_2CO_3
    - 酸式盐：$NaHSO_4$、$NaHCO_3$
    - 碱式盐：$Cu_2(OH)_2CO_3$
    - 复盐：$KAl(SO_4)_2 \cdot 12H_2O$、$KCl \cdot MgCl_2 \cdot 6H_2O$
    - 络盐：$Cu(NH_3)_4SO_4$、$K_4[Fe(CN)_6]$

第一章　烃

根据有机物的组成来看，仅由碳和氢两种元素组成的有机化合物叫做“碳氢化合物”，简称为**烃**[1]。本章将学习各类重要的烃。

在初中化学里已经知道的甲烷，是烃类里分子组成最简单的物质。

第一节　甲烷　烷烃

一、甲烷

1. 甲烷的分子结构

甲烷的分子式是 CH_4。甲烷分子中，碳原子最外电子层有 4 个电子，氢原子最外电子层有 1 个电子，1 个碳原子能与 4 个氢原子形成 4 个共价键。若以“·”表示碳原子的最外层电子，以“×”表示氢原子的最外层电子，甲烷的电子式可表示如下。

$$\begin{array}{c} H \\ {}^{\times}_{\cdot} \\ H {}^{\times}_{\cdot} \text{C} {}^{\times}_{\cdot} H \\ {}^{\cdot}_{\times} \\ H \end{array}$$

在化学上常用一根短线来代表一对共用电子。因此，可以用下式表示甲烷分子的结构。

$$\begin{array}{ccccc} & & H & & \\ & & | & & \\ H & — & C & — & H \\ & & | & & \\ & & H & & \end{array}$$

这种用短线来代表一对共用电子的图式叫做结构式。化合物的结构式对于人们认识它们的结构、性质、制法等都是非常重要的，对于

---

[1] 烃音 ting。“烃”字是取“碳”字中的“火”和“氢”字中的“𢀖”合并而成的。

有机物更是这样。

甲烷的结构式虽然可以初步说明碳、氢各原子间的成键情况，但是并不能够说明分子里各原子在空间分布的实际情况。

甲烷分子的结构，是不是像上面所写的那样，1 个碳原子和 4 个氢原子都在同一平面上呢？经过大量的科学实验事实证明，它们不在同一个平面上，而是形成一个正四面体的立体结构。碳原子位于正四面体的中心，4 个氢原子分别位于正四面体的四个顶点上。碳原子的 4 个价键之间的夹角（键角）彼此相等，都是 $109°28'$。4 个碳氢键的键长相等，都是 1.09×10^{-10} m。经测定，C—H 键的键能是 413kJ/mol。甲烷分子结构的示意如图 1-1 所示，它可以表示分子里各原子的相对位置。

有机物的立体结构式书写起来比较麻烦，为方便起见，一般仍采用平面的结构式。

为了帮助人们进一步理解有机物分子的立体形状和分子内各原子的相对位置，还可以使用一些分子模型来表示分子的结构。图 1-2(a) 是甲烷分子的一种模型，黑球代表碳原子，白球代表氢原子，短棍代表价键。这种模型叫做球棍模型。图 1-2(b) 是甲烷分子的另一种模型，它用黑球和白球的体积比，来大体上表示碳和氢两种原子的体积比。这种模型叫做比例模型。

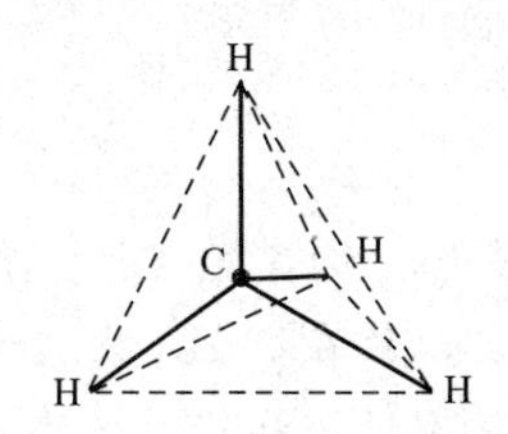

图 1-1　甲烷分子结构的示意

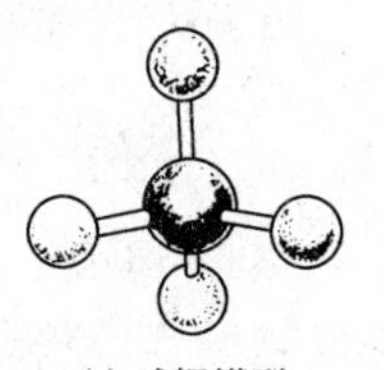

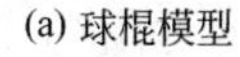

(b) 比例模型

图 1-2　甲烷分子的模型

2. 甲烷在自然界里的存在

甲烷又叫沼气，也叫做坑气。这是因为在池沼的底部和煤矿坑道里的气体主要成分是甲烷的缘故。这些甲烷都是由动、植物残体在隔绝空气的情况下，经过某些微生物发酵作用而生成的。此外，甲烷还大量存在于天然气中。天然气是蕴藏在地下深处的可燃性气体，它是由多种气体组成的混合物，其主要成分是甲烷（体积分数为80%～97%）。中国天然气的储藏量非常丰富（如四川、陕西、新疆、沿海等地），四川地区是世界上著名的天然气（含甲烷 95%以上）产地之一。

天然气是可供人类利用的重要能源，现在正以更大的规模被开发和利用。沼气对于解决中国农村的能源问题，改善农村的环境卫生，提高肥料质量等方面都有重要的意义。

3. 甲烷的实验室制法

在实验室里，常用无水乙酸钠和碱石灰混合加热制取甲烷［图 1-3(a)］。碱石灰是适量的氢氧化钠和氧化钙的混合物。乙酸钠与氢氧化钠起反应的化学方程式❶如下。

$$CH_3COONa + NaOH \xrightarrow[CaO]{\triangle} Na_2CO_3 + CH_4\uparrow$$

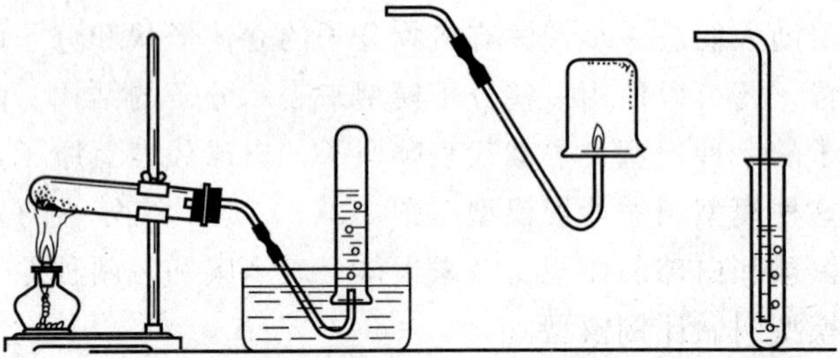

(a) 制取甲烷　(b) 甲烷的燃烧　(c) 甲烷通入高锰酸钾溶液

图 1-3　甲烷的制取和性质

[实验1-1]　按照图 1-3(a) 把仪器安装好，检查气密性。取一药匙研细的无水乙酸钠和三药匙研细的碱石灰，放在纸上。用玻璃棒充分混合均匀，然后迅速装进试管。再检查气密性。加热，当试管里的空气排出后，用排水集气法收集一试管甲烷。观察甲烷的颜色，并闻它的气味。

---

❶　由于有机物参加的化学反应往往比较复杂，常伴有副反应的发生等。因此，有机反应的化学方程式，通常不用等号，而用箭号（⟶）表示。

4. 甲烷的性质和用途

(1) 甲烷的物理性质　甲烷是一种无色、无气味的气体。它的密度在标准状况下是0.717g/L，大约是空气密度的一半。它极难溶解于水，但能溶于汽油、煤油等有机溶剂中。

(2) 甲烷的化学性质和用途　在通常状况下，甲烷的化学性质很不活泼，与强酸、强碱、强氧化剂等一般不起反应。

[实验1-2]　将甲烷经导管通入盛有紫色高锰酸钾酸性溶液的试管中［图1-3(c)］，观察溶液的颜色是否有变化？

可以看到，溶液的颜色没有变化，说明甲烷与强氧化剂高锰酸钾不起反应。

甲烷在通常状况下是比较稳定的，但是这种稳定性是相对的，在特定的条件下，也会发生某些反应。

① 氧化反应。

[实验1-3]　检验甲烷的纯度（与检验氢气纯度的方法相同）后，在导管口点燃纯净的甲烷，注意观察火焰。然后在甲烷火焰上方倒放一个干燥的烧杯［图1-3(c)］，观察发生的现象。再把烧杯倒转过来，向杯内注入少量澄清石灰水，振荡，观察发生的现象。

可以看到，纯净的甲烷在空气里安静地燃烧，产生淡蓝色火焰，放出大量的热；罩在火焰上方的干燥烧杯内壁变得模糊，有水蒸气凝结；杯内注入的少量澄清石灰水，振荡后变浑浊。甲烷完全燃烧的热化学方程式可表示如下。

$$CH_4 + 2O_2 \xrightarrow{\text{点燃}} CO_2 + 2H_2O$$

甲烷燃烧的反应属于氧化反应。**在有机反应中，通常把有机物分子中引入氧或脱去氢的反应，或同时引入氧也脱去氢的反应，叫做氧化反应**。

甲烷很容易燃烧，所以它是一种很好的气体燃料。但是必须注意，如果点燃甲烷与氧气或空气的混合物[1]，就会立即发生爆炸。因

---

[1] 甲烷在空气里的爆炸极限是含甲烷5%～15%（体积分数），在氧气里的爆炸极限是含甲烷5.4%～59.2%（体积分数）。

此使用甲烷时应注意安全。在煤矿的矿井里，必须采取安全措施，如通风、严禁动火等，以防止甲烷与空气混合物的爆炸（“瓦斯”爆炸）事故发生。

② 取代反应。在室温下，甲烷和氯气的混合气体在黑暗中可以长期保存而不起任何反应。但把混合气体放到光亮的地方，即经日光散射[1]就会发生反应，生成一氯甲烷和氯化氢。该反应的化学方程式可表示如下。

$$CH_4 + Cl_2 \xrightarrow{光} \underset{一氯甲烷}{CH_3Cl} + HCl$$

但是反应并没有停止，生成的一氯甲烷还会继续与氯气反应，依次生成二氯甲烷、三氯甲烷（又叫氯仿）和四氯甲烷（又叫四氯化碳），反应的化学方程式可表示如下。

$$CH_3Cl + Cl_2 \xrightarrow{光} \underset{二氯甲烷}{CH_2Cl_2} + HCl$$

$$CH_2Cl_2 + Cl_2 \xrightarrow{光} \underset{三氯甲烷}{CHCl_3} + HCl$$

$$CHCl_3 + Cl_2 \xrightarrow{光} \underset{四氯甲烷}{CCl_4} + HCl$$

在这些反应里，甲烷分子中的氢原子逐步被氯原子所代替而生成了四种取代产物。**有机物分子中的某些原子或原子团被其他原子或原子团所代替的反应叫做取代反应**。

一氯甲烷等四种取代产物都是甲烷的氯代物，都不溶于水，常温下一氯甲烷是气体，其他三种均为液体。一般情况下，上述反应的四种产物是甲烷的四种氯代物的混合物，分离比较困难。工业上常不经分离直接作溶剂使用。但是，可以通过控制一定的反应条件和原料的用量比等方法，使其中一种氯代物成为主要产品。三氯甲烷和四氯化碳都是工业上重要的溶剂，四氯化碳还是一种效率较高的灭火剂。

---

[1] 注意不要放在日光直射的地方，因为在强光的直射下，反应则进行得非常迅速，以致发生爆炸，产物是碳和氯化氢。

③ 加热分解。在隔绝空气的条件下，把甲烷加热到1000～1200℃，它就分解生成炭黑和氢气。

$$CH_4 \xrightarrow{\text{高温}} C+2H_2$$

炭黑可用作增强橡胶耐磨性的填充剂，也可用于制造黑色颜料、油墨、油漆等。氢气是合成氨及合成汽油等工业的原料。

二、烷烃

1. 烷烃的结构

前面已经学习了甲烷，还有一系列性质与甲烷相似的烃，如乙烷（C_2H_6）、丙烷（C_3H_8）、丁烷（C_4H_{10}）等。它们的结构式可以分别表示如下。

$$\begin{array}{ccccccc} & & H & & H & & \\ & & | & & | & & \\ H & - & C & - & C & - & H \\ & & | & & | & & \\ & & H & & H & & \end{array}$$

乙烷

$$\begin{array}{ccccccccc} & & H & & H & & H & & \\ & & | & & | & & | & & \\ H & - & C & - & C & - & C & - & H \\ & & | & & | & & | & & \\ & & H & & H & & H & & \end{array}$$

丙烷

$$\begin{array}{ccccccccccc} & & H & & H & & H & & H & & \\ & & | & & | & & | & & | & & \\ H & - & C & - & C & - & C & - & C & - & H \\ & & | & & | & & | & & | & & \\ & & H & & H & & H & & H & & \end{array}$$

丁烷

在这些烃的分子里，碳原子与碳原子都以碳碳单键结合成链状，与甲烷一样，碳原子剩余的价键全部与氢原子相结合。这样的结合使每个碳原子的化合价都已充分利用，达到“饱和”。具有这种结构特点的链烃叫做**饱和链烃**，或称**烷烃**。

直链烷烃是根据分子里所含碳原子的数目来命名的，碳原子数在十以下的，由一到十依次用天干甲、乙、丙、丁、戊、己、庚、辛、壬、癸来表示；碳原子数在十以上的，就用中文数字（十一、十二、十三……）来表示。例如，C_5H_{12}叫戊烷，$C_{10}H_{22}$叫癸烷，$C_{11}H_{24}$叫十一烷，$C_{17}H_{36}$叫十七烷。

为了书写方便，有机物也可以用结构简式表示。例如，乙烷的结构简式是 $CH_3—CH_3$ 或 CH_3CH_3，丙烷的结构简式是 $CH_3—CH_2—CH_3$ 或 $CH_3CH_2CH_3$，戊烷的结构简式是 $CH_3—CH_2—CH_2—CH_2—CH_3$ 或 $CH_3(CH_2)_3CH_3$ 等。结构简式既能代表有机物的分子组成，也可以表示有机物的结构，因此在一般情况下用得比较普遍。

烷烃的种类很多，表 1-1 里只列出其中的一部分。

表 1-1　几种烷烃的物理性质

名称	分子式	结构简式	常温时的状态	熔点/℃	沸点/℃	相对密度①
甲烷	CH_4	CH_4	气	−182.5	−164	0.466②
乙烷	C_2H_6	CH_3CH_3	气	−183.3	−88.63	0.572③
丙烷	C_3H_8	$CH_3CH_2CH_3$	气	−189.7	−42.07	0.5853④
丁烷	C_4H_{10}	$CH_3(CH_2)_2CH_3$	气	−138.4	−0.5	0.5788
戊烷	C_5H_{12}	$CH_3(CH_2)_3CH_3$	液	−129.7	−36.07	0.6262
己烷	C_6H_{14}	$CH_3(CH_2)_4CH_3$	液	−94.9	68.7	0.6594
庚烷	C_7H_{16}	$CH_3(CH_2)_5CH_3$	液	−90.61	98.42	0.6838
辛烷	C_8H_{18}	$CH_3(CH_2)_6CH_3$	液	−56.79	125.7	0.7025
壬烷	C_9H_{20}	$CH_3(CH_2)_7CH_3$	液	−53.7	150.7	0.7179
癸烷	$C_{10}H_{22}$	$CH_3(CH_2)_8CH_3$	液	−29.7	174.1	0.7300
十六烷	$C_{16}H_{34}$	$CH_3(CH_2)_{14}CH_3$	液	18.1	280	0.7749
十七烷	$C_{17}H_{36}$	$CH_3(CH_2)_{15}CH_3$	固	22	301.8	0.7780
二十四烷	$C_{24}H_{50}$	$CH_3(CH_2)_{22}CH_3$	固	54	391.3	0.7991

① 相对密度的符号为 d，本书中的相对密度在未特别指明的情况下，均指 20℃时某物质的密度对 4℃时水的密度的比值。

② 是−164℃时的值。

③ 是−100℃时的值。

④ 是−45℃时的数据。

2. 同系物

从表 1-1 中这些烷烃的分子式和结构简式可以看出，任何两个烷烃在组成上都相差一个或若干个“$—CH_2$”原子团。在任何一个烷烃分子中，如果把碳原子数定为 n，则氢原子数就是 $2n+2$。因此烷烃的分子式可用通式 C_nH_{2n+2} 来表示。

把结构相似，在分子组成上相差一个或若干个 CH_2 原子团的物质互称为同系物。

甲烷、乙烷、丙烷、十七烷等，它们互为同系物，都是烷烃的同系物。

3. 烷基

烃分子失去一个或几个氢原子后所剩余的部分叫做**烃基**。烃基的价数决定于烃分子失去的氢原子个数，失去一个氢原子的就是一价烃基，一般用“R—”表示。烃基不能单独存在于自然界中。

烷烃分子失去一个氢原子后所剩余的原子团就叫做烷基。烷基的通式是 C_nH_{2n+1}—。烷基可以根据相应的烷烃来命名，例如—CH_3 叫做甲基，—CH_2CH_3 叫做乙基等。

4. 烷烃的性质

从表 1-1 可以看出，各种烷烃的物理性质随着分子里碳原子数的递增（相对分子质量也在递增），发生规律性的变化。例如，在常温（20℃）和常压（101.325kPa）下它们的状态是由气态、液态到固态；沸点逐渐升高；相对密度逐渐增大。烷烃几乎不溶于水，而易溶于四氯化碳、乙醇、乙醚等有机溶剂中。

烷烃与甲烷的结构相似，因此烷烃的化学性质也与甲烷相似。在通常状况下，它们很稳定，与强酸、强碱、强氧化剂等都不起反应，也难与其他物质结合。但在一定条件下也能发生氧化、热分解和取代反应。例如，烷烃在空气里都可以点燃，在光照条件下都能与氯气发生取代反应等。

5. 同分异构现象和同分异构体

（1）同分异构现象　人们在研究物质的分子组成和性质时，发现有许多物质的分子组成相同，但性质却有差异。例如，在研究丁烷的组成和性质时，发现有两种丁烷，它们的分子组成和相对分子质量完全相同，但性质却有差异。为了便于区别两种丁烷，人们把其中一种叫做正丁烷，另一种叫做异丁烷。它们的物理性质如表 1-2 所示。

表 1-2　正丁烷和异丁烷的物理性质

名　称	分子式	熔点/℃	沸点/℃	相对密度
正丁烷	C_4H_{10}	−138.4	−0.5	0.5788
异丁烷	C_4H_{10}	−159.6	−11.7	0.557

这两种丁烷具有相同的分子组成和相同的相对分子质量，为什么性质却有差异呢？经过科学实验证明，原来它们分子里原子结合的顺序不同，也就是说分子的结构是不同的。正丁烷分子里的碳原子形成直链，而异丁烷分子里的碳原子却带有支链。它们的结构式和结构简

式如下。

	结构式	结构简式
正丁烷	$\begin{array}{ccccccccc} & & H & & H & & H & & H & \\ & & \vert & & \vert & & \vert & & \vert & \\ H & — & C & — & C & — & C & — & C & — & H \\ & & \vert & & \vert & & \vert & & \vert & \\ & & H & & H & & H & & H & \end{array}$	$CH_3—CH_2—CH_2—CH_3$
异丁烷	$\begin{array}{ccccccccc} & & H & & H & & H & & \\ & & \vert & & \vert & & \vert & & \\ H & — & C & — & C & — & C & — & H \\ & & \vert & & \vert & & \vert & & \\ & & H & & \vert & & H & & \\ & & H & — & C & — & H & & \\ & & & & \vert & & & & \\ & & & & H & & & & \end{array}$	$\begin{array}{ccccc} CH_3 & — & CH & — & CH_3 \\ & & \vert & & \\ & & CH_3 & & \end{array}$

由此可见，烷烃分子里的碳原子既能形成直链的碳链（如正丁烷），又能形成带有支链的碳链（如异丁烷）。因此两种丁烷分子组成虽然相同，但是分子的结构不同，因此它们的性质就有差异。它们是两种不同的化合物。

化合物具有相同的分子式，但具有不同结构的现象，叫做同分异构现象。

在有机物中，同分异构现象普遍存在。在烷烃同系物中，从丁烷开始有同分异构现象。随着分子中碳原子数目的增多，同分异构现象变得越来越复杂。

(2) 同分异构体　**具有同分异构现象的化合物互称为同分异构体**。例如，正丁烷和异丁烷就是丁烷的两种同分异构体。

可以用逐步缩短碳链的方法，来推导某烷烃的同分异构体。下面以戊烷（C_5H_{12}）为例来讨论这种推导方法。

① 写出最长的碳链：C—C—C—C—C。

② 写出少一个碳原子的直链，把剩下的一个碳原子作为支链加在主链上，并依次变动主链的位置。

$$\begin{array}{ccccccc} 4 & & 3 & & 2 & & 1 \\ C & — & C & — & C & — & C \\ & & & & \vert & & \\ & & & & C & & \end{array} \qquad \begin{array}{ccccccc} 1 & & 2 & & 3 & & 4 \\ C & — & C & — & C & — & C \\ & & \vert & & & & \\ & & C & & & & \end{array}$$

上述两个碳链都是由 4 个碳原子的主链和 1 个碳原子的支链所组

成，并且支链都是在从链端数起第 2 个碳原子上，因此它们表示同一种碳链。

③ 再写出少两个碳原子的直链，把剩下的两个碳原子当作一个支链加在主链上。

$$\begin{array}{ccccc} 1 & & 2 & & \\ C & — & C & — & C \\ & & | & & \\ & & 3C & & \\ & & | & & \\ & & 4C & & \end{array} \quad \text{即} \quad \begin{array}{ccccccc} 4 & & 3 & & 2 & & 1 \\ C & — & C & — & C & — & C \\ & & & & | & & \\ & & & & C & & \end{array}$$

这两个碳链中原子互相连接的方式和次序都是一样的，因此它们仍表示同一种碳链。

④ 把两个碳原子分成两个支链连在主链上。

$$\begin{array}{ccccc} & & C & & \\ & & | & & \\ C & — & C & — & C \\ & & | & & \\ & & C & & \end{array}$$

再分别加上氢原子就得到戊烷的三种同分异构体的结构简式。

$$CH_3—CH_2—CH_2—CH_2—CH_3 \qquad \text{正戊烷（沸点 36.07℃）}$$

$$\begin{array}{ccccccc} CH_3 & — & CH & — & CH & — & CH_3 \\ & & & & | & & \\ & & & & CH_3 & & \end{array} \qquad \text{异戊烷（沸点 27.9℃）}$$

$$\begin{array}{ccccc} & & CH_3 & & \\ & & | & & \\ CH_3 & — & C & — & CH_3 \\ & & | & & \\ & & CH_3 & & \end{array} \qquad \text{新戊烷（沸点 9.5℃）}$$

戊烷的三种同分异构体的球棍模型如图 1-4 所示。

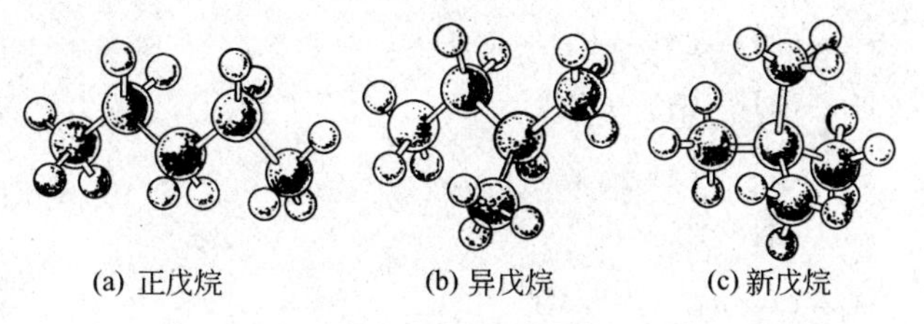

图 1-4　戊烷同分异构体分子的球棍模型

从图 1-4 可以看出，即使是不带支链的链烃，它的碳链也不是直线形的，而是锯齿形的。同样，异戊烷分子里的碳链也是锯齿形的。

在烷烃同系物分子中，随着碳原子数目的增多，碳原子之间的结合方式就越趋复杂，同分异构体的数目也就越多。表 1-3 列出了碳原子数 4～10 的烷烃同分异构体的数目。

表 1-3　烷烃同分异构体的数目

烷烃名称	丁烷	戊烷	己烷	庚烷	辛烷	壬烷	癸烷
分子式	C_4H_{10}	C_5H_{12}	C_6H_{14}	C_7H_{16}	C_8H_{18}	C_9H_{20}	$C_{10}H_{22}$
同分异构体数目	2	3	5	9	18	35	75

同分异构现象是造成有机物种类繁多、数目庞大的重要原因之一。

6. 烷烃的命名

有机物的种类繁多，分子的组成和结构比较复杂，所以有机物的命名就显得十分重要。

（1）习惯命名法　习惯命名法的基本原则是按照烷烃分子中的碳原子数，把直链烷烃称为“正”某烷。带支链的烷烃有两种情况，把含有“ $\begin{array}{l} CH_3—CH—CH_2— \\ \qquad\quad | \\ \qquad\ CH_3 \end{array}$ ”结构，此外无别的支链的烷烃称为“异”某烷，把含有“ $\begin{array}{c} \qquad CH_3 \\ \qquad | \\ CH_3—C— \\ \qquad | \\ \qquad CH_3 \end{array}$ ”结构，此外无别的支链的烷烃称为“新”某烷。例如

$$CH_3—CH_2—CH_2—CH_2—CH_3 \qquad \text{正戊烷}$$

$$\begin{array}{l} CH_3—CH_2—CH—CH_3 \\ \qquad\qquad\qquad | \\ \qquad\qquad\quad CH_3 \end{array} \qquad \text{异戊烷}$$

$$\begin{array}{c} CH_3 \\ | \\ CH_3—C—CH_3 \\ | \\ CH_3 \end{array} \qquad \text{新戊烷}$$

习惯命名法简便，但只能适用于含碳原子数目较少，结构比较简单的

烷烃，而且也不能反映有机物结构上的特征。

(2) 系统命名法　系统命名法是一种广泛采用的命名法。它不仅对于复杂的有机物能够给出确切的名称，而且当知道了有机物的名称后，能够准确地写出它们的结构式。

前面已经学习了直链烷烃的系统命名法，例如，$CH_3—CH_2—CH_3$ 叫做丙烷，$CH_3(CH_2)_5CH_3$ 叫做庚烷，$CH_3(CH_2)_9CH_3$ 叫做十一烷等。现在学习带有支链的烷烃的系统命名法。

① 选择分子里最长的碳链做主链，并根据主链上碳原子的数目称为“某”烷。

② 把主链里离支链较近的一端作为起点，用1、2、3、…阿拉伯数字给主链的各个碳原子依次编号定位，以确定支链的位置。例如

```
                                             CH3
 4      3      2    1                1      2|     3      4
CH3—CH2—CH—CH3               CH3—C—CH2—CH3
               |                             |
              CH3                           CH3
```

③ 把支链作为取代基，将取代烃基的名称写在烷烃名称的前面，在取代烃基的前面用阿拉伯数字注明它在烷烃直链上所处的位置，并在数字和取代烃基之间用半字线“-”隔开。例如

```
 4      3      2    1
CH3—CH2—CH—CH3                2-甲基丁烷
               |
              CH3
```

④ 如果主链上有相同的取代烃基，必须合并起来并在取代烃基的名称前用数字“二”、“三”等表明相同取代基的数目，但表示相同取代烃基位置的阿拉伯数字要用“,”号隔开；如果几个取代烃基不同，就把简单的写在前面，复杂的写在后面。例如

```
       CH3
 1    2|     3      4
CH3—C—CH2—CH3                 2,2-二甲基丁烷
       |
       CH3

 1      2    3     4      5
CH3—CH—CH—CH2—CH3             2,3-二甲基戊烷
       |    |
      CH3  CH3
```

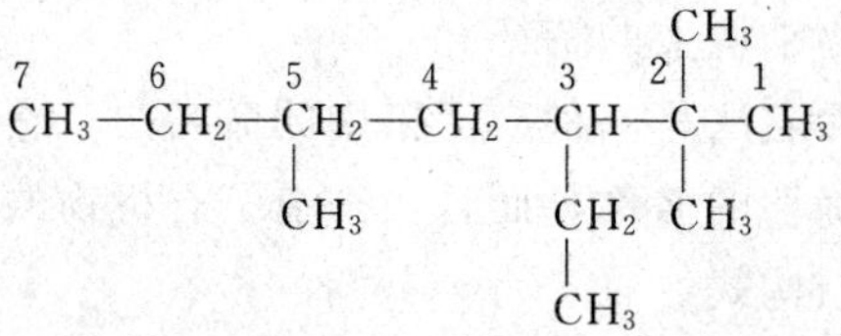

$$\overset{7}{CH_3}-\overset{6}{CH_2}-\overset{5}{CH_2}(CH_3)-\overset{4}{CH_2}-\overset{3}{CH}(CH_2CH_3)-\overset{2}{C}(CH_3)_2-\overset{1}{CH_3}$$ 2,2,5-三甲基-3-乙基庚烷

以 2,3-二甲基戊烷为例，对一般有机物的命名可图析如下。

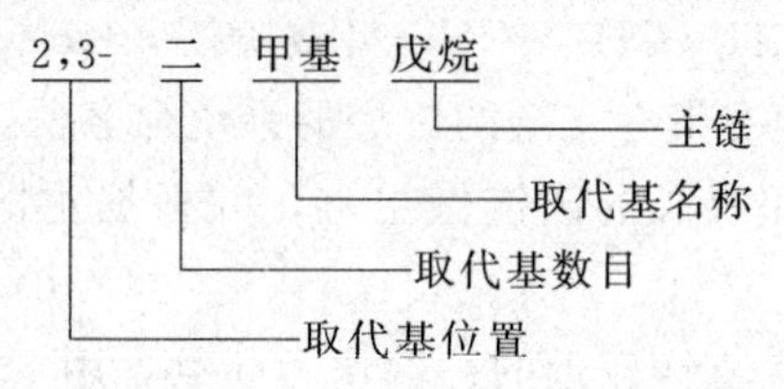

三、环烷烃

烃类分子里的碳原子除了互相结合成链状结构外，还有一种烃，它们分子里的碳原子间相互连接成环状，这种烃叫做**环烃**。在环烃分子中，碳原子之间以单键相互结合的叫做**环烷烃**。例如，环丙烷、环丁烷、环己烷等，它们的结构简式如下。

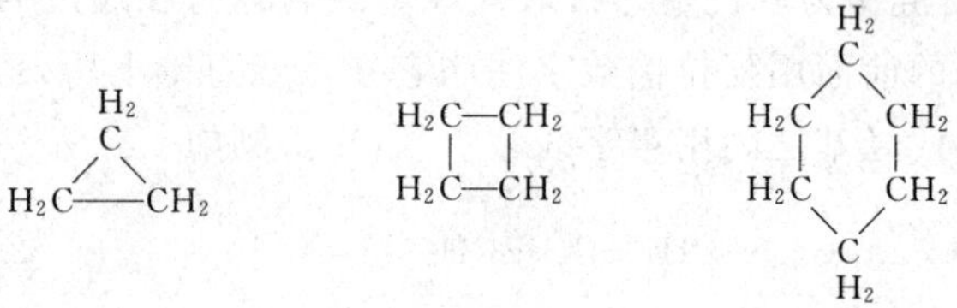

环丙烷（三个 CH_2 连成三元环）　环丁烷（四个 CH_2 连成四元环）　环己烷（六个 CH_2 连成六元环）

环丙烷　　环丁烷　　环己烷

或 △ □ ⬡

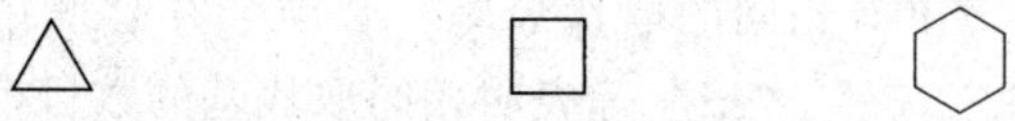

环丙烷　　环丁烷　　环己烷

可以看出，环烷烃在分子组成上比相应的烷烃少两个氢原子，因此环烷烃的通式是 C_nH_{2n} （$n\geqslant 3$）。

在环烷烃分子里，碳原子与碳原子都以单键结合成环状，碳原子剩余的价键全部与氢原子相结合，这样使得每个碳原子的化合价都达到饱和。因此环烷烃的化学性质与饱和烃相似。

在环烷烃里，环己烷在工业上用途较广。它是无色、带有汽油味的液体，易挥发，易燃烧，不溶于水而溶于有机溶剂。环己烷是生产合成纤维锦纶的一种重要原料，也是一种有机溶剂。

[阅读]

一、书写烷烃同分异构体的方法规律

由于烷烃只存在碳链异构，其书写技巧可用“减链法”，即“两注意，四顺序”。

① 两注意：选择最长的碳链作主链；找出中心对称线。

② 四顺序：主链由长到短；支链由整到散；位置由心到边；连接不能到端。

这样可以无遗漏、无重复地快速写出烷烃的各类同分异构体来。

烷烃同分异构体的书写是其他有机物同分异构体书写的基础。

二、烷烃系统命名法的原则

① 选主链抓长字，两链同长时支链多的为主链。

② 编号码抓近字，各取代基位号的总和应最小。

③ 书写时，支名前，母名后；支名同，要合并；支名异简在前；会正确使用逗号、专用名词、半字线。

烷烃系统命名法的步骤可归纳为：选主链，称某烷；编号位，定支链；取代基，写在前，标位置，短线连；不同基，简到繁，相同基，合并算。

第二节　乙烯[1]　烯烃

在具有链状结构的烃里，除了饱和烃以外，还有许多烃，它们分子里氢原子的数目，比相同碳原子的饱和烃分子里的氢原子数要少。因此，在这些烃分子里，有些碳原子的化合价没有被氢原子所饱和，它们的分子里含有碳碳双键或碳碳三键，通常把这些链烃叫做**不饱和烃**。

在不饱和烃中，碳原子之间存在双键或三键。根据分子结构的不同，不饱和烃又分烯烃、二烯烃和炔烃。现在来学习烯烃，乙烯是烯烃中组成最简单的物质。

一、乙烯

1. 乙烯的分子结构

乙烯的分子式是 C_2H_4，它的电子式、结构式和结构简式如下。

---

[1] 烯音 xī。

$$H \times \overset{H}{\underset{\times}{\overset{\times}{C}}}::\overset{H}{\underset{\times}{\overset{\times}{C}}} \times H \qquad H-\overset{H}{\overset{|}{C}}=\overset{H}{\overset{|}{C}}-H \qquad CH_2=CH_2$$

电子式　　　　结构式　　　　结构简式

从乙烯的结构式可以看出，乙烯分子里含有一个不饱和的碳碳双键（C═C）。

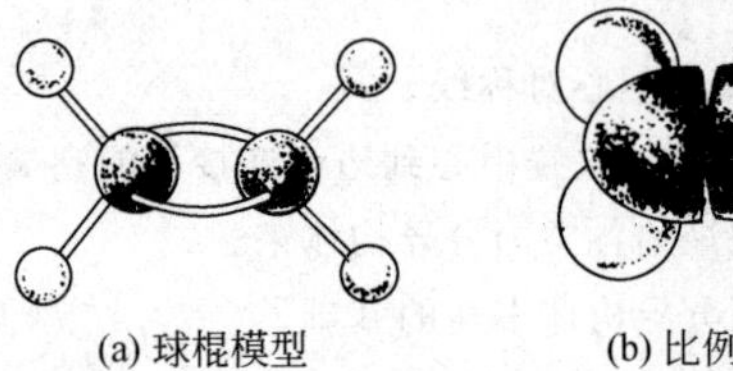

(a) 球棍模型　　　　(b) 比例模型

图 1-5　乙烯分子的模型

为了简单形象地描述乙烯分子的结构，可以用分子模型来表示。乙烯分子的模型如图 1-5 所示。

在图 1-5(a）的球棍模型里，两个碳原子之间用两根可以弯曲的弹性短棍来连接，以表示双键。图 1-5(b）是乙烯的比例模型。

实验测得，乙烯分子里的 C═C 双键的键长是 1.33×10^{-10} m，键能是 615kJ/mol；乙烷分子里 C—C 单键的键长是 1.54×10^{-10} m，键能是 348kJ/mol。这表明 C═C 双键的键能并不是 C—C 单链键能的两倍，而是比两倍少。因此双键中的两个价键不同，其中包括一个较弱的键，只需要较少的能量，就能使该键断裂。乙烯分子里的 2 个碳原子和 4 个氢原子都处在同一平面上，它们彼此之间的键角约为 120°。

2. 乙烯的制法

工业上所用的乙烯，主要是从石油炼制厂和石油化工厂所产生的气体里分离出来的。

在实验室里，是把酒精和浓硫酸混合加热来制备乙烯。浓硫酸在反应过程中起催化剂和脱水剂的作用。该反应的化学方程式可表示如下。

$$\underset{\text{乙醇}}{CH_3CH_2OH} \xrightarrow[170^\circ C]{\text{浓硫酸}} \underset{\text{乙烯}}{CH_2=CH_2} \uparrow + H_2O$$

[实验1-4]　实验装置如图 1-6 所示。向烧瓶里放入少量碎瓷片，

防止混合液受热时爆沸。再向烧瓶里注入含量为95%（质量分数）以上的酒精和浓硫酸（体积比约1∶3）混合液约20mL。加热混合液使液体温度迅速升高到170℃，此时就有乙烯生成。

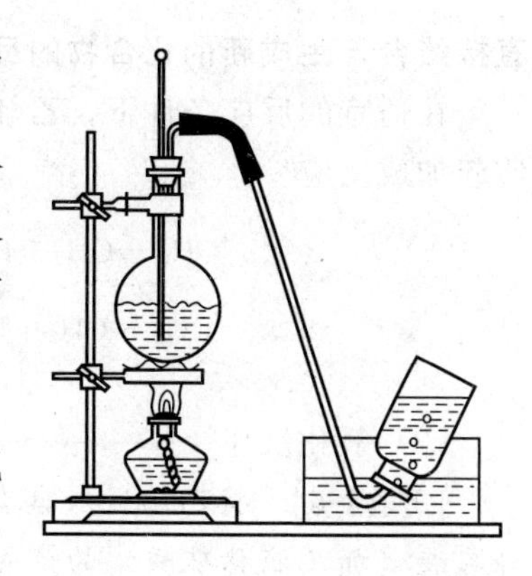
图1-6 乙烯的实验室制法

3. 乙烯的物理性质

乙烯是一种无色、稍有气味的气体，标准状况下的密度是1.25g/L，比空气略轻，难溶于水，能溶于有机溶剂。

4. 乙烯的化学性质和用途

因为乙烯分子里的碳碳双键中，一个键是不稳定的，容易断裂而与其他原子或原子团结合，因此乙烯的化学性质比烷烃活泼，能发生加成、氧化、聚合等反应。

(1) 加成反应

[实验1-5] 将乙烯通入盛有1～2mL溴水的试管里，观察发生的现象。

可以看到，溴水的颜色[1]很快消失。

乙烯能与溴水里的溴起反应，生成无色的1,2-二溴乙烷（CH_2Br-CH_2Br）液体。

$$\begin{array}{c}\mathrm{H}\quad\mathrm{H}\\ |\qquad|\\ \mathrm{H-C{=}C-H}\end{array} + \mathrm{Br-Br} \longrightarrow \begin{array}{c}\mathrm{H}\quad\mathrm{H}\\ |\qquad|\\ \mathrm{H-C-C-H}\\ |\qquad|\\ \mathrm{Br}\quad\mathrm{Br}\end{array}$$

1,2-二溴乙烷

这个反应的实质，是乙烯分子里双键中的一个键容易断裂，两个溴原子分别加在两个价键不饱和的碳原子上，生成了1,2-二溴乙烷。这种**有机物分子里双键（或三键）两端的碳原子与其他原子或原子团**

---

[1] 溴水的颜色，因浓度不同有浅黄色、黄色、橙黄色、橙色、红棕色等。

直接结合，生成新的化合物的反应叫做加成反应。

在适宜的反应条件下，乙烯还能与氢气、氯气、卤化氢、水等物质起加成反应。

$$CH_2=CH_2+H_2 \xrightarrow[\triangle]{\text{催化剂}} CH_3-CH_3$$

$$CH_2=CH_2+HCl \longrightarrow \underset{\text{氯乙烷}}{CH_3-CH_2Cl}$$

（2）氧化反应

[实验1-6] 将乙烯通入盛有1～2mL质量分数为0.5%的高锰酸钾溶液（加几滴稀硫酸）的试管中，观察发生的现象。

可以看到，高锰酸钾溶液的紫色很快褪去。

乙烯能被氧化剂高锰酸钾（$KMnO_4$）氧化，使高锰酸钾溶液褪色。用这种方法可以区别甲烷和乙烯。

[实验1-7] 在导气管口点燃纯净的乙烯（乙烯与一定体积的空气或氧气混合后点燃会发生猛烈爆炸），观察乙烯燃烧时的火焰。

可以看到，乙烯能在空气里燃烧，产生明亮的火焰，同时发出黑烟。乙烯在空气里完全燃烧时生成二氧化碳和水，并放出大量的热。

$$CH_2=CH_2+3O_2 \xrightarrow{\text{点燃}} 2CO_2+2H_2O$$

因为乙烯中碳的质量分数（85.7%）比甲烷中碳的质量分数（75%）高，燃烧时一部分碳的微粒不能完全氧化，火焰里含有较多的炽热的炭粒，所以乙烯的火焰要比甲烷的明亮得多，由于这些炭粒没有得到充分燃烧，因此有黑烟生成。

如果乙烯在空气中的体积分数为3.0%～33.5%时，遇火会引起爆炸。

（3）聚合反应 在适当的温度、压力和有催化剂存在的条件下，乙烯分子里双键中的一个键会断裂，乙烯分子间通过碳原子能互相结合成为很长的碳链。

$$CH_2=CH_2+CH_2=CH_2+CH_2=CH_2+\cdots \longrightarrow$$

$$-CH_2-CH_2-+-CH_2-CH_2-+-CH_2-CH_2-+\cdots \longrightarrow$$

$$-CH_2-CH_2-CH_2-CH_2-CH_2-CH_2-\cdots$$

这个反应还可以用下式表示。

$$nCH_2=CH_2 \xrightarrow{\text{催化剂}} \underset{\text{聚乙烯}}{\left[CH_2-CH_2 \right]_n}$$

反应的产物叫聚乙烯，它是一种相对分子质量很大（几万到几十万）的化合物，分子式可以简写为 $(C_2H_4)_n$。

像这种**在一定条件下，由相对分子质量小的不饱和化合物分子互相结合成为相对分子质量很大的化合物**（高分子化合物）**分子的反应，叫做聚合反应**。这种聚合反应同时也是加成反应，所以又属于加成聚合反应，简称为**加聚反应**。能发生聚合反应的相对分子质量小的物质叫单体，聚合反应所生成的高分子化合物叫聚合物或高聚物。上述聚合反应中，聚乙烯是聚合物，乙烯是它的单体。聚乙烯是一种重要的塑料，在工农业生产和日常生活中都有广泛的应用。

乙烯是一种重要的化工原料，用于制造塑料、合成纤维、有机溶剂等。乙烯还是一种植物生长调节剂，例如可以用它作果实催熟剂等。

从 20 世纪 60 年代以来，世界上乙烯工业得到了迅速的发展。中国的乙烯工业从无到有，近十几年来发展较快，已新建和改造成一批年产 30×10^4 t、40×10^4 t、45×10^4 t、70×10^4 t、80×10^4 t 乙烯为主的乙烯生产装置。从 1985～2006 年，中国的乙烯年生产能力从 7.2×10^5 t 上升为 8.2×10^6 t，增加了 11 倍。由于乙烯工业的发展，带动了其他以石油为原料的石油化工的发展，因此一个国家乙烯工业的发展水平，已成为这个国家石油化学工业水平的重要标志之一。

[阅读]

一种植物生长调节剂——乙烯

1893 年，在北大西洋中东部的火山群岛亚速尔群岛上，有一位木匠在温室工作，无意中把美人蕉的碎屑当作垃圾燃烧，烟雾弥漫开来，温室里的菠萝受到熏染，都绽开了花朵。消息传开，人们络绎不绝的来观看。因此美人蕉的碎屑顿时成为科学家探索奥秘的材料。原来是美人蕉碎屑燃烧以后产生的乙烯气体使菠萝绽开花朵。

乙烯是植物刺激素中的一种，对植物的生理影响很大，对菠萝、芒果等单子叶植物能促使其开花，对康乃馨、牵牛花等双子叶植物能抑制开花。乙烯还能促使香蕉、柑橘、番茄、柠檬等果实早熟，为果农创造了奇迹。如在长途运输中，为了避免途中果实发生腐烂，常将尚未完全成熟的果实运输到目的地后，再向存放果实的库房空气里混入少量乙烯，就可以把果实催熟。如果家里有青香蕉、绿橘子等尚未成熟的水果，要想将它们尽快催熟，可以把这些生水果和熟苹果等成熟的水果放在同一个塑料袋里，将袋口系紧，过几天生水果就可以成熟，这是因为水果在成熟的过程中，自身能放出乙烯气体，利用成熟水果放出的乙烯可以催熟生水果。

二、烯烃

分子里含有一个碳碳双键的不饱和链烃叫烯烃。烯烃里除乙烯外，还有丙烯、丁烯等。表 1-4 列出了几种烯烃的分子式、结构简式和物理性质。

表 1-4　几种烯烃的物理性质

名称	分子式	结构简式	常温时状态	熔点/℃	沸点/℃	相对密度
乙烯	C_2H_4	$CH_2=CH_2$	气	−169	−103.7	0.566①
丙烯	C_3H_6	$CH_3CH=CH_2$	气	−185.2	−47.4	0.5193
1-丁烯②	C_4H_8	$CH_3CH_2CH=CH_2$	气	−185.3	−6.3	0.5951
1-戊烯	C_5H_{10}	$CH_3(CH_2)_2CH=CH_2$	液	−138	30	0.6405
1-己烯	C_6H_{12}	$CH_3(CH_2)_3CH=CH_2$	液	−139.8	63.3	0.6731
1-庚烯	C_7H_{14}	$CH_3(CH_2)_4CH=CH_2$	液	−119	93.6	0.6970

① 乙烯的相对密度是−102℃时的数据。

② 丁烯前面的“1-”表示双键位于第一个碳原子和第二个碳原子之间。

由表 1-4 可以看出，与烷烃一样，烯烃同系物也是相邻两种烯烃在分子组成上依次相差一个 CH_2 原子团，烯烃的通式是 C_nH_{2n}。

1. 烯烃的物理性质

由表 1-4 可以看出，烯烃的物理性质一般也随着碳原子数目的增加而递变，明显地体现着由量变到质变的规律。例如，在常温常压下，它们的状态是由气态、液态（戊烯至十六碳烯）到固态（分子里含 16 个碳原子以上的烯烃）；它们的沸点逐渐升高，相对密度逐渐增大。它们都是无色物质，难溶于水而易溶于有机溶剂。乙烯稍带甜味，液态烯烃有汽油的气味。

2. 烯烃的化学性质

由于烯烃分子中都含有一个碳碳双键，所以烯烃的化学性质与乙烯类似。

与乙烯一样，烯烃也易于与溴水里的溴起加成反应，使溴水的颜色很快消失。这一反应也常用来检验烯烃和其他含碳碳双键的化合物。烯烃也能与氢气、氯气等非极性试剂在适宜的条件下起加成反应。

在适宜的条件下，烯烃还能与卤化氢等极性试剂起加成反应。乙烯是对称分子，称为对称烯烃，与卤化氢起加成反应时，不论卤原子和氢原子加到双键哪一端的碳原子上，都得到相同的产物。例如

$$CH_2{=}CH_2 + HBr \longrightarrow \underset{\text{溴乙烷}}{CH_3{-}\underset{\displaystyle Br}{\underset{|}{CH_2}}}$$

但是结构不对称的烯烃，例如丙烯（$CH_3{-}CH{=}CH_2$），称为不对称烯烃，与极性试剂卤化氢起加成反应时，可能生成两种产物。例如

$$CH_3{-}CH{=}CH_2 + HBr \begin{cases} \longrightarrow CH_3{-}\underset{\displaystyle Br}{\underset{|}{CH}}{-}CH_3 & \text{2-溴丙烷} \\ \longrightarrow CH_3{-}CH_2{-}\underset{\displaystyle Br}{\underset{|}{CH_2}} & \text{1-溴丙烷} \end{cases}$$

实验证明，丙烯与溴化氢起加成反应时，2-溴丙烷是主要产物。也就是说，在这个加成反应中，溴化氢分子中的氢原子加到了碳碳双键中含氢较多的碳原子上。其他的不对称烯烃与卤化氢起加成反应时与丙烯类似。俄国化学家马尔可夫尼可夫（Марковников）从许多实验结果总结出了一条规律：不对称烯烃与卤化氢等极性试剂起加成反应时，氢原子总是加到含氢较多的双键碳原子上。这个规律叫**不对称加成规律**，也叫做马尔可夫尼可夫规则。

应用马尔可夫尼可夫规则可预测许多反应的产物。

与乙烯一样，烯烃也能发生氧化反应（如能使 $KMnO_4$ 酸性溶液褪色）和聚合反应等。

3. 烯烃的命名

在烯烃同系物中，只有少数简单的烯烃可采用习惯命名法命名，例如

$$CH_2{=}CH_2 \qquad CH_3{-}CH{=}CH_2 \qquad \begin{array}{l} CH_3{-}C{=}CH_3 \\ \quad\;\; | \\ \quad\; CH_3 \end{array}$$

乙烯　　　　丙烯　　　　异丁烯

对于大多数烯烃来说，一般都采用系统命名法来命名。烯烃的系统命名法与烷烃相似，所不同的是，把“烷”字改成“烯”字，分子里碳原子在 10 个以下的直链烯烃用天干表示，称为某烯（如乙烯、丙烯、癸烯等），碳原子在 11 个以上的烯烃，用中文数字表示，再加上“碳”字，称为某碳烯（如十一碳烯、十七碳烯等）；分子里含 4 个碳原子以上的烯烃，双键的位置可以不同，因此必须标明双键的位次。命名的步骤如下。

① 选择包括双键在内的碳原子数目最多的碳链为主链，按主链中所含碳原子的数目称为某烯。

② 从离双键较近的一端开始，用阿拉伯数字给主链碳原子依次编号，将双键的位置数字（双键两个碳原子中编号较小的数字）标在某烯字样的前面，之间加一半字线。

③ 支链作为取代基，取代基的位次、数目和名称写在双键位次之前。

例如

$$\overset{1}{C}H_2{=}\overset{2}{C}H{-}\overset{3}{C}H_2{-}\overset{4}{C}H_3 \qquad \text{1-丁烯}$$

$$\overset{1}{C}H_3{-}\overset{2}{C}H{=}\overset{3}{C}H{-}\overset{4}{C}H_3 \qquad \text{2-丁烯}$$

$$\begin{array}{l} \overset{1}{C}H_2{=}\overset{2}{C}H{-}\overset{3}{C}H{-}\overset{4}{C}H_3 \\ \qquad\qquad\;\; | \\ \qquad\qquad CH_3 \end{array} \qquad \text{3-甲基-1-丁烯}$$

$$\overset{5}{C}H_3-\overset{4}{C}H(CH_3)-\overset{3}{C}(CH_2CH_3)=\overset{2}{C}H-\overset{1}{C}H_3$$

4-甲基-3-乙基-2-戊烯

三、二烯烃

分子里含有两个碳碳双键的不饱和链烃叫做二烯烃。如1,3-丁二烯（$CH_2=CH-CH=CH_2$）就是二烯烃里的最重要的同系物。1,3-丁二烯是一种无色微带香味的气体，沸点-4℃，不溶于水而溶于有机溶剂，是一种重要的有机化工原料。

1,3-丁二烯分子中含有两个双键，在起加成反应时，主要是两个双键里比较活泼的键一起断裂，同时又生成一个新的双键。例如，它与Br_2进行的加成反应如下。

$$\overset{1}{C}H_2=\overset{2}{C}H-\overset{3}{C}H=\overset{4}{C}H_2+Br_2 \longrightarrow Br-\overset{1}{C}H_2-\overset{2}{C}H=\overset{3}{C}H-\overset{4}{C}H_2-Br$$

在这个加成反应中，两个溴原子分别加到1,3-丁二烯分子里的第1和第4碳原子上，这种形式的加成反应叫1,4-加成反应。

除生成这种1,4-加成产物外，同时还会生成1,2-加成产物。

$$CH_2=CH-CH=CH_2+Br_2 \longrightarrow \underset{Br}{\underset{|}{C}H_2}-\underset{Br}{\underset{|}{C}H}-CH=CH_2$$

1,3-丁二烯在催化剂存在的条件下能起聚合反应，生成顺丁橡胶，主要用于轮胎制造。

二烯烃比相应的烯烃多一个双键，少两个氢原子。因此二烯烃的通式是C_nH_{2n-2}（$n\geqslant3$）。

第三节　乙炔　炔烃

一、乙炔

1. 乙炔的分子结构

乙炔[1]的分子式是C_2H_2。由这个分子式可以看出，乙炔分子比

---

[1] 炔音quē。

乙烯分子少两个氢原子。乙炔的电子式、结构式和结构简式可表示如下。

H×C⋮⋮C×H	H—C≡C—H	CH≡CH
电子式	结构式	结构简式

在乙炔分子里，碳原子间有三个共用电子对，通常把它称为三键。

图 1-7 是乙炔分子的两种模型。

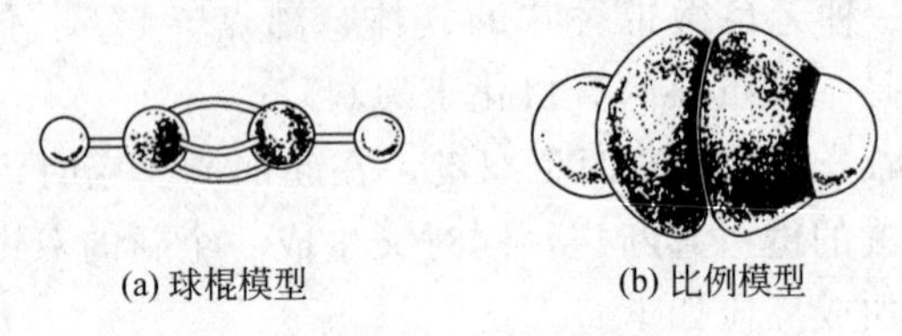

(a) 球棍模型　　(b) 比例模型

图 1-7　乙炔分子的模型

实验测得，乙炔分子里的碳碳三键（C≡C）的键能为 812kJ/mol，这并不等于三个单键键能之和，比三个单键键能之和要小得多（也比一个单键和一个双键键能之和小）；乙炔分子里的 C≡C 三键的键长是 1.20×10^{-10} m，比单键和双键的键长都短；乙炔分子里 C≡C 键与 C—H 键间的夹角为 180°，也就是说，两个碳原子和两个氢原子处在一条直线上。

2. 乙炔的制法

在工业上，制取乙炔的方法有电石法、甲烷裂解法、石油裂解法等。

电石法是先将生石灰和焦炭按一定比例放入高温电炉中，加热到 2500～3000℃，生石灰即与焦炭起反应生成碳化钙（俗称电石），然后使电石与水起反应制得乙炔。

$$CaO+3C\xrightarrow{\triangle}Ca\left\langle\begin{matrix}C\\ |||\\ C\end{matrix}\right.+CO$$

$$CaC_2+H_2O\longrightarrow C_2H_2\uparrow+Ca(OH)_2$$

因此乙炔也叫电石气（俗名）。电石法工艺简单，制得的乙炔纯度较高，是目前制取乙炔的常用方法。但是此法生产电石耗用大量的电能，成本太高。

甲烷裂解法是将天然气（主要成分是甲烷）在 1400～1500℃的高温下进行短时间（0.01～0.1s）裂解，就可得到乙炔。

$$2CH_4 \longrightarrow C_2H_2 + 3H_2$$

为了避免在高温下乙炔分解为碳和氢气，要求反应中生成的乙炔迅速冷却，所以甲烷通过反应区的时间应很短，一般只有 0.01～0.1s。甲烷裂解法原料便宜，是乙炔生产的重要发展方向。

随着石油化工的发展，近年来采用石油裂解法制取乙炔，这是一种较有前途的工业制备方法。

实验室用电石与水起反应来制备乙炔。

$$CaC_2 + 2H_2O \longrightarrow C_2H_2\uparrow + Ca(OH_2)$$

[实验1-8] 实验装置如图 1-8 所示。向干燥的 100mL 烧瓶中放入几小块电石，然后轻轻旋开分液漏斗的活栓，使水[1]缓慢地滴下。用排水法收集乙炔，观察它的颜色和状态。

3. 乙炔的物理性质

纯净的乙炔是无色、无臭味的气体，但由电石制得的乙炔，因常混有少量硫化氢、磷化氢等杂质而有特殊难闻的臭味。标准状况下乙炔的密度是 1.16g/L，比空气稍轻。乙炔微溶于水，易溶于有机溶剂（如丙酮等）。

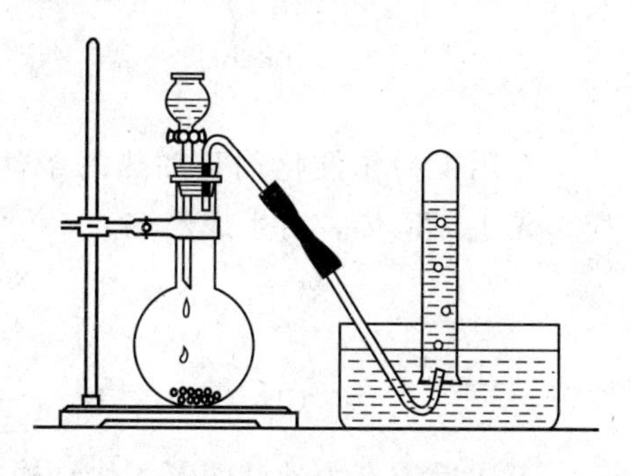

图 1-8 制取乙炔

在加压下乙炔不稳定，液态乙炔稍受震动就会发生爆炸，而乙炔的丙酮溶液却很稳定，工业上根据乙炔的这种特性，在贮存乙炔的钢瓶中，充填浸透丙酮的多孔物质（如石棉、活性炭等），再将乙炔压入钢瓶，就可以避免危险，安全地运输和使用。

---

[1] 电石与水的反应比较剧烈，为了得到平稳的乙炔气流，可以用饱和食盐水代替水（食盐与电石和水都不起反应）。

4. 乙炔的化学性质和用途

乙炔分子中含有不饱和的 C≡C 三键，其中有两个键容易断裂，因此化学性质和烯烃相似，也能起加成反应、氧化反应、聚合反应等。

(1) 加成反应

[实验1-9] 把纯净的乙炔通入盛有溴水的试管中，观察溶液颜色的变化。

可以看到，乙炔也能使溴水褪色。反应的化学方程式可分步表示如下。

$$H-C\equiv C-H + Br-Br \longrightarrow \underset{\text{1,2-二溴乙烯}}{H-\underset{Br}{\underset{|}{C}}=\underset{Br}{\underset{|}{C}}-H}$$

$$H-\underset{Br}{\underset{|}{C}}=\underset{Br}{\underset{|}{C}}-H + Br-Br \longrightarrow \underset{\text{1,1,2,2-四溴乙烷}}{H-\overset{Br}{\overset{|}{\underset{Br}{\underset{|}{C}}}}-\overset{Br}{\overset{|}{\underset{Br}{\underset{|}{C}}}}-H}$$

在用镍粉作催化剂且加热的条件下，乙炔也能与氢气起加成反应，先生成乙烯，再生成乙烷。

$$CH\equiv CH + H_2 \xrightarrow[\triangle]{Ni} CH_2=CH_2$$

$$CH_2=CH_2 + H_2 \xrightarrow[\triangle]{Ni} CH_3-CH_3$$

上述反应有力地证明了乙炔结构式的正确性。如果用氯化汞作催化剂在 150～160℃ 的条件下，乙炔能与氯化氢起加成反应，生成氯乙烯。

$$HC\equiv CH + HCl \xrightarrow[\triangle]{HgCl_2} \underset{\text{氯乙烯}}{CH_2=CHCl}$$

氯乙烯是合成聚氯乙烯的原料，聚氯乙烯是一种重要的合成树脂，用来制备塑料和合成纤维。

(2) 氧化反应

[实验1-10] 把纯净的乙炔通入盛有1～2mL 0.5%（质量分数）高锰酸钾溶液（加入几滴稀硫酸）的试管中，观察溶液颜色的变化。

可以看到，高锰酸钾溶液的紫色褪去。说明乙炔与乙烯一样，也容易被氧化剂氧化。

[实验1-11] 点燃纯净的乙炔，观察乙炔燃烧时的火焰。

可以看到，乙炔燃烧时发出明亮的火焰，并伴有浓烈的黑烟，同时产生大量的热。这是因为和甲烷、乙烯比较，乙炔分子含碳量很高的缘故。乙炔燃烧的化学方程式可表示如下。

$$2C_2H_2 + 5O_2 \xrightarrow{\text{点燃}} 4CO_2 + 2H_2O$$

乙炔在氧气里燃烧时，产生的氧炔焰温度很高，可达3000℃以上，工业上广泛利用它来切割或焊接金属。

在乙炔和空气的混合物中，如果含乙炔的体积分数为2.5%～80%时，遇火即会发生爆炸。因此在生产和使用乙炔时要特别注意安全。

（3）聚合反应　乙炔在不同的催化剂和不同的反应条件下，可以发生聚合反应，生成不同的聚合物。例如，将乙炔通入氯化亚铜和氯化铵的稀盐酸溶液中，在温度为84～96℃时，两分子乙炔聚合生成乙烯基乙炔；乙炔在催化剂存在下加热到120～160℃时，也可以发生三分子聚合生成苯[1]。

$$HC\equiv CH + HC\equiv CH \xrightarrow[\triangle]{\text{催化剂}} \underset{\text{乙烯基乙炔}}{H_2C=CH-C\equiv CH}$$

$$3C_2H_2 \xrightarrow[\triangle]{\text{催化剂}} \underset{\text{苯}}{C_6H_6}$$

乙烯基乙炔是合成橡胶的重要原料。乙炔聚合成苯的反应对于人们了解苯的分子结构起着很大作用。但目前在工业上尚无重要价值。

乙炔的聚合反应一般不能生成高分子化合物，这是与烯烃的聚合反应不同之处。

---

[1] 苯音 běn。

(4) 金属炔化物的生成　在乙炔分子中，直接连在三键碳原子上的氢原子，受到三键的影响，变得比较活泼，通常叫做活泼氢，它能被某些金属原子取代，生成金属炔化物。例如，将乙炔通入硝酸银的氨溶液或氯化亚铜的氨溶液中，则可生成灰白色的乙炔银沉淀或棕红色的乙炔亚铜沉淀。

$$CH{\equiv}CH + 2Ag[(NH_3)_2]NO_3 \longrightarrow \underset{\text{乙炔银}}{AgC{\equiv}CAg}\downarrow + 2NH_4NO_3 + 2NH_3$$

$$CH{\equiv}CH + 2[Cu(NH_3)_2]Cl \longrightarrow \underset{\text{乙炔亚铜}}{CuC{\equiv}CCu}\downarrow + 2NH_4Cl + 2NH_3$$

上述两个反应很灵敏，现象明显，常用来鉴定乙炔。

乙炔银、乙炔亚铜等重金属炔化物不稳定，干燥后受热或受撞击时容易发生爆炸，因此实验室中生成的金属炔化物，应立即加入无机酸（如硝酸、浓盐酸）使其分解后倒掉。

综上所述，可知乙炔能与多种物质起反应，生成许多重要的有机化工原料，所以乙炔是一种重要的基本有机原料。

二、炔烃

分子里含有一个碳碳三键的不饱和链烃叫做炔烃。除乙炔外还有丙炔、丁炔、戊炔等。表1-5列出了几种炔烃的分子式、结构简式和物理性质。

表1-5　几种炔烃的物理性质

名称	分子式	结构简式	常温时状态	熔点/℃	沸点/℃	相对密度
乙炔	C_2H_2	$HC{\equiv}CH$	气	−80.8（加压）	−84.0	0.6208①
丙炔	C_3H_4	$CH_3C{\equiv}CH$	气	−101.5	−23.2	0.7062②
1-丁炔	C_4H_6	$CH_3—CH_2—C{\equiv}CH$	气	−125.7	8.1	0.6784③
1-戊炔	C_5H_8	$CH_3—CH_2—CH_2—C{\equiv}CH$	液	−90	40.2	0.6901

① 是−82℃时的值。

② 是−50℃时的值。

③ 是0℃的值。

由表1-5可知，相邻炔烃分子间也是相差一个CH_2原子团，但它们比含相同碳原子数目的烯烃分子少两个氢原子，所以炔烃的通式

是 C_nH_{2n-2} （$n>2$）。

炔烃的物理性质一般也是随着分子里碳原子数的增多而递变的。

炔烃的化学性质与乙炔相似，都能发生加成反应、氧化反应、聚合反应等，所以用溴水和 $KMnO_4$ 酸性溶液可鉴别饱和烃与不饱和烃。具有 R—C≡CH 结构的炔烃，因含有活泼氢也与乙炔一样，能与硝酸银的氨溶液或氯化亚铜的氨溶液起反应，因此可用这一性质来鉴别此类型炔烃及乙炔与含碳碳双键的不饱和烃。

炔烃的同分异构现象和系统命名法都与烯烃相似。例如

$$\overset{1}{C}H\equiv\overset{2}{C}-\overset{3}{C}H_2-\overset{4}{C}H_2-\overset{5}{C}H_3 \qquad \text{1-戊炔}$$

$$\overset{1}{C}H_3-\overset{2}{C}\equiv\overset{3}{C}-\overset{4}{C}H_2-\overset{5}{C}H_3 \qquad \text{2-戊炔}$$

$$\overset{4}{C}H_3-\underset{\underset{CH_3}{|}}{\overset{3}{C}H}-\overset{2}{C}\equiv\overset{1}{C}H \qquad \text{3-甲基-1-丁炔}$$

炔烃与分子中含碳原子数相同的二烯烃互为同分异构体，但不属于同一类烃。

链烃又叫脂肪烃，脂肪烃因与脂肪族化合物有类似结构（开链）而得名。

第四节　苯　芳香烃

一、苯

1. 苯的分子结构

苯的分子式是 C_6H_6。从这个分子式来看，苯是远远没有达到饱和的烃，因为苯分子需要增加 8 个氢原子才能符合饱和烃的通式 C_nH_{2n+2}。经科学家长期研究，凯库勒[1]于 1865 年提出，苯的结构式可以这样表示。

---

[1] 凯库勒（F. A. Kekulé 1829～1896）是德国化学家。

```
        H
        |
        C
      //  \
H—C        C—H
   |        ‖
H—C        C—H
      \\  /
        C
        |
        H
```

结构简式为

这个式子称为苯的凯库勒式。从这样的结构式来推测，苯的化学性质应该显示出极不饱和的性质，也就是说，苯应该具有烯烃的性质。但实验证明，苯既不能被氧化剂高锰酸钾氧化而使酸性高锰酸钾溶液褪色，又不能与溴水里的溴起加成反应而使溴水褪色，这说明苯与一般烯烃在性质上有很大的差别。这是由于苯分子具有特殊结构的缘故。

根据近代物理方法对苯分子结构的研究后知道，苯分子里的 6 个碳原子和 6 个氢原子都在同一平面内，6 个碳原子组成一个正六边形，即苯分子具有平面的正六边形结构。在苯分子中，各个键角都是 120°，闭合的六角环（苯环）上碳碳之间的键长完全相等，都是 1.40×10^{-10} m，它既不同于一般的碳碳单键（C—C 键键长是 1.54×10^{-10} m），也不同于一般的碳碳双键（C ═C 键键长是 1.33×10^{-10} m）。因此苯环上碳碳间的键既不是一般的单键，也不是一般的双键，而是一种介于单键和双键之间的独特的键。为了表示苯分子结构的这一特点，常用来表示苯分子的结构简式。苯分子模型如图 1-9 所示。

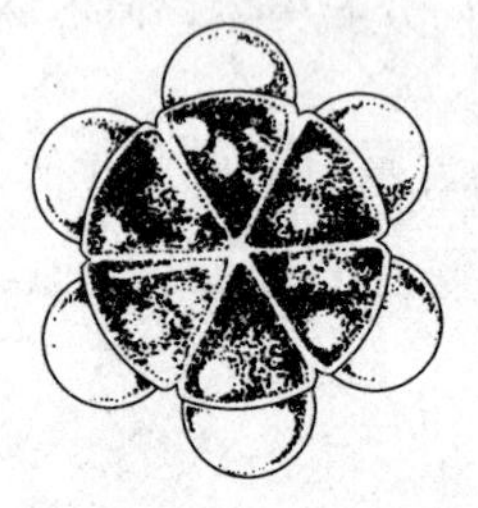

图 1-9　苯分子模型

直到现在，凯库勒式的表示方法仍在沿用，但在使用时绝不应认为苯分子是单、双键交替组成的环状结构。

2. 苯的物理性质

苯是无色带有特殊气味的液体，易挥发，有一定毒性。它的密度是 0.879g/cm³，比水轻，不溶于水，但能溶于汽油、乙醇、乙醚等有机溶剂中。苯的沸点是 80.1℃，熔点是 5.5℃。如果用冰来冷却，苯就可以凝结成无色的晶体。

3. 苯的化学性质和用途

由于苯分子具有特殊的结构，决定了苯环有较高的稳定性，不易破裂。因此苯不易被氧化，也难起加成反应，而容易起取代反应。但在一定条件下，苯也能发生某些反应。

（1）取代反应　在一定条件下，苯环上的氢原子能被别的原子或原子团所取代。

用铁屑或卤化铁作催化剂，加热到55～60℃时，苯能与卤素发生取代反应生成卤苯和卤化氢。例如

$$C_6H_6 + Cl_2 \xrightarrow[\triangle]{催化剂} C_6H_5{-}Cl + HCl$$

氯苯

$$C_6H_6 + Br_2 \xrightarrow[\triangle]{催化剂} C_6H_5{-}Br + HBr$$

溴苯

苯与溴的取代反应必须用液态溴，不能用溴水，因为苯与溴水不起反应。溴苯是无色液体，密度大于水的密度。

苯分子里的氢原子被卤素原子取代的反应，叫做**卤化反应**。工业上利用卤化反应制备许多卤化物，它们是制造染料、农药、医药和合成高分子材料的重要原料。

在浓硫酸作催化剂和加热到55～60℃时，苯能与浓硝酸发生取代反应，生成硝基苯和水。

$$C_6H_6 + HO{-}NO_2 \xrightarrow[\triangle]{浓硫酸} C_6H_5{-}NO_2 + H_2O$$

硝基苯

硝酸（HNO_3）分子里的$-NO_2$原子团叫做**硝基**。苯分子里的氢原子被硝基取代的反应，叫做**硝化反应**。工业上利用苯的硝化反应来生产硝基苯，硝基苯的重要用途就是制造苯胺，苯胺是制造染料的重要原料。

苯与浓硫酸共热到70～80℃时，能发生取代反应，生成苯磺酸和水。

$$C_6H_6 + HO{-}SO_3H \xrightarrow{\triangle} C_6H_5{-}SO_3H + H_2O$$

苯磺酸

硫酸（H_2SO_4）分子里的—SO_3H 原子团叫做**磺酸基**，简称**磺基**。苯分子里的氢原子被磺酸基取代的反应，叫做**磺化反应**。磺化反应在染料工业上具有特别重要的意义。

（2）加成反应　苯不具有典型的碳碳双键所应有的加成反应性能，但是在特殊情况下，它仍能起加成反应。例如在有镍作催化剂并加热到 180～250℃时，苯能与氢气起加成反应，生成环己烷。

$$C_6H_6 + 3H_2 \xrightarrow[\triangle]{催化剂} C_6H_{12}$$

环己烷

（3）苯在空气中燃烧　苯在空气中能燃烧，生成二氧化碳和水。苯燃烧时发出明亮并带有浓烟的火焰，这是由于苯分子里含碳量很大的缘故。

苯是一种重要的有机化工原料，它广泛用来生产合成纤维、合成橡胶、塑料、医药、农药、染料、香料等。苯也常用作有机溶剂。

二、芳香烃

在有机化合物里，有一大类化合物叫做芳香族化合物。所谓芳香族化合物，最初是指一类从植物胶里取得的具有芳香气味的物质。后来随着有机化学的发展，人们又发现了许多化合物具有芳香族化合物的特性，但却没有芳香气味。因此人们认为用气味作为分类的依据是不科学的，从而进一步总结出，分子里含有一个或多个苯环的化合物属于芳香族化合物。现在芳香族化合物这个名词已失去了它原来的意义，只是因为习惯，仍在沿用着。

实验证明，芳香族化合物大多具有苯环结构，都具有苯环在反应过程中不易破裂、易起取代反应、不容易起加成反应等共同特性，即芳香性。

在芳香族化合物里，把**分子里含有一个或多个苯环的烃叫做芳香烃，简称芳烃**。苯是最简单、最基本的芳烃。它是芳香族化合物的母体。

1. 芳烃的分类

芳烃按其结构的不同可分为单环芳烃、多环芳烃和稠环芳烃三类。

(1) 单环芳烃　分子中只含一个苯环的芳烃叫做单环芳烃。例如

$-CH_3$　　$-CH_2CH_3$

苯 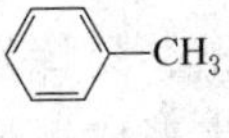　　甲苯 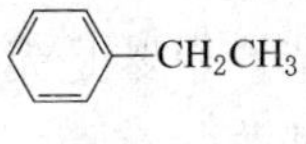　　乙苯

甲苯（C_7H_8）、乙苯（C_8H_{10}）等化合物属于苯的同系物，它们在分子组成上也依次相差一个 CH_2 原子团。苯及其同系物的通式是 C_nH_{2n-6}（$n\geqslant 6$），它们都属于单环芳烃。

苯的同系物与苯的性质相似，如它们都能燃烧并产生带有浓烟的火焰，也都能起取代反应。

在苯的同系物里含有侧链，由于苯环和侧链的相互影响，使苯的同系物也有一些化学性质与苯不同。

[实验1-12]　向一支试管中加入 2mL 甲苯，再向其中滴入高锰酸钾酸性溶液 3 滴，用力振荡。观察溶液颜色的变化。

可以看到，高锰酸钾溶液的紫色褪去。这一实验说明，甲苯能被高锰酸钾氧化。苯的同系物能被高锰酸钾氧化，这就是它们与苯的化学性质不同之处。

苯的同系物是制造多种染料、炸药、医药、香料等的重要原料。

(2) 多环芳烃　分子中含有两个或两个以上独立苯环的芳烃，叫做多环芳烃。例如

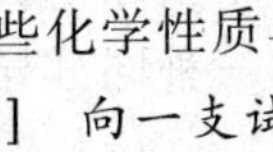

联苯 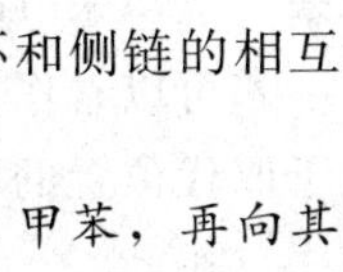　　三苯甲烷

(3) 稠环芳烃　分子中含有两个或两个以上的苯环，彼此间通过共用两个碳原子稠合起来的芳烃，叫做稠环芳烃。例如

芳香烃的来源主要是煤和石油。

2. 几种重要的芳香烃

除苯外，再介绍几种重要的芳香烃。

(1) 甲苯　甲苯是无色、易燃、易挥发的液体，具有与苯相似的芳香气味，其蒸气有毒，能与空气形成爆炸性的混合物，爆炸极限是1.2%～7.0%（体积分数）。甲苯的沸点是110.6℃，常温时的密度为0.867g/cm^3，不溶于水，易溶于乙醇、乙醚等有机溶剂。

甲苯是一种重要的有机化工原料，它主要用来制造苯甲醛、苯甲酸和TNT（三硝基甲苯）炸药。甲苯也是工业上常用的溶剂，也可以直接作为汽油的组分。

(2) 二甲苯　二甲苯（C_8H_{10}）是乙苯的同分异构体，它也是苯的同系物。二甲苯可以看作是苯分子里的2个氢原子被两个甲基取代后的产物，由于取代位置的不同，二甲苯有三种同分异构体。

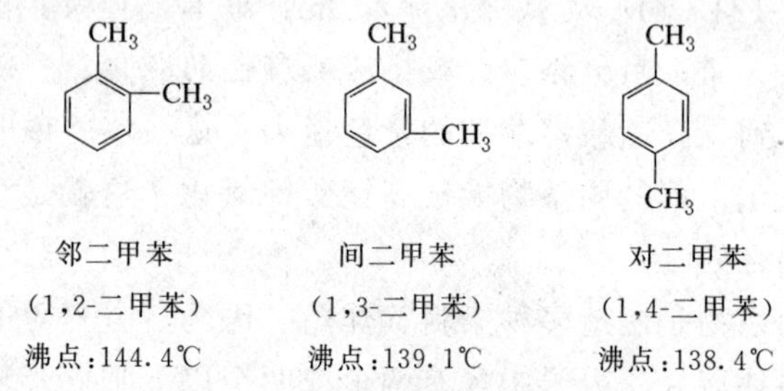

它们都是无色、有芳香气味的液体，不溶于水，易溶于乙醇、乙醚等有机溶剂中。二甲苯一般是三种同分异构体的混合物，叫混合二甲苯。

二甲苯也是重要的有机化工原料。邻二甲苯主要制造邻苯二甲酸酐，间二甲苯用于染料工业，对二甲苯主要用于制备涤纶原料对苯二甲酸。混合二甲苯也可直接用作溶剂。

(3) 萘　萘的分子式是$C_{10}H_8$，它的结构式和结构简式以及萘分子中碳原子的位次可表示如下。

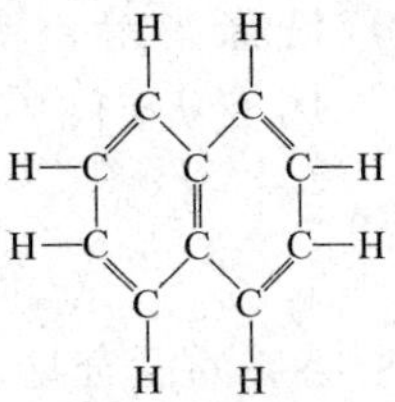

结构式 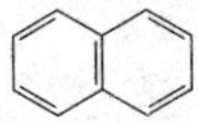　　　　　　　结构简式 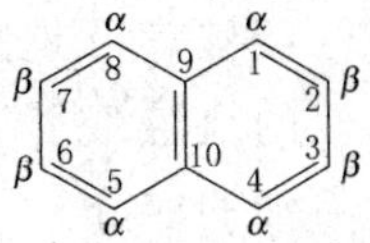　　　萘分子中碳原子的位次

为了区别不同的碳原子，通常按一定的顺序对萘环进行编号。1、4、5、8四个碳原子都与两个环共用的碳原子（9和10两个碳原子）直接相连，它们的位置相同，称为α位。2、3、6、7四个碳原子的位置也是相同的，但与α位不同，称为β位。α和β位上的氢原子被其他基团取代时，分别得到α取代物和β取代物。

萘是无色片状的晶体，熔点80.5℃，沸点218℃，易升华，有特殊气味。萘不溶于水，也难溶于冷的乙醇，但易溶于热的乙醇和乙醚中。

萘也是重要的有机化工原料，主要用于制造染料、农药、合成纤维等。萘也可以用来杀菌、防蛀、驱虫。

第五节　石油　煤的综合利用

一、石油

地壳里许多地方蕴藏着丰富的石油，这些石油储集在地下不同深度（一般埋藏较深）的各种多孔性岩石里，因此称为“石”油。它是由古代动植物遗体经过非常复杂的变化而形成的。石油通常是黑色或深棕色的黏稠状液体，常有绿色或蓝色荧光，有特殊的气味，不溶于水，密度比水小，没有固定的熔点和沸点。

石油是烃在自然界的主要来源（还有天然气）之一。它是一种极其重要的能源物质，也是发展国民经济和国防建设的重要物资。通过石油炼制，可以获得汽油、煤油、柴油等燃料和各种机器所需要的润滑油以及许多气态烃（称为炼厂气）等产品。利用石油产品作原料，通过化工过程，可以制造合成纤维、合成橡胶、塑料以及化肥、农药、炸药、医药、染料、油漆、合成洗涤剂等产品。石油产品已经被广泛地应用到国民经济各部门。因此人们把石油称为“工业的血液”。

1. 石油的成分

石油主要是由各种烷烃、环烷烃和芳香烃所组成的混合物，其中大部分是液态烃，同时在液态烃里溶有气态烃和固态烃。因此石油主要含碳和氢两种元素，这两种元素在石油中的质量分数平均为97%～98%（也有达 99%的）。此外石油中还含有少量的硫、氧、氮等元素。

2. 石油的炼制

从油田里开采出来没有经过加工处理的石油叫做原油。原油成分复杂，用途不大，必须经过加工处理以后，才能得到重要的石油产品和多种宝贵的化工原料。把原油进行加工制成各种产品的过程，叫做**石油的炼制**。

原油中常含有水和氯化镁、氯化钙等杂质，这些杂质和水对石油的炼制不利，含盐多会腐蚀设备；含水多，在炼制时要浪费燃料。因此原油必须先经过脱水、脱盐等处理过程后，才能进行炼制。

石油的炼制有石油的分馏、裂化、裂解、重整等方法。

（1）石油的分馏　经过脱水、脱盐的石油主要是多种沸点不同的烃的混合物，因此它没有固定的沸点。石油分馏的原理是根据烃的沸点与分子里碳原子的关系：一般是分子里含碳原子数越少的烃，沸点越低；分子里含碳原子数越多的烃，沸点越高。因此加热石油时，低沸点的烃先气化，经过冷凝先分离出来。随着温度的升高，沸点较高的烃再气化，经过冷凝也分离出来。这样继续加热和冷凝，就可以把石油分成不同沸点范围的蒸馏产物。这种方法叫做石油的**分馏**。工业上用来分馏石油的主要设备有加热炉和分馏塔，加热炉用于加热石油，分馏塔是利用原油里各成分沸点不同，分馏出各种产品。分馏出来的各种成分叫馏分，每一种馏分仍然是多种烃的混合物。石油的分馏分为常压分馏和减压分馏。分馏的主要过程如图 1-10 所示。

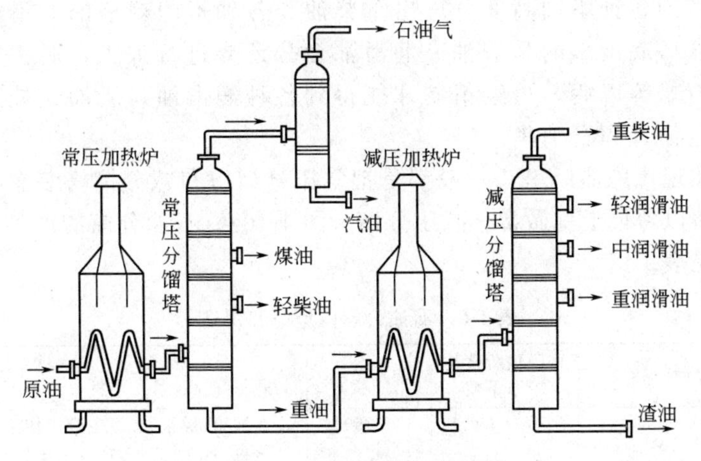

图 1-10　石油分馏示意

石油分馏的主要过程是把处理过的原油压入加热炉，加热到360℃左右，使其成为液体和气体的混合物，然后由导管进入分馏塔。在分馏塔里按各种烃的沸点范围不同，在不同层的塔盘上分离出重油、轻柴油、煤油等。沸点最低的烃以蒸气状态从分馏塔顶排出，再经冷凝后就是汽油（其中包括溶剂油）。这种在常压（101.325kPa）下将原油进行分馏，得到各种石油产品的过程，叫做常压分馏。

原油经过常压分馏后，从分馏塔底得到数量很大的重油，其中含有重柴油、润滑油等重要产品，也必须加以分离。但是重油的沸点很高，如果将重油在常压下分馏，就必须再升高温度。但是，高温会导致高沸点烃的分解，影响润滑油的质量，更严重的是还会出现炭化结焦，损坏设备，影响正常生产。为解决这一矛盾，在石油炼制工业上常采用减压分馏的方法来分离重油。减压分馏的原理是根据外界压力对物质沸点的影响：外界压力越大，物质的沸点就越高；外界压力越小，物质的沸点就越低。采取降低分馏塔内压力的办法，使重油的沸点随压力的降低而降低。也就是说，在低于常压下的沸点时就可以使重油沸腾，从而将其中各馏分分离出来。这种方法叫做减压分馏。在减压分馏塔里，仍根据各馏分沸点范围的不同，从塔顶和塔的各种不同高度分离出重柴油和各种不同规格的润滑油馏分，从塔底出来的是渣油。润滑油馏分还要进行加工，脱去凡士林、石蜡等以后，再经精制才能得到各种润滑油。渣油经处理后可制造沥青和石油焦。

在现代炼油厂里，一般都是把常压分馏塔和减分馏塔装置在一起，所以习惯上称做常、减压分馏（图 1-10）。石油分馏的产品及其用途见表 1-6。

表 1-6　石油分馏的产品和用途

分馏产品		分子里所含的碳原子数	沸点范围	用　　途
溶剂油		$C_5 \sim C_6$	30～150℃	在油脂、橡胶、油漆生产中作溶剂
汽油		$C_5 \sim C_{11}$	220℃以下	飞机、汽车以及各种汽油燃料
航空煤油		$C_{10} \sim C_{15}$	150～250℃	喷气式飞机燃料
煤油		$C_{11} \sim C_{16}$	180～310℃	拖拉机用燃料、工业洗涤剂
柴油		$C_{15} \sim C_{18}$	200～360℃	重型汽车、军舰、轮船、坦克、拖拉机、各种高速柴油机燃料
重油	润滑油（锭子油、机油、汽缸油等）	$C_{16} \sim C_{20}$	360℃以上	机械上的润滑剂、减少机械磨损、防锈
	凡士林	液态烃和固态烃的混合物		润滑剂、防锈剂、制药膏
	石蜡	$C_{20} \sim C_{30}$		制蜡纸、绝缘材料
	沥青	$C_{30} \sim C_{40}$		铺路，建筑材料，防腐涂剂
	石油焦	主要成分是 C		制电极，生产 SiC 等

注：表内所示沸点范围不是绝对的，在生产时常需要根据具体情况进行一些变动。

（2）石油的裂化　通过石油的分馏获得了汽油、煤油、柴油等烃质液体燃料。但是它们的产量不高，仅占石油总量的 25%左右，远远不能满足日益增长的工农业生产和国防建设的需要。为了提高轻质液体燃料（特别是汽油）的产量和质量，在石油工业上采用了裂化的方法。**裂化就是在一定条件下，把相对分子质量较大、沸点高的烃断裂成相对分子质量较小、沸点低的烃的过程。**裂化有热裂化和催化裂化两种方法。

热裂化就是使重油等相对分子质量较大的烃，在 500℃左右和一

定的压力下发生裂化。例如[1]

$$\underset{\text{十六烷}}{C_{16}H_{34}} \xrightarrow{\triangle} \underset{\text{辛烷}}{C_8H_{18}} + \underset{\text{辛烯}}{C_8H_{16}}$$

这样就把相对分子质量较大、沸点较高的烃转变为相对分子质量较小，沸点较低的、类似汽油的饱和烃和不饱和烃的液态混合物。有些裂化产物还会继续分解，生成饱和的和不饱和的气态烃。例如

$$\underset{\text{辛烷}}{C_8H_{18}} \xrightarrow{\triangle} \underset{\text{丁烷}}{C_4H_{10}} + \underset{\text{丁烯}}{C_4H_8}$$

$$\underset{\text{丁烷}}{C_4H_{10}} \xrightarrow{\triangle} \underset{\text{甲烷}}{CH_4} + \underset{\text{丙烯}}{C_3H_6}$$

$$\underset{\text{丁烷}}{C_4H_{10}} \xrightarrow{\triangle} \underset{\text{乙烷}}{C_2H_6} + \underset{\text{乙烯}}{C_2H_4}$$

热裂化获得的汽油质量还不够高，并且在热裂化过程中温度过高时，还常会发生结焦现象，影响生产的正常进行。因此工业上常采用催化裂化的方法。在催化剂作用下进行的裂化，叫做催化裂化。常用的催化剂有人工合成硅酸铝、分子筛（主要成分是硅酸盐）等。由于催化裂化可采用比热裂化较低的温度和压力，获得质量比较高的汽油，因此已有取代热裂化的趋势。

（3）石油的催化重整　**在加入催化剂并加热的条件下，把汽油里直链烃类分子的结构“重新进行调整”，使它们转化为芳香烃或具有支链的烷烃异构体**（异构烷烃）**等的过程，叫做石油的重整**。目前工业上采用的催化剂有铂（Pt）或铼（Re）或同时使用铂和铼。根据采用催化剂的不同，分别称它们为铂重整、铼重整和铂铼重整。采用石油产品的催化重整方法，可以大量生产苯、甲苯、二甲苯等芳香烃。

3．石油化工

---

[1] 此例是最简单的例子，实际上石油裂化的反应过程很复杂，同一种烃在裂化过程中可以起不同的分解反应。

用石油产品和石油气（炼厂气、油田气、天然气）**作原料来生产化工产品的工业，简称石油化工**。

在石油化工生产过程中，常用石油分馏产品（包括石油气）作原料，采用比石油裂化更高的温度（700～800℃，有时甚至高达1000℃以上），使具有长碳链分子的烃断裂成各种短碳链的气态烃和少量液态烃的过程，叫做石油的**裂解**。所以裂解就是深度裂化，以获得短碳链不饱和烃为主要成分的石油加工过程。石油裂解的化学过程比较复杂，生成的裂解气是一种复杂的混合气体，除主要产品乙烯外，还含丙烯、异丁烯等不饱和烃，此外还含有甲烷、乙烷、丁烷、炔烃、硫化氢和碳的氧化物等。裂解气经净化和分离以后，就可以得到所需纯度的乙烯、丙烯等有机化工原料。这些原料在合成纤维、合成橡胶、塑料等方面得到广泛应用。目前，石油裂解已成为生产乙烯的主要方法。

根据中国历史记载，在一千八百年以前，劳动人民就发现了天然气和石油。在长期的生产过程中，勤劳智慧的中国劳动人民积累了丰富的开采和利用石油及天然气的经验。因此中国是世界上最早发现和利用石油及天然气的国家之一。中国地大物博，蕴藏着丰富的石油资源。但是在解放前，中国基本上没有自己的石油工业，使“洋油”长期倾销中国。解放以后，中国的石油工业得到迅速的发展，先后开发和建立了大庆、胜利、华北、中原、大港等石油基地，在中国沿海海底也发现了石油资源，经过半个多世纪的建设与发展，中国的石油工业取得了巨大成就。现在中国已能向世界上许多国家和地区提供原油和石油产品。

[阅读]

液化石油气

液化石油气是石油化工生产过程中的一种副产品，其主要成分是丙烷、丁烷、丙烯、丁烯等，此外还含有少量硫化氢。将液化石油气通过加压压缩到耐压钢瓶中，其中的压力约是大气压力的7～8倍，这就是许多家庭中烧水、煮饭用的罐装“煤气”，实际上并不是煤气，而是液化石油气。钢瓶中贮存的液化石油气的量很大，可以使用较长的时间。

应该注意的是液化石油气在空气中达到一定比率时，遇到明火会引起燃烧，甚至爆炸，因此使用时必须小心，防止漏气。

汽油的辛烷值

汽油发动机吸气时，将汽油和空气的混合物吸入汽缸中，通过压缩使其温度升高，达到一定温度后经点火便会燃烧。但是一部分汽油不等点火就超前发生了爆炸或燃烧，这种不能控制的燃烧过程，通过汽油发动机的响声或震动表现出来，这种现象叫做汽油的爆震。爆震会造成能量损失、浪费燃料、损坏汽缸。爆震程度大小与汽油组成有关，汽油中直链烷烃在燃烧时发生的爆震程度比较大（正庚烷的爆震程度最大），芳香烃和带有支链的烷烃则不易发生爆震（异辛烷的爆震程度最小）。人们把衡量爆震程度大小的标准叫做辛烷值，它表示了汽油爆震程度的大小，是衡量汽油质量的一种重要指标。人们把正庚烷的辛烷值定为0，将异辛烷的辛烷值定为100，汽油的辛烷值越高，抗爆震性能越好。目前，中国使用的车用汽油的牌号就是按汽油辛烷值的大小来划分的，例如90号汽油就表示该汽油的辛烷值不低于90。

为了提高汽油的辛烷值，过去广泛采用的一种行之有效的方法是在汽油中加入添加剂，这种添加剂称为抗爆剂。常用的抗爆剂是四乙基铅和甲基叔丁基醚（MTBE）。四乙基铅是一种带水果味的油状液体，具有毒性，它可以通过呼吸道、食道或皮肤进入人体，且难以排出，当人体内含铅量积累到一定量（约100mL血液中含80μg）时，就会发生铅中毒。因此世界上许多国家都已限制铅的加入量，逐步实现低铅化和无铅化，中国北京等一些城市已禁止销售含铅汽油，全国将逐渐实行汽油无铅化（通过改进炼油技术、研究和开发新的抗爆剂两种途径）。

中国石油史话

石油作为能源，从全世界来说，它早已超过煤炭而居第一；作为化工原料，它已成为现代化学工业的基础，石油化工产品已全面进入现代生活的各个角落。没有石油，就没有现代的工业、现代的农业、现代的交通、现代的国防以至于现代的生活。

中国是世界上发现和运用石油最早的国家之一。中国关于石油的文字记载可以追溯到3000多年以前。东汉时史学家班固的《汉书》中就有“高奴有洧水可燃”的记载，以后的《后汉书》、《博物志》、《水经注》、《魏书》、《新唐书》等，也都有在甘肃、新疆等地发现石油的记叙。到了北宋，大科学家沈括在《梦溪笔谈》中第一次使用了石油这个名称。沈括还利用石油燃烧制造炭黑，用炭黑制墨。他指出“石油至多，生于地中无穷”，“此物后必大行于世”。

在石油的开采利用方面，陕北延长（即高奴）一带人民早在北宋时期就已开始凿井采油，油井由大口径浅井向小口径深井不断发展。英国科学家李约瑟在其著作《中国科学技术史》中指出：“今天在勘探油田时所用的这种探井或凿洞的技术，肯定是中国人的发明。”这种技术约在公元 12 世纪以前传到西方。此外，早在战国时代，四川就已利用天然气煮盐。

然而，解放前中国的石油工业十分薄弱，仅在台湾和大陆西北地区，如陕西延长、新疆独山子，甘肃玉门等地有少数油田。直到 1949 年，年产原油只有 12×10^4 t，按当时人口，平均每人不足 0.25kg。那时候人们点灯要用“洋油”！“美孚”、“壳牌”等英美牌号的石油产品充斥中国市场，外国公司从中国获取巨额利润，造成中国的白银滚滚外流。

古代许多地区的油气显示，预示着中国有丰富的油气资源，只是需要认真勘探去发现。解放以后，中国著名地质学家李四光独创了地质力学理论，按照这种理论，他指出中国东部古华夏沉降带有良好的生油、贮油条件，认为在中国东北的松辽平原和华北平原，可以找到有经济价值的油气资源。

1950～1956 年，是解放后石油工业的起步阶段。解放初期，中国大陆只有玉门、独山子和延长 3 个油矿。经过恢复和发展，又先后发现了石油沟、白杨河、鸭儿峡油田，全面开发了老君庙油田。玉门油田是第一个五年计划期间石油工业的建设重点。玉门油田在开发建设中取得的丰富经验，为当时和以后全国石油工业的发展，提供了重要借鉴，“玉门风格”为发展石油工业立下了不可磨灭的功绩。从 1955 年起，中国开始了较大规模的油气资源的勘探开发，开始了较大规模的石油工业建设。在 1956 年又发现了克拉玛依油田，实现了新中国成立后石油勘探上的第一个突破。

1957～1963 年，是石油工业发展的历史性转变阶段。通过石油会战的方式，在 1958 年发现和开发了青海冷湖油田和四川油气田，这一年在川中发现南充、桂花等 7 个油田，结束了西南地区不产石油的历史。1960 年开展了大庆石油会战，仅用一年多的时间，在东西松辽平原上探明了面积达 865 平方公里的特大油田。到 1963 年，短短的时间内就建成了年产 600×10^4 t 原油的生产能力，当年产油 439.3×10^4 t，使全国原油产量达到 647×10^4 t，相当于 1949 年的 50 多倍。这使中国开始摆脱缺油的被动局面，自给率达到了 97.6%。1963 年底，在二届人大四次会议上，周总理向世界庄严宣告:“中国需要的石油，现在已经可以基本自给。中国人民使用“洋油”的时代，即将一去不复返了。”

1964 年到 70 年代后期，是扩大找油领域，进一步取得勘探新成果的阶段。这阶段也可以说是新的崛起阶段，先后建成了胜利、大港、辽河、华北、南阳五个大油田。从 1973 年起，中国开始对日本等国出口原油。到 1978 年时，原油产量突破 1 亿吨，使中国跻身于世界产油大国的行列。

20 世纪 70 年代后期到 90 年代初期，是走向海洋转战西部的新阶段。这期间又发现了任丘油田、中原油田等。1985 年全国原油产量达到 1.25 亿吨。

现在中国已成为年产超过亿吨的产油大国，曾一度被外国人称为的“贫油国”跃居到了世界第六位。这也和新型的钻井技术与电子计算机的结合密切相关。它不仅能够以特定的工具和测量、控制系统向地下发射信号、接受岩层信息来判别油气的存在可能性，而且在一定深度范围内，可以得心应手地钻开地层，改造油层，实施油井的井下作业等，以达到人们预定的效果，以便多找油、多采油、为国家的经济建设服务。由此可见，现代的石油技术和航天技术一样，它们都不属于一般的常规技术，而是具有高智能、高难度、高投入、高风险、高效益的特点，对生产具有革命性的推动作用和大幅度提高经济效益的作用。随着采油产量的提高，勘探技术、采油技术、石油加工、石油化工工业都获得突飞猛进的发展，走在了世界的前列。

中国不仅内陆有石油，在从渤海、黄海、东海到南海的广阔的大陆架上，都已查明有丰富的油气贮藏，有的已开始工业开采。近些年来，从中国西部的新疆塔里木盆地、青海柴达木盆地，直到陕西的北部地区，都发现了具有世界级规模的油气田。随着中国改革开放的步伐，西部的大发展包括大规模的油气开采，序幕正在拉开，中国的石油工业前景是十分光明的。

二、煤的综合利用

煤是重要的燃料之一，也是工业上获得苯、甲苯、二甲苯等芳香烃的一种重要来源。

煤是由古代植物形成的。由于地壳的多次变动，埋藏在地下深处的古代植物，受到高温、高压的作用，发生了复杂的物理、化学变化，逐渐形成了煤。中国是世界上煤藏量最丰富的国家之一，而且煤的品种很多，质地优良。

煤分为无烟煤、烟煤、褐煤和泥煤等，它们的含碳量（质量分数）分别是：无烟煤 85％～95％左右，烟煤 70％～85％，褐煤

50%～70%，泥煤约50%等。煤主要含碳元素，其次还含有少量的氢、氮、硫、氧等元素以及无机矿物质（主要含硅、铝、钙、铁等元素）。煤是由有机物和无机物所组成的复杂混合物。

如果只把煤作为热能的主要来源，煤中贮藏的很多宝贵的物质，得不到充分的利用，这是很不经济的。因此对煤的综合利用问题是今后发展的一个重要方向。煤的综合利用，就是通过加工的方法，把煤中可以利用的物质都充分的利用起来。

1. 煤的干馏

在实验室里，把煤放在铁管（或瓷管）里隔绝空气加强热（图1-11），等一会就会有气体生成。就些气体经冷却后在U形管里就会凝结出无色溶液和一种黑褐色黏稠的油状物质——煤焦油。用指示剂检验后可知无色溶液是氨溶液，生产上称做粗氨水。通过U形管继续向外逸出的气体可以用排水集气法收集在容器里，该气体叫做焦炉气或焦炉煤气，它很容易燃烧。反应完毕后，铁管里剩下的是灰黑色的固态物质——焦炭。

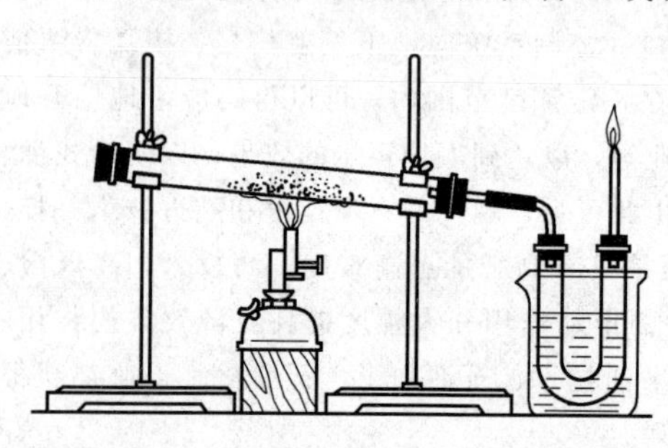

图1-11　干馏煤的实验室装置

这种**把煤隔绝空气加强热使其分解的过程叫做煤的干馏，工业上叫做炼焦**。

工业上炼焦的原理与上面实验的原理基本相同。在炼焦炉里，把煤粉隔绝空气加热到1000℃以上，使煤发生复杂的变化，这叫做高温干馏。煤通过高温干馏，主要制得冶金工业用的焦炭，同时得到焦炉气、粗氨水、煤焦油和粗苯等。

焦炉气的主要成分是氢气和甲烷，其中还混有少量的一氧化碳、二氧化碳、乙烯、氮气和其他气体。

高温干馏所得的煤焦油是含有多种芳香族化合物的复杂混合物（其中有几百种物质）。可以通过分馏的方法使煤焦油中的重要成分分离出来。例如，在170℃以下蒸馏出来的馏出物里主要含苯、甲苯、二甲苯和其他苯的同系物；从170～230℃蒸馏出来的馏出物里主要含有酚和萘；加热到230℃以上，还可以得到更复杂的芳香族化合物(如蒽等)。煤焦油在分馏后剩下的稠厚的黑色物质是沥青。

煤经过炼焦得到的主要产品及其用途如下。

- 煤
  - 出炉煤气
    - 焦炉气—氢气、甲烷、乙烯、一氧化碳—气体原料、化工原料
    - 粗氨水—氨和铵盐—氮肥
    - 粗苯—苯、甲苯、二甲苯—炸药、农药、染料、医药、合成材料
  - 煤焦油
    - 苯、甲苯、二甲苯
    - 酚类、萘—染料、农药、医药、合成材料
    - 沥青—筑路材料、电极
  - 焦炭—冶金、电石、合成氨造气、燃料等

由此看来，煤的用途是极为广泛的。因此煤是非常宝贵的物资，它在国民经济中占有很重要的地位，是中国社会主义建设的重要资源。煤除了作为能源和冶金工业的重要原料外，经过用不同的方法进行加工，可以得到制造合成纤维、合成橡胶、塑料、化肥、农药、炸药、医药、染料等的多种重要化工原料。所以煤的综合利用有非常重要的意义。

2. 煤的气化和液化

煤直接燃烧产生人们所需要的能量，但同时还会产生大量烟尘、二氧化硫、氮的氧化物、碳的氧化物等污染物。因此，发展洁净煤技术、减少污染物的排放、提高煤利用率，已成为中国乃至国际上的一项重要研究课题。煤的气化和液化是高效、清洁地利用煤炭的重要途径。

煤的气化是把煤中的有机物转化为可燃性气体的过程。煤气化的主要化学反应是碳和水蒸气的反应。

$$C(s)+H_2O(g)\xrightarrow{\text{高温}}CO(g)+H_2(g)\quad(\Delta H>0)$$

此反应为吸热反应，所需热量一般由同时进行的碳的燃烧反应（放热反应）来提供。

$$C(s)+O_2(g)\xrightarrow{\text{点燃}}CO_2(g)\quad(\Delta H<0)$$

碳可在空气中燃烧得低热值气（主要成分：CO、H_2、相当量的N_2），其热值较低，可用作冶金、机械工业的原料气。碳也可在氧气中燃烧得中热值气（主要成分：CO、H_2、少量CH_4），其热值较高，可短距离输送，用作居民使用煤气，也可用于合成氨、甲醇等。中热值气在适当催化剂的作用下，又可转变为高热值气。

$$CO + 3H_2 \xrightarrow{\text{催化剂}} CH_4 + H_2O$$

高热值气（主要成分：CH_4）热值很高，可远距离输送。

煤的液化是把煤转化成液体燃料的过程。煤液化的方法，一种是直接液化，即把煤与适当的催化剂混合后，在高温、高压（有时还使用催化剂）使煤与氢气反应生成液体燃料；另一种是间接液化，即先把煤气化成一氧化碳和氢气，然后再经催化合成，得到液体燃料（如煤气化后得到的一氧化碳和氢气可用来合成甲醇，甲醇可直接作液体燃料，也可以掺到汽油中代替一部分汽油作内燃机的燃料，还可以进一步加工成高级汽油）。

在大力发展石油工业和加工煤炭及使用煤作燃料的过程中，必须高度重视工业三废（废水、废渣和废气）、海底采油、油船运输、煤灰、煤渣等对大气、地面和江河湖海的环境污染。这对于合理利用三废，保护水产资源，特别是对于保护人民的健康和改善人民生活等方面都是非常重要的。

※第六节　杂环化合物

一、杂环化合物

1. 杂环化合物

杂环化合物是一类环状化合物，在它们的分子中，组成环的原子除碳原子以外，还有氧、硫、氮等其他元素的原子。一般把除碳以外的其他成环原子叫做杂原子。凡含有杂环，具有类似苯环稳定结构，表现一定芳香性的化合物，叫做杂环化合物。例如

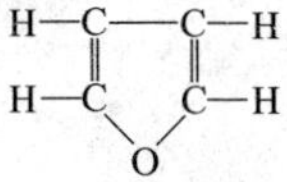

呋喃 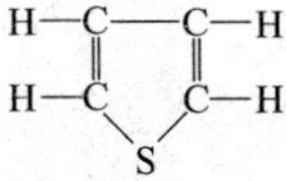　　　　噻吩 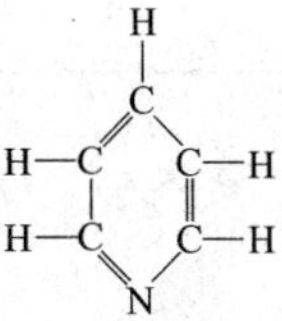　　　　吡啶

其他一些含有杂原子的环状化合物，如环氧乙烷（$H_2C—CH_2$，O 桥连）等，它们分子中的环比较容易破裂，生成的化合物性质与脂肪族化合物相似，所以一般放在脂肪族化合物中讨论。

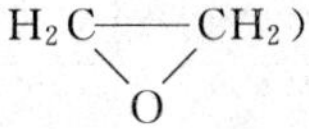

2. 杂环化合的存在

杂环化合物的种类繁多，数目可观，约占已知有机物总数的 1/3。它们广泛存在于自然界中，其中许多具有重要的生理作用，如叶绿素、花色素、血红素、维生素、抗生素、生物碱、核酸等。在石油和煤焦油中也含有许多杂环化合物。许多药物、染料、塑料、农药等都是用杂环化合物为原料来合成的。因此杂环化合物也是很重要的一类有机物，研究它们对于科学研究、工农业生产以及人民的生活都具有重要意义。

二、杂环化合物的分类和命名

1. 杂环化合物的分类

杂环化合物一般分为单杂环和稠杂环两大类。常见的单杂环有五元杂环和六元杂环。稠杂环常由苯环与单杂环或单杂环与单杂环稠合而成。一些简单的杂环化合物的分类见表 1-7。

表 1-7　杂环化合物的分类及名称

类别		碳环母体	含一个杂原子			含两个杂原子		
单杂环	五元杂环	 茂（环戊二烯）	 呋喃 氧茂	 噻吩 硫茂	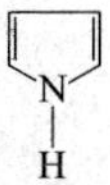 吡咯 氮茂	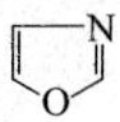 噁唑 1,3-氧氮茂	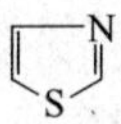 噻唑 1,3-硫氮茂	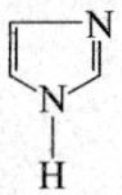 咪唑 1,3-二氮茂
	六元杂环	 苯 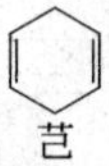　芑（环己二烯）	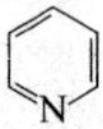 吡啶 氮苯		 吡喃 氧芑	 哒嗪 1,2-二氮苯	 嘧啶 1,3-二氮苯	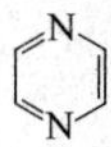 吡嗪 1,4-二氮苯

续表

类别	碳环母体	含一个杂原子	含两个杂原子
稠杂环	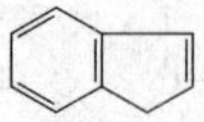 茚	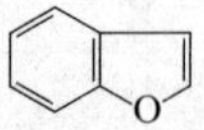 苯并呋喃 氧茚	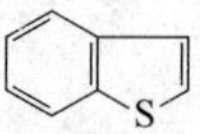 苯并噻吩 硫茚 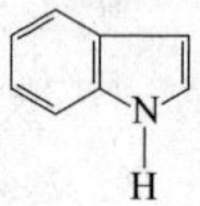　　吲哚 氮茚
	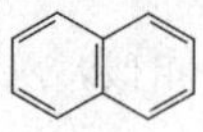 萘	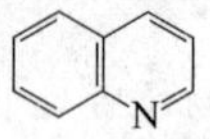 喹啉 1-氮萘	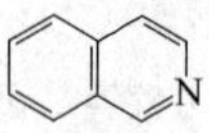 异喹啉 2-氮萘

2. 杂环化合物的命名

杂环化合物的命名，目前有译音法和系统命名法两种。

译音法是将杂环化合物的名称按英文名称译音，选用同音汉字并在其左边加“口”字旁。例如

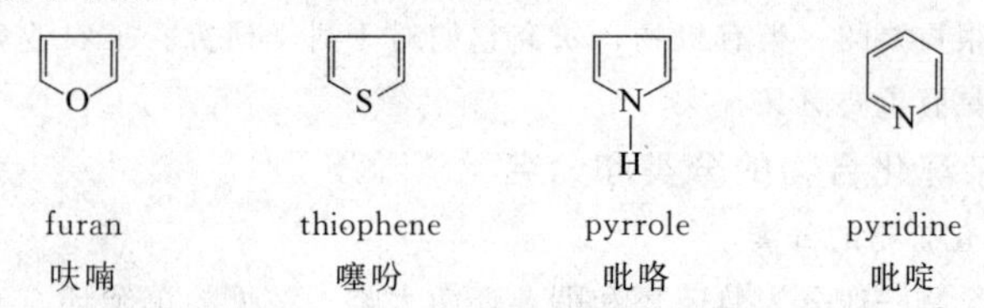

furan　　thiophene　　pyrrole　　pyridine

呋喃　　噻吩　　吡咯　　吡啶

环上连有取代基的杂环化合物，命名时以杂环为母体（当环上连有$-SO_3H$、$-CHO$、$-COOH$等基团时，则把杂环母体当作取代基），将杂环上的原子编号，一般从杂原子开始，顺着环编号。当环上含有两个或两个以上相同的杂原子时，应从连有取代基（或氢原子）的那个杂原子开始编号，并使另一杂原子的位次为最小。当环上连有不同的杂原子时，则按O、S、N的顺序编号。例如

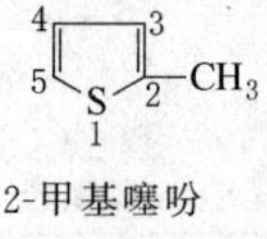

2-甲基噻吩 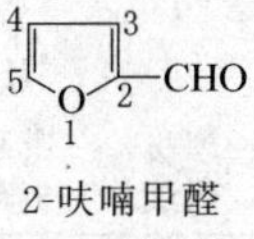　　2-呋喃甲醛 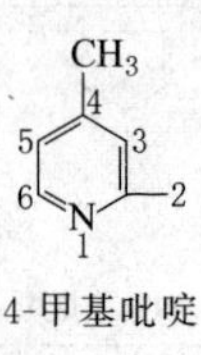　　4-甲基吡啶

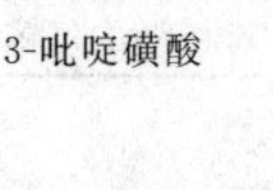

3-吡啶磺酸 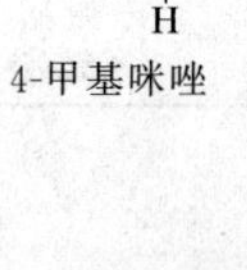　　4-甲基咪唑 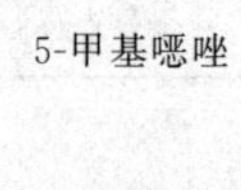　　5-甲基噁唑

杂环化合物的系统命名法，就是把杂环看成为相应碳环中的碳原子被杂原子取代而形成的化合物。命名时在相应碳环名称之前加上杂原子的名称。例如

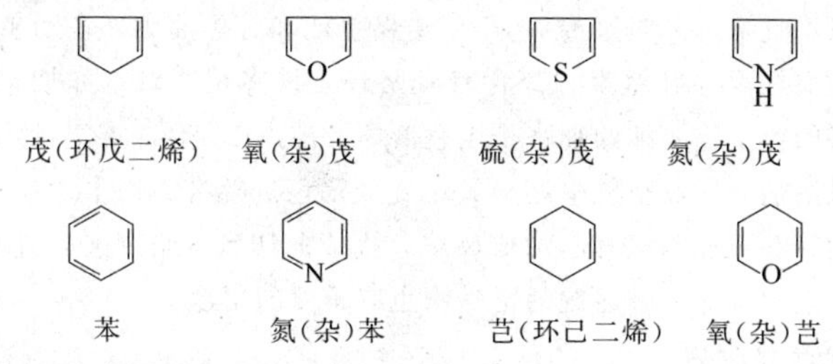

一些杂环化合物的名称见表 1-7。

三、几种杂环化合物的有关性质和用途

下面介绍五元杂环、六元杂环和稠杂环中几种最简单的、重要的杂环化合物的有关性质和用途。

1. 五元杂环化合物

（1）呋喃　呋喃（又叫氧茂）为无色、易挥发的液体，沸点 32℃，难溶于水，易溶于有机溶剂。呋喃存在于松木焦油中。它的蒸气接触被盐酸浸过的松木片时，即呈现绿色，这一现象叫做松木片反应，可用于鉴定呋喃的存在。呋喃在有催化剂存在并加热、加压时，能与氢气起加成反应生成四氢呋喃，此生成物为无色液体，是一种优良的溶剂（THF），也是重要的有机合成原料，常用于制备己二酸、己二胺等物质，还用于聚苯乙烯的抽丝等。

（2）α-呋喃甲醛　α-呋喃甲醛是呋喃的重要衍生物，它最初是用米糠和稀硫酸加热制得的，所以又叫做糠醛。它是一种无色液体（工业品为褐色液体），沸点 162℃，可溶于水，并能溶于乙醇、乙醚等有机溶剂中。

糠醛是一种优良的溶剂，在石油工业上用于精制润滑油和萃取分离丁二烯等。糠醛是重要的化工原料，可以制备呋喃、糠酸（用作防腐剂及制造增塑剂、香料的原料）、糠醇（作溶剂和制造糠醛树脂的原料）、四氢糠醇（作溶剂和有机合成原料），还可以制备药物和杀虫剂，代替甲醛合成类似电木的糠醛树脂等。

糠醛与苯胺的乙酸盐作用显红色，可用来检验糠醛的存在。

（3）噻吩　噻吩（又叫硫茂）存在于煤焦油的粗苯中，石油和页岩油中也含有少量噻吩。石油中所含的噻吩，不仅影响石油产品的质量，而且能损害催化剂的活性，所以石油中的噻吩是一种有害物质。

噻吩是无色液体，沸点 84℃。在浓硫酸存在下，它与靛红共热时显蓝色，

可用来检验噻吩的存在。在室温下噻吩能与浓硫酸起磺化反应，生成噻吩磺酸（能溶于浓硫酸），利用这一反应可除去石油和粗苯中所含的噻吩。

（4）吡咯　吡咯（又叫氮茂），存在于煤焦油和骨焦油中。在动植物生理上起重要作用的血红素和叶绿素，都含有吡咯环。许多植物碱（如烟碱、颠茄碱等）都是吡咯的衍生物。纯的吡咯是无色液体，沸点131℃，难溶于水，易溶于醇、醚等有机溶剂，它在空气中逐渐氧化变成褐色。吡咯的松木片反应显红色。吡咯在催化剂存在下能与氢气起加成反应，生成的四氢吡咯（又叫吡咯烷），用于制备药物、杀菌剂等，吡咯烷的衍生物也有重要的用途。

2. 六元杂环化合物

吡啶（又叫氮苯）存在于煤焦油和骨焦油中，工业上多从煤焦油中提取吡啶。吡啶是无色具有特殊气味的液体，沸点115℃，熔点42℃，密度为$0.9819g/cm^3$，能与水、乙醇、乙醚等溶剂混溶，还能溶解大部分有机物和许多无机盐，是一种良好的溶剂。

吡啶显碱性，其水溶液能使紫色石蕊试液（或红色石蕊试纸）变蓝，它能发生许多化学反应生成吡啶三氧化硫（在有机合成上常用作缓和的磺化剂）、季铵盐（是阳离子表面活性剂，可作染色助剂和杀菌剂）、六氢吡啶或称哌啶（用于制造药物和有机合成中的溶剂）等重要物质。

吡啶的衍生物甲基吡啶（有三种同分异构体）是重要的有机合成原料，用于医药和高分子化学工业中，甲基吡啶都能被氧化生成吡啶甲酸，其中β-吡啶甲酸（也叫烟酸或尼古丁酸），是β族维生素中的一种，存在于肝脏、肉类、米糠、酵母、蛋黄、鱼、番茄等中，它是一种白色针状晶体，易溶于碱液中，也能溶于水和乙醇中，不溶于乙醚，主要用于防治癞皮病和维生素缺乏症；γ-吡啶甲酸（又叫异烟酸）可制取异烟肼（商品名为雷米封），雷米封是白色无臭味的结晶性粉末，味先微甜而后苦，易溶于水，稍溶于乙醇，几乎不溶于乙醚中，它具有较强的抗结核作用，因此用作抗结核药物。烟碱和维生素B_6也是重要的吡啶衍生物。

烟碱（俗称尼古丁）常以苹果酸和柠檬酸盐的形式存在于烟草中，它是无色液体，沸点247℃，能溶于水，有剧毒，能引起头疼、呕吐以致抑制中枢神经系统，严重时能使呼吸停止，心脏麻痹，导致死亡，它是剧毒的杀虫剂。维生素B_6存在于肉类、骨肋、豆类、酵母中，β族维生素是蛋白质代谢中所需酶的组成部分，缺乏此类维生素时蛋白质代谢就要受到阻碍。

3. 稠杂环化合物

（1）喹啉　喹啉（又叫氮萘）存在于煤焦油和骨焦油中，它是一种有特殊气味的无色油状液体，沸点 238℃，难溶于水，易溶于有机溶剂。喹啉显弱碱性。用乙醇和钠还原喹啉时生成四氢喹啉，催化加氢时生成十氢喹啉，这些生成物都是重要溶剂。喹啉的衍生物 8-羟基喹啉是一种晶体，能与许多金属离子形成配合物，广泛用于金属的测定和分离，它也是制造药物和染料的中间体。许多药物都含有喹啉母体的结构，如奎宁（也叫金鸡纳碱，抗疟药物）、喜树碱（抗癌药物）、阿托方（抗风湿药物）等，因此喹啉的衍生物在医学上具有重要意义。

（2）吲哚　吲哚（也叫氮杂茚或苯并吡咯）为晶体，熔点 52℃，能溶于热水、乙醇和乙醚中。纯吲哚的极稀的溶液有花的香味，常用于香料工业。吲哚的衍生物 β-吲哚乙酸，是一种常用的植物生长刺激素。

第二章 烃的衍生物

已经知道，烃分子里的氢原子能被其他原子或原子团所取代而生成别的物质。例如，甲烷分子里的氢原子被氯原子取代后生成一氯甲烷等；苯分子里的氢原子被硝基取代后生成硝基苯等。一氯甲烷、硝基苯等生成物从结构上讲，都可以看作是由烃衍变而来的，它们属于烃的衍生物。**烃分子里的氢原子被其他原子或原子团取代后所生成的有机化合物，叫做烃的衍生物**。

烃的衍生物具有与相应的烃不同的化学特性，这是因为取代氢原子的原子或原子团对烃的衍生物的性质起着非常重要的作用。这种**决定化合物主要化学性质的原子或原子团，叫做官能团**。卤素原子(—X)和硝基（$—NO_2$）都是官能团。碳碳双键和碳碳三键也分别是烯烃和炔烃的官能团。一般来说，含有相同官能团的化合物，化学性质基本相似，可归为同一类物质。

烃的衍生物的种类很多，本章将学习卤代烃、醇、酚、醛、酮、羧酸、酯、硝基基化合物、胺、酰[1]胺等重要的烃的衍生物。

第一节 卤 代 烃

烃分子里的一个或多个氢原子被卤素原子取代后所生成的化合物，称为烃的卤素衍生物，也叫卤代烃，简称卤烃。

卤代烃的种类很多。从分子整体来看，卤代烃由烃基和卤原子两部分所组成。因此卤代烃的分类一般有两种方法：根据分子里所含卤

---

[1] 醇音 chún，醚音 mí，酚音 fēn，醛音 quán，羧音 suō，酯音 zhǐ，胺音 àn，酰音 xiān。

素原子数目的多少可分为一元卤代烃（如氯甲烷、氯乙烷、氯苯等）和多元卤代烃（如二氯甲烷、三氯甲烷等）；根据卤素原子所连接的烃基不同，可分为饱和卤代烃（如氯甲烷、氯乙烷等）、不饱和卤代烃（如氯乙烯、溴乙烯等）和芳香卤代烃（如卤苯、溴苯等）。

在饱和卤代烃中，烷烃分子里的一个或几个氢原子被卤素原子取代后生成的化合物称为卤代烷，简称卤烷。例如氯甲烷 CH_3Cl（一元卤烷）、二氯甲烷 CH_2Cl_2（二元卤烷）、三氯甲烷 $CHCl_3$（三元卤烷）、四氯甲烷 CCl_4（四元卤烷）等。

卤代烃一般是指氯代烃、溴代烃和碘代烃，由于氟代烃的性质比较特殊，常常把它们另行讨论。在所有的卤代烃中，比较常见和重要的是一元卤代烃。这里将主要学习一元卤烷，它的通式是 RX，R—表示脂肪烃（链烃）基。卤素原子（—X）是卤代烃的官能团。

一、卤代烃的物理性质

在通常情况下，氯甲烷、氯乙烷、溴甲烷、氯乙烯、溴乙烯等是气体，其余的卤代烃都是液体或固体。卤代烃的蒸气一般都有毒。

所有的卤代烃都不溶于水，能溶于醇、醚等有机溶剂中。卤代烃还能以任意比例与烃类物质混溶，并能溶解多种有机物，因此可用作有机溶剂（如卤烷就是良好的溶剂）。

一元卤烷的沸点随着烷基中碳原子数目的增加而升高，相对密度一般随着烷基中碳原子数目的增加而减少。烷基相同时，沸点和密度都是碘烷＞溴烷＞氯烷（见下表）。在卤烷的同分异构体中，直链的沸点最高，带支链的沸点下降，支链越多，沸点越低。

几种一元卤烷的相对密度和沸点

名　称	结构简式	相对密度	沸点/℃
氯甲烷	CH_3Cl	0.916	−24.2
溴甲烷	CH_3Br	1.676	3.5
氯乙烷	CH_3CH_2Cl	0.898	12.3
溴乙烷	CH_3CH_2Br	1.460	38.4
1-氯丙烷	$CH_3CH_2CH_2Cl$	0.891	46.6
1-氯丁烷	$CH_3CH_2CH_2CH_2Cl$	0.886	78.44
1-氯戊烷	$CH_3CH_2CH_2CH_2CH_2Cl$	0.882	107.8

纯净的一元卤烷都是无色的。但碘烷不稳定，见光容易分解产生游离碘，故久置后的碘烷会逐渐变为红棕色，若在其中加入少许水银（汞）并用力振荡，可使颜色脱去。

卤烷在铜丝上燃烧时产生绿色火焰。这可以作为鉴定有机化合物中含有卤素的简便方法。

二、卤代烃的化学性质

在卤代烃分子中，存在碳卤（C—X）共价键，卤原子吸引电子的能力比碳原子强，共用电子对偏向卤原子一端，所以 C—X 键是极性键，发生化学反应时容易断裂。卤原子是卤代烃的官能团，决定卤代烃能发生取代反应、消去反应等。下面以一元卤烷为例来讨论。

1. 取代反应

卤代烃分子中的卤原子能被其他原子或原子团所取代。例如溴乙烷与水起反应，分子中的溴原子被水分子中的羟[1]基（—OH）取代生成乙醇。

$$C_2H_5 - Br + H - OH \xrightarrow[\triangle]{NaOH} \underset{\text{乙醇}}{C_2H_5 - OH} + HBr$$

溴乙烷与水的反应也可以看成水解反应，它是一个可逆反应，为了使反应进行得比较完全，水解时需加热，同时要加入氢氧化钠，以中和生成的氢溴酸，使反应向正反应方向进行。

2. 消去反应

卤代烃与强碱（如 NaOH 或 KOH）的醇溶液共热时，分子中就会脱去一个卤化氢分子而生成烯烃。例如

$$\underset{\text{溴乙烷}}{\underset{\;H\qquad\;\; Br}{CH_2 - CH_2}} + NaOH \xrightarrow[\triangle]{\text{醇}} CH_2 = CH_2 \uparrow + NaBr + H_2O$$

卤代烷分子中脱去卤化氢的反应是一种消去反应。**有机化合物在适当条件下，从一个分子中脱去一个小分子**（如 HX、H_2O 等），**而**

---

[1] 羟音 qiāng。

生成不饱和化合物（含碳碳双键或碳碳三键）**的反应，叫做消去反应**。上述消去反应是从溴乙烷分子中相邻的两个碳原子上脱去一个溴化氢分子的。

在卤代烷分子中，如果卤原子不在链端，而是连接在碳链中间，发生消去反应时，可能有两种生成物。例如，2-溴丁烷与浓氢氧化钾的乙醇溶液共热时发生的反应。

$$CH_3-CH_2-\underset{\displaystyle Br}{\underset{|}{CH}}-CH_3 \xrightarrow[\triangle]{\text{浓 KOH、乙醇溶液}} \begin{cases} CH_3-CH{=}CH-CH_3 + HBr \\ CH_3-CH_2-CH{=}CH_2 + HBr \end{cases}$$

大量实验证明，2-丁烯是主要生成物，也就是说，2-溴丁烷分子中与溴原子相邻的含氢较少的碳原子容易脱去氢原子。人们在长期实践的基础上，总结出了一条经验规律：**卤代烷发生消去反应在脱卤化氢时，含氢较少的那个相邻碳原子，比较容易脱去氢原子，这个规律称为查依采夫规则**。

卤代烃在有机合成中起着重要的桥梁作用。同时，有些卤代烃特别是一些多卤代烃可直接用作溶剂、农药、制冷剂、灭火剂、麻醉剂和防腐剂等。

三、几种重要的卤代烃

1. 三氯甲烷（$CHCl_3$）

三氯甲烷又称氯仿，是无色而带有甜味的液体，密度为 1.489g/cm³，沸点 61.2℃，易挥发，不易燃烧。它不溶于水而溶于有机溶剂，并能溶解许多有机物，是常用的有机溶剂。氯仿在医疗上还可用作麻醉剂。

氯仿在光照下能被空气氧化，生成剧毒的光气。

$$2CHCl_3 + O_2 \xrightarrow{\text{日光}} \underset{\text{光气}}{2COCl_2} + HCl$$

因此氯仿应避光保存在密闭的棕色瓶中。

2. 四氯化碳（CCl_4）

四氯化碳（四氯甲烷）是无色液体，有令人愉快的气味，密度 1.595g/cm³，沸点 76.8℃。它不溶于水，能溶解脂肪、树脂、油漆、橡胶等多种有机物，是常用的有机溶剂和萃取剂。

四氯化碳不能燃烧，不导电，容易挥发，其蒸气的密度比空气大，所以常用作灭火剂，用于扑灭油类着火和电源附近的火灾。四氯化碳与金属钠在温度较高时能起剧烈反应以致发生爆炸，因此不能用它来扑灭金属钠着火。四氯化碳在500℃以上时，能因氧化作用而生成少量的光气，因此用它灭火时必须注意空气流通。

四氯化碳有毒，能灼伤皮肤，损伤肝脏，因此使用时应注意安全。

3. 氯乙烷（CH_3CH_2Cl）

氯乙烷是无色液体，有甜香气味，沸点12℃。它极易气化，气化时要吸收大量的热，在工业上常用作制冷剂，在医疗上用作局部麻醉剂。

4. 氯乙烯（$CH_2=CHCl$）

氯乙烯是无色有特殊香味的气体，沸点－13.9℃，难溶于水，易溶于乙醇、乙醚等有机溶剂中。它容易燃烧，与空气能形成爆炸性混合物，爆炸极限为3.6%～26.4%（体积分数）。

氯乙烯主要用于生产聚氯乙烯。

5. 二氟二氯甲烷（CCl_2F_2）

二氟二氯甲烷是一种无色气体，无毒，无臭味，无腐蚀性，不燃烧，沸点－29.8℃。它易压缩成液体，当压力解除后又立即气化而吸收大量的热，是一种良好的冷冻剂。分子中含1～2个碳原子的氟氯烷，商品名称都叫氟里昂，它们都可以作冷冻剂。

分子中含1～2个碳原子的氟氯代烷，其商品名称都叫氟里昂，都可作制冷剂。氟氯代烷是一类多卤代烃，主要是含氟和氯的烷烃衍生物（有的还有溴原子）。氟氯代烷与二氟二氯甲烷性质相似，大多数为无色、无味的透明气体，易挥发、易液化，具有良好的吸热、放热性能。它们的化学性质稳定，不燃烧、不爆炸、无腐蚀性、无毒。氟氯代烷曾被认为是安全无害的物质，因此几十年被广泛用作冷冻设备和空气调节装置的制冷剂和杀虫剂、除臭剂、发胶等的雾化剂，还用于制聚乙烯等泡沫塑料的发泡剂，电子和航空工业的溶剂，灭火剂等。但由于氟氯代烷的化学性质稳定，在大气中既不能发生变化，也难被雨雪消除，每年逸散出的氟氯代烷就会积累滞留在大气中，连年使用之后，使其在大气中的含量逐年递增。自然界中的臭氧有90%集中在距地面15～50km的大气平流层中，也就是人们通常所说的臭氧层。臭氧层中的臭氧虽然含量很少，却可以吸收来自太阳的大部分紫外线，使地球上的生物免遭其伤害，因此臭氧层被称为人类和生物的保护伞。当大气中的氟氯代烷随气流上升至平流层中，受紫外线的照射后会发生分解，产生氯原子，从而引发损耗臭氧的反应，在反应中氯原子并没有消耗，消耗的只是臭氧，所以实际上氯原子起了催化作用。即使逸入平流层中的氟氯代烷不多，但由它们分解出的氯原子却可以长久地起着破坏臭氧的作用。臭氧层被破坏，会导致更多的紫外线照射到地面，短波紫外线能大大损坏人体的免疫系统，使人易感染多种疾病且患皮肤癌、白内障以及视网膜损伤等疾病的机会增加，还会加速塑料等高分子材料的老化和分解，造成在人类生活的大气底层空气中臭氧浓度的增加，这也会给人类带来一系列疾病。过量的紫外线会使农作物减产，使鱼虾幼苗受到伤害，从而破坏了食物链，以至破坏整个生态系统。因此，为了保护臭氧层，人类采取了共同的行动，签订了以减少并逐步停止生产使用氟氯代烷为目标的《保护臭氧层维也纳公约》、《关于消耗臭氧层物质的蒙特利尔议定书》等国际公约。

6. 四氟乙烯

四氟乙烯是无色气体，沸点－76.3℃，不溶于水，能溶于有机溶剂。

四氟乙烯主要用于生产聚四氟乙烯。

$$nCF_2{=\!=}CF_2 \xrightarrow{\text{催化剂}} \underset{\text{聚四氟乙烯}}{\left[CF_2{-}CF_2 \right]_n}$$

聚四氟乙烯素有“塑料王”之称。它具有耐高温（250℃）、耐低温（－269℃）的特性，化学性质稳定，王水也不能使它氧化，机械强度高，主要用于军工生产和化工、医药等行业中。

第二节　乙醇　醇类

一、乙醇

乙醇俗称酒精，它的分子式、结构式和结构简式如下。

C_2H_6O

```
     H  H
     |  |
H—C—C—O—H
     |  |
     H  H
```

CH_3CH_2OH 或 C_2H_5OH

分子式　　　　结构式　　　　结构简式

乙醇分子可以看作是乙烷分子里的 1 个氢原子被 1 个羟基（—OH）取代后的生成物。图 2-1 是乙醇分子的比例模型。

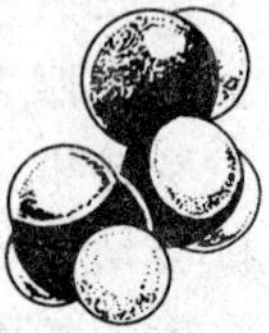

图 2-1　乙醇分子的比例模型

1. 乙醇的物理性质

乙醇是无色、透明而具有特殊香味的液体，易挥发，沸点 78℃，密度是 $0.7893g/cm^3$，比水的密度小。乙醇能溶解多种有机物和无机物，能与水以任意比例互溶。

2. 乙醇的化学性质

乙醇分子是由乙基（$—C_2H_5$）和羟基（—OH）组成的，羟基比较活泼，它决定着乙醇的主要化学性质。乙醇分子中羟基上的反应有两种情况，一种是羟基的氢氧（O—H）键断裂，氢原子被取代；另一种是羟基与烃基相连的碳氧（C—O）键断裂，整个羟基被取代或脱去。

（1）乙醇与活泼金属反应

[实验2-1]　向试管中注入 1～2mL 无水乙醇，再放入 1～2 小块新切的、用滤纸擦干煤油的金属钠。观察反应现象并检验放出的氢气。

可以看到，乙醇与金属钠的反应不如水与金属钠的反应剧烈，而是比较缓和，反应中放出大量的热，但不足以使氢气燃烧。这说明乙醇羟基中的氢原子不如水分子中的氢原子那样活泼。

实验结果表明，乙醇与金属钠起反应，生成乙醇钠并放出氢气。

$$2CH_3CH_2OH + 2Na \longrightarrow \underset{\text{乙醇钠}}{2CH_3CH_2ONa} + H_2\uparrow$$

其他活泼金属（如钾、镁、铝等）也能够把乙醇分子里羟基中的氢原子取代出来。

（2）乙醇与氢卤酸反应　乙醇与氢卤酸起反应时，分子里的碳氧键断裂，卤素原子取代了羟基的位置而生成了卤代烷和水。例如，把乙醇与氢溴酸（通常用溴化钠和硫酸的混合物）混合加热，就能生成溴乙烷（油状液体）和水。

$$C_2H_5 \boxed{OH + H} Br \xrightarrow{\triangle} \underset{\text{溴乙烷}}{C_2H_5Br} + H_2O$$

该反应是可逆反应，常采用使其中一种反应物过量或除去所生成的水的方法，使平衡向右移动，从而可使反应进行到底。

（3）氧化反应　乙醇在空气中能够燃烧，发出淡蓝色火焰，生成二氧化碳和水，同时放出大量的热。乙醇燃烧的化学方程式如下。

$$C_2H_5OH + 3O_2 \xrightarrow{\text{点燃}} 2CO_2 + 3H_2O$$

乙醇在催化剂（Cu 或 Ag）存在并加热的条件下，能够被空气氧化，生成乙醛。

$$2CH_3CH_2OH + O_2 \xrightarrow[\triangle]{\text{催化剂}} \underset{\text{乙醛}}{2CH_3CHO} + 2H_2O$$

其反应过程如下。

$$\underset{\text{乙醇}}{CH_3-\overset{\overset{H}{|}}{\underset{\underset{H}{|}}{C}}-OH} \xrightarrow{[O]} \left[CH_3-\overset{\overset{O\,\boxed{H}}{|}}{\underset{\underset{H}{|}}{C}}-\boxed{OH}\right] \xrightarrow{-H_2O} \underset{\text{乙醛}}{CH_3-\overset{\overset{O}{\|}}{C}-H}$$

（4）脱水反应　乙醇在催化剂（如浓硫酸、氧化铝等）存在并加热的条件下，容易发生脱水反应。如果反应条件（如温度）不同，乙醇脱水的方式也不同，以致生成物也不同。

在较高温度下，主要发生分子内脱水，每个乙醇分子会脱去 1 个水分子，生成乙烯。

$$H-\underset{H}{\overset{H}{C}}-\underset{OH}{\overset{H}{C}}-H \xrightarrow[\text{(或 }Al_2O_3,360℃)]{\text{浓 }H_2SO_4,170℃} CH_2=CH_2\uparrow + H_2O$$

乙醇分子内脱水的反应也是消去反应。实验室里就是把乙醇和浓硫酸共热到 170℃左右来制取乙烯的。工业上是将乙醇蒸气通过 360℃的氧化铝催化剂生产乙烯，但因耗用大量的乙醇，乙烯主要由石油裂解来制得。

在较低温度下，乙醇主要发生分子间脱水，每 2 个乙醇分子间会脱去 1 个水分子，生成乙醚。

$$C_2H_5-OH + H-O-C_2H_5 \xrightarrow[\text{或 }Al_2O_3,240℃]{\text{浓硫酸},140℃} \underset{\text{乙醚}}{C_2H_5-O-C_2H_5} + H_2O$$

乙醇的脱水反应，说明反应条件对有机反应有很大的影响，相同的反应在不同的反应条件下，可能生成不同的产物。因此，可以根据物质的化学性质，按照实际需要，严格控制反应条件，使化学反应向着所需要的方向进行。

乙醇分子间脱水生成乙醚。乙醚是一种无色具有香甜气味的液体，沸点 34.5℃，微溶于水，易溶于有机溶剂，它本身也是一种优良的溶剂，能溶解多种有机物。乙醚容易挥发，容易燃烧，空气中如果混有一定比例的乙醚蒸气，遇火就会发生爆炸，所以在使用乙醚时必须特别小心，注意安全。吸入一定量的乙醚蒸气，就会引起全身麻醉，因此纯乙醚在医疗上可用作外科手术时的麻醉剂。

乙醚是醚类中最重要的一种。**凡是两个烃基通过一个氧原子连接起来的化合物叫做醚**。脂肪醚类的通式是 R—O—R′，R 和 R′都是脂肪烃基，可以相同，也可以不同。例如

CH_3-O-CH_3　　二甲醚（简称甲醚）

$CH_3-O-C_2H_5$　　甲乙醚

[选学]

醚分子中的—O—键称为醚键，它是醚的官能团。

醚一般按照醚键所连接的烃基的结构及连接方式的不同，进行分类。

根据醚分子中烃基的不同，可将醚分为脂肪醚和芳香醚。如果两个烃基都是脂肪烃基时叫脂肪醚。脂肪醚又分为饱和醚和不饱和醚，如果醚分子中两个烃基都是烷基时，叫做饱和醚；如果有一个或两个不饱和烃基时，叫做不饱和醚。例如

$CH_3—O—CH_3$

甲醚（饱和醚）

$CH_3—O—C_2H_5$

甲乙醚（饱和醚）

$CH_3—O—CH═CH_2$

甲乙烯醚（不饱和醚）

$CH_2═CH—O—CH═CH_2$

二乙烯醚（不饱和醚）

如果醚分子中有一个是芳香烃基（Ar—）或两个都是芳香烃基时，叫做芳香醚（简称芳醚）。例如

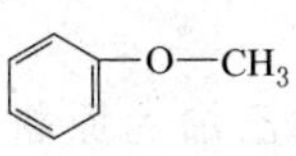

$C_6H_5—O—CH_3$

苯甲醚

$C_6H_5—O—C_6H_5$

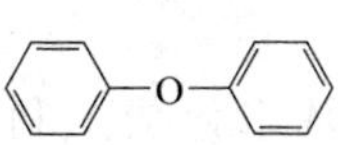

二苯醚

醚还可以根据分子中两个烃基是否相同分为单醚和混醚。当醚键所连接的两个烃基相同时叫做单醚（如甲醚、乙醚、二乙烯醚、二苯醚等）；两个烃基不同时叫做混醚（如甲乙醚、甲乙烯醚、苯甲醚等）。

醚键若与碳链形成环状结构，称为环醚。例如

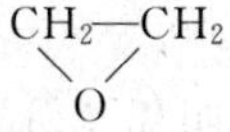

$CH_2—CH_2$（两个碳原子通过O相连成环）

环氧乙烷

$CH_3—CH—CH_2$（两个碳原子通过O相连成环）

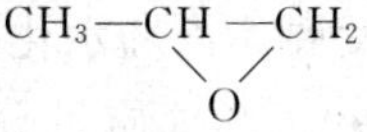

1,2-环氧丙烷

环氧乙烷也是一种重要的醚，它的化学性质活泼，发生化学反应时能生成一系列重要的化工产品。

饱和脂肪醚与碳原子数相同的饱和一元醇互为同分异构体。

3. 乙醇的用途

乙醇的用途相当广泛。它是一种重要的有机溶剂，用于溶解树脂，制造涂料等。乙醇也是重要的有机合成原料，可用来制备乙醛、乙醚、氯仿、酯类等。各种饮料酒中都含有乙醇，其质量分数分别为：啤酒含乙醇 3%～5%，葡萄酒含乙醇 6%～20%，黄酒含乙醇 8%～15%，白酒含乙醇 50%～70%。乙醇具有消毒杀菌作用，医疗上常用 75%的酒精作消毒剂，用于皮肤和器械消毒。乙醇在实验室中可用作燃料，还可以与汽油配合作为发动机的燃料。无水乙醇可用于擦拭音像设备的磁头。

4. 乙醇的工业制法

乙醇的工业制法有发酵法和乙烯水化法。

（1）发酵法　利用含淀粉很丰富的各种农产品，如高粱、玉米、薯类以及多种野生植物的果实等为原料，经过预处理后水解、发酵，制得发酵液（乙醇的质量分数约为6%～10%），再进行精馏，最后可以制得95.6%的酒精，叫工业酒精。利用酒曲发酵酿酒，是中国古代劳动人民的一项创造发明。

发酵法是制取乙醇的一种重要方法，但因消耗大量的粮食，成本较高。随着石油化工的发展，由乙烯产生乙醇的方法，目前已得到广泛的应用。

（2）乙烯水化法　利用石油裂解产生的乙烯为原料，在温度为280～300℃、压力为7092～8613kPa和磷酸作催化剂的条件下，使乙烯与水起反应，生成乙醇。这种方法称做乙烯水化法。

$$CH_2{=\!=}CH_2+H_2O \xrightarrow[\text{加热、加压}]{H_3PO_4\ \text{硅藻土}} CH_3CH_2OH$$

用此法生产乙醇，成本低，产量高，能节约大量粮食。因此随着石油化工的发展，乙烯水化法发展很快。

含乙醇99.5%（质量分数）以上的酒精，叫做无水酒精。实验室通常制取无水酒精时，是把工业酒精与新制的生石灰混合后加热蒸馏制得。工业上制取无水酒精的方法，一般是在工业酒精中加入少量苯，利用苯带出乙醇中所含的水分。这种蒸馏方法称为共沸蒸馏。也可以使工业酒精蒸气通过生石灰（CaO）吸收塔，用生石灰来吸收其中水分。近年来工业上已广泛使用阳离子交换树脂来制取无水酒精。检验乙醇中是否含水，可以加入少量无水硫酸铜（$CuSO_4$），如果硫酸铜由白色变成天蓝色（$CuSO_4 \cdot 5H_2O$），表明乙醇中有水存在。

二、醇类

脂肪烃分子中的氢原子或芳香烃侧链上的氢原子，被羟基取代后所生成的化合物，叫做醇。例如，甲醇（CH_3OH）、乙醇（CH_3CH_2OH）、丙醇（$CH_3CH_2CH_2OH$）、苯甲醇（C_6H_5—CH_2OH）等。

羟基（—OH）是醇的官能团。

1. 醇的分类和命名

（1）醇的分类　根据醇分子中烃基的类别，可分为脂肪醇和芳香醇。例如，甲醇、乙醇等属于脂肪醇；苯甲醇等属于芳香醇。

根据醇分子中所含羟基的数目，可分为一元醇、二元醇、三元醇等，二元以上的醇统称为多元醇。例如

$$CH_3-CH_2-OH$$

乙醇（一元醇）

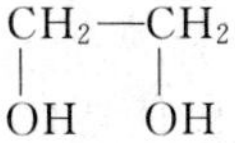

$$\underset{OH}{CH_2}-\underset{OH}{CH_2}$$

乙二醇（二元醇）

$$\underset{OH}{CH_2}-\underset{OH}{CH}-\underset{OH}{CH_2}$$

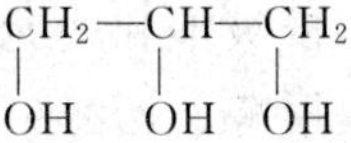

丙三醇（三元醇）

其中乙二醇、丙三醇是多元醇。

由烷烃所衍生的一元醇，叫做饱和一元醇。甲醇、乙醇、丙醇等都属于饱和一元醇，它们的结构和性质都与乙醇相似。饱和一元醇的通式是 $C_nH_{2n+1}OH$，可简写为 ROH。

（2）醇的命名　醇的命名一般有习惯命名法和系统命名法。习惯命名法是在“醇”字前面加上与羟基相连的烃基的名称，但“基”字常略去不写（如甲醇、乙醇、苯甲醇等），这种命名法只适用于低级醇类。比较复杂的醇则采用系统命名法。系统命名法通常是选择连有羟基的最长碳链为主链，把支链看成取代基；从离羟基最近的一端开始，将主链碳原子依次编号，按照主链碳原子的数目称为某醇；取代基的位置用阿拉伯数字标在取代基名称的前面，羟基位置用阿拉伯数字标在醇的前面。例如

$$\overset{4}{CH_3}-\overset{3}{CH_2}-\overset{2}{CH_2}-\overset{1}{CH_2}-OH$$

1-丁醇

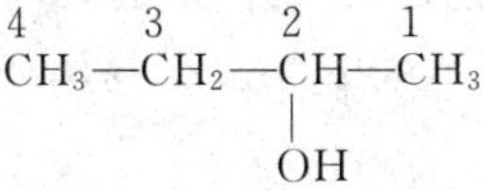

$$\overset{4}{CH_3}-\overset{3}{CH_2}-\underset{OH}{\overset{2}{CH}}-\overset{1}{CH_3}$$

2-丁醇

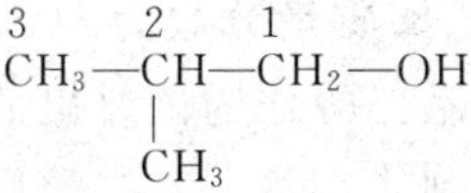

$$\overset{3}{CH_3}-\underset{CH_3}{\overset{2}{CH}}-\overset{1}{CH_2}-OH$$

2-甲基-1-丙醇

$$\overset{3}{CH_3}-\underset{OH}{\overset{CH_3}{\overset{2}{C}}}-\overset{1}{CH_3}$$

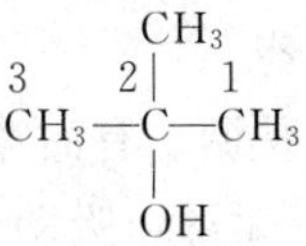

2-甲基-2-丙醇

醇除了碳链不同能引起同分异构现象外，羟基位置的不同，也能产生同分异构现象。这种因碳链不同引起的同分异构现象，叫做碳链异构。因官能团位置不同而引起的同分异构现象，叫做官能团的位置异构。

2. 醇的性质

低级饱和一元醇为无色中性液体，具有特殊的气味和辛辣的味道。甲醇、乙醇、丙醇能与水以任意比例混溶；含4～11个碳原子的醇为油状液体，可部分溶于水；含12个以上碳原子的醇为无色、无味的蜡状固体，不溶于水。醇的化学性质与乙醇基本相似。

3. 几种重要的醇

重要的醇除乙醇外，还有甲醇、乙二醇、丙三醇等。

（1）甲醇　甲醇最初是由木材干馏得到的，所以也叫木精，它是最简单的醇。甲醇是无色透明的液体，能与水及大多数有机溶剂互溶。甲醇的密度是 $0.79g/cm^3$，沸点是64.7℃，易燃烧，易挥发，具有酒精的气味，其蒸气能与空气形成爆炸性混合物，爆炸极限为6.0%～36.5%（体积分数）。甲醇有很强的毒性，饮用少量（约10mL）或长期与其蒸气接触会使人眼睛失明，饮用多量时会使人致死。工业酒精中往往含有甲醇，因此不能饮用，也不能用于医疗或食品工业上。

甲醇不仅是优良的有机溶剂，而且是重要的化工原料，主要用来制取甲醛，此外还应用于制造药物、染料、合成纤维等方面。

（2）乙二醇　乙二醇俗称甘醇，是无色、黏稠、带有甜味的液体，沸点198℃，熔点－11.5℃，密度为 $1.1089g/cm^3$，易溶于水和乙醇，不溶于乙醚。

乙二醇的水溶液凝固点很低（－49℃），如质量分数为60%的乙二醇溶液凝固点是－49℃。因此，工业上用乙二醇作为内燃机的抗冻剂，如，汽车水箱的防冻剂，飞机发动机的制冷剂等。乙二醇也是制涤纶的重要原料，同时也可用于制造合成树脂和炸药。

（3）丙三醇　丙三醇俗称甘油，是一种无色、黏稠、有甜味的液体，熔点18℃，沸点290℃，密度是 $1.261g/cm^3$，无毒，吸湿性强，能与水、酒精以任意比例混溶，不溶于乙醚、氯仿等有机溶剂中。甘油水溶液的凝固点很低，例如66.7%（质量分数）的甘油溶液凝固点为－46.5℃，所以可作防冻剂和制冷剂。

甘油的用途很广。它大量用来制造三硝酸甘油酯（俗称硝化甘油），这种物质非常容易爆炸，是一种烈性炸药的主要成分，这种炸药用于国防、开矿、挖掘隧道等；硝化甘油在生理上有扩张血管的作用，在医疗上用作心绞痛的缓解药物。甘油还用于食品、医药、烟草、印刷、纺织、日化产品（如牙膏、香脂等）、加工皮革等方面，作甜味添加剂、吸湿剂、润滑剂等。

[阅读]

检测酒后驾车的方法

由于司机酒后驾车容易肇事，因此交通法规禁止酒后驾车。检测时，可让司机呼出的气体接触载有经过硫酸酸化处理的三氧化铬（强氧化剂）的硅胶，若呼出的气体中含乙醇蒸气，立即发生化学反应，乙醇会被氧化铬氧化成乙醛，同时三氧化铬被还原成硫酸铬。三氧化铬与硫酸铬的颜色不同，根据颜色的变化即可判断出司机开车时是否喝了酒。这是一种科学、简便的检测司机是否酒后驾车的方法。

第三节　苯　　酚

在芳香烃的羟基衍生物中，羟基可以位于苯环侧链的碳原子上，也可以直接连在苯环的碳原子上。在芳烃的侧链上含有羟基的衍生物叫做芳香醇，如苯甲醇（$C_6H_5CH_2OH$）。**羟基直接与苯环相连的化合物叫做酚**。例如

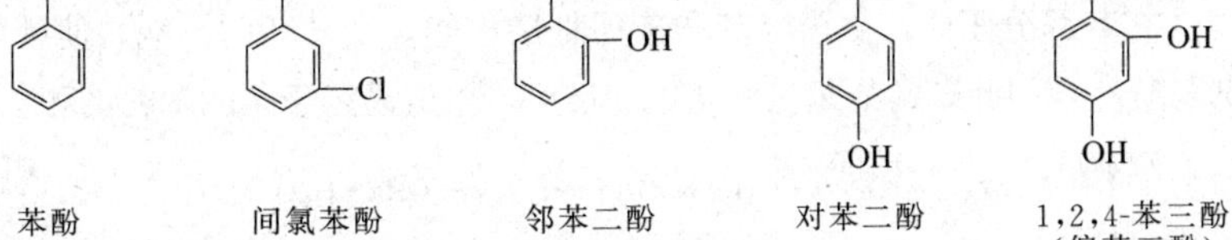

苯酚　　间氯苯酚　　邻苯二酚　　对苯二酚　　1,2,4-苯三酚（偏苯三酚）

根据酚分子中所含羟基的数目，酚可分为一元酚、二元酚、三元酚等。二元以上的酚统称为多元酚。

苯酚是最简单的酚，它是苯分子里只有1个氢原子被羟基取代后所得的生成物。通常将苯酚就称为酚。苯酚的分子式是C_6H_6O，它的结构式和结构简式是

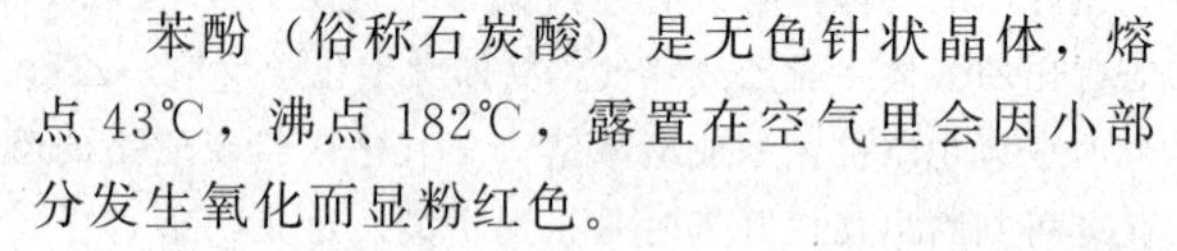

结构式　　　　结构简式

苯酚分子的比例模型如图2-2所示。

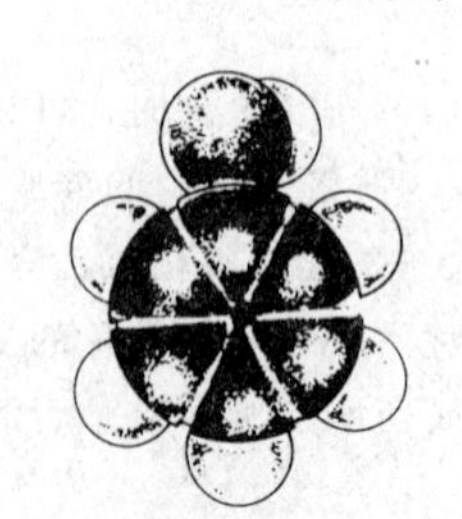

图2-2　苯酚分子的比例模型

一、苯酚的物理性质

苯酚（俗称石炭酸）是无色针状晶体，熔点43℃，沸点182℃，露置在空气里会因小部分发生氧化而显粉红色。

苯酚在常温下微溶于水，温度升高，溶解度增大，当温度高于65℃时，能与水以任意比例互溶。它易溶于乙醇、乙醚、苯等有机溶剂。

苯酚有特殊气味、有毒，它的浓溶液对皮肤有强烈的腐蚀性，使用时应特别小心，若不慎沾到皮肤上，应立即用酒精洗涤。

二、苯酚的化学性质

苯酚分子里羟基与苯环直接相连，二者相互影响。

1. 苯酚的酸性

在苯酚分子中，由于羟基和苯环直接相连，受苯环的影响，使苯酚具有弱酸性。因此苯酚能跟氢氧化钠起反应，生成易溶于水的苯酚钠和水。

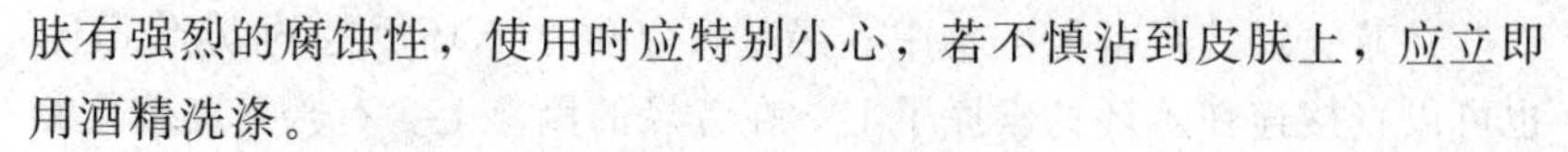

在苯酚钠溶液中通入二氧化碳或加入无机酸，可以使苯酚游离出来。

$$C_6H_5ONa + CO_2 + H_2O \longrightarrow C_6H_5OH + NaHCO_3$$

这说明苯酚的酸性比碳酸还弱。它不能使紫色石蕊试液（或蓝色石蕊试纸）变红色，也不能与碳酸氢钠溶液起反应。这是因为苯酚里的羟基在水溶液中能够发生微弱电离，生产极少量的 H^+ 的缘故。

前面学过，乙醇（C_2H_5OH）能与 Na 等金属起反应生产 H_2，说明乙醇的羟基也具有一定的活动性；但乙醇在水溶液中很难电离出 H^+，因此不能与碱反应生成盐。这说明受苯环的影响，酚羟基上的氢原子比醇羟基上的氢原子活泼。

2. 苯环上的取代反应

在苯酚分子中，苯环受羟基的影响，比苯更容易发生取代反应。苯酚能与卤素、硝酸、硫酸等发生取代反应，反应容易在羟基的邻位和对位上发生，而且生成多元取代物。

[实验2-2] 向盛有少量苯酚稀溶液的试管中，滴入过量的浓溴水，观察发生的现象。

可以看到，立即有白色沉淀生成。苯与溴水在通常条件下不起反应，但苯酚与溴水既不需要加热，也不用催化剂，很快生成三溴苯酚白色沉淀。

$$C_6H_5OH + 3Br_2 \longrightarrow C_6H_2Br_3OH\downarrow + 3HBr$$

三溴苯酚的溶解度[1]很小，很稀的苯酚溶液与溴水起反应也能生成三溴苯酚沉淀。苯酚与溴的反应很灵敏，因此常用于苯酚的定性检验和定量测定。

苯酚与浓硝酸起反应，能生成 2,4,6-三硝基苯酚。

---

[1] 三溴苯酚难溶于水，但能够溶解于苯中。

$$\text{C}_6\text{H}_5\text{OH} + 3HNO_3(\text{浓}) \longrightarrow \text{2,4,6-}(O_2N)_3C_6H_2OH + 3H_2O$$

2,4,6-三硝基苯酚俗称苦味酸，是一种黄色晶体，熔点是122℃，能溶于热水、乙醇和乙醚中。苦味酸是一种强酸，其水溶液的酸性与强无机酸相近。苦味酸极易爆炸，可作炸药，也可作制造染料的原料。工业上主要是由苯酚先磺化再硝化制苦味酸，或由氯苯制取。

3. 显色反应

[实验2-3] 向试管中加入 2mL 2%（质量分数）苯酚溶液，再向其中滴入几滴 1%（质量分数）$FeCl_3$ 溶液，振荡，观察溶液的颜色。

可以看到，溶液显紫色。这是因为苯酚能与氯化铁在水溶液里起反应，生成配离子而显紫色。

$$6C_6H_5OH + Fe^{3+} \longrightarrow [Fe(C_6H_5O)_6]^{3-} + 6H^+$$

苯酚与氯化铁的显色反应，可用来检验苯酚的存在。

三、苯酚的用途

苯酚是一种重要的化工原料，主要用于制造酚醛树脂，离子交换树脂、环氧树脂、合成纤维（如锦纶）、合成香料、医药、染料、农药、炸药等。

苯酚有很强的杀菌能力，因此粗制的苯酚可用于环境消毒；纯净的苯酚在医药上可配成洗涤剂和软膏，有杀菌、止痛效用，药皂中也掺有少量苯酚。

※ 四、苯酚的工业制法

过去苯酚主要来源于煤焦油。随着化工生产的发展，从煤焦油中提取苯酚已远远不能满足需要，目前工业上主要是采用合成法来大量生产苯酚的。

合成苯酚有异丙苯法、甲苯氧化法、苯磺化碱溶法、氯苯水解法等多种方法，一般都以苯为主要原料来合成。

目前适合大规模连续生产制苯酚的主要方法是异丙苯法。此法是以苯和丙烯（可大量从石油炼厂气中得到）为原料，在催化剂（如 $AlCl_3$）存在下，加热到 85～95℃，发生反应生成异丙苯，再用空气将异丙苯氧化为氢过氧化异丙苯，氢过氧化异丙苯在酸性条件下分解生成苯酚和丙酮。

$$C_6H_6 + CH_3C{=}CH_2 \xrightarrow[85\sim95^\circ C]{AlCl_3,HCl} C_6H_5{-}CH(CH_3)_2$$

异丙苯

$$C_6H_5{-}CH(CH_3)_2 \xrightarrow[110\sim120^\circ C]{O_2(空气)} C_6H_5{-}C(CH_3)_2{-}O{-}O{-}H$$

氢过氧化异丙苯

$$C_6H_5{-}CH(CH_3)_2{-}O{-}O{-}H \xrightarrow[86^\circ C]{稀\ H_2SO_4} C_6H_5OH + CH_3{-}\overset{O}{\overset{\|}{C}}{-}CH_3$$

丙酮

甲苯氧化法是在温度为 149℃左右和环烷酸钴的催化作用下，用空气氧化甲苯，生成苯甲酸，再以苯甲酸铜为催化剂，氧化镁为助催化剂，在温度为 230℃时，用空气及水蒸气处理后就得到苯酚。由于甲苯的来源比苯丰富，价格也比苯便宜，因此甲苯氧化法近年来发展很快，其地位仅次于异丙苯法。

苯磺碱熔法是以苯为原料，经过磺化（苯与浓硫酸起取代反应生成苯磺酸）、成盐（苯磺酸与亚硫酸钠起反应生成苯磺酸钠）、碱熔（苯磺酸钠与氢氧化钠一起加热熔融生成苯酚钠）、酸化（用二氧化硫酸化苯酚钠）即得苯酚。

$$C_6H_6 + H_2SO_4 \xrightarrow{120\sim125^\circ C} C_6H_5{-}SO_3H + H_2O$$

$$2C_6H_5{-}SO_3H + Na_2SO_3 \longrightarrow 2C_6H_5{-}SO_2Na + SO_2\uparrow + H_2O$$

$$C_6H_5{-}SO_3Na + 2NaOH \xrightarrow{320\sim350^\circ C} C_6H_5{-}ONa + Na_2SO_3 + H_2O$$

$$C_6H_5{-}ONa + SO_2 + H_2O \longrightarrow 2C_6H_5{-}OH + Na_2SO_3$$

工业上把苯磺酸钠的生产与酸化操作结合起来，碱熔时的副产物亚硫酸钠可用来使苯磺酸转化成盐（苯磺酸钠），同时生成二氧化硫就用来酸化苯酚钠。苯磺碱熔法是比较古老的合成苯酚的方法，主要缺点是操作工序多，不易连续生产，并要耗用大量的硫酸和烧碱，但此法工艺成熟，设备简单，生产技术易掌握，产率较高，适合小规模生产，目前国内外一些工厂仍在采用。

氯苯水解法是以苯为原料，用氯化铁作催化剂，使苯氯化制得氯苯，再用铜作催化剂，在高温（360～400℃）、高压（2065～30397.5kPa）下，使氯苯在碱性溶液中水解，经酸中和而制得苯酚。

$$C_6H_6 + Cl_2 \xrightarrow{FeCl_3} C_6H_5{-}Cl + HCl$$

$$C_6H_5{-}Cl + 2NaOH \xrightarrow[\text{高温、高压}]{Cu} C_6H_5{-}ONa + NaCl + H_2O$$

$$2C_6H_5{-}ONa + CO_2 + H_2O \longrightarrow 2C_6H_5{-}OH + Na_2CO_3$$

氯苯水解法在电能价格便宜的地方采用较合适，但需要耐高温和高压的设备。

第四节　醛　和　酮

一、乙醛

乙醛的分子式是 C_2H_4O，它的结构式、结构简式是

$$\begin{array}{c} H\quad O \\ |\quad\ \ \| \\ H{-}C{-}C{-}H \\ | \\ H \end{array} \qquad\qquad CH_3{-}\overset{\displaystyle O}{\overset{\|}{C}}{-}H \text{ 或 } CH_3CHO$$

结构式　　　　　　结构简式

图 2-3 是乙醛分子的比例模型。

1. 乙醛的物理性质

乙醛是无色有刺激性气味的液体，沸点 20.8℃，密度是 0.78g/cm^3（比水小），能与水、乙醚、乙醇、氯仿等互溶。乙醛易挥发，易燃烧，其蒸气与空气能形成爆炸性的混合物，爆炸极限是 4%～57%（体积分数）。

图 2-3　乙醛分子的比例模型

2. 乙醛的化学性质

乙醛分子中的原子团 $-\overset{\overset{\large O}{\|}}{C}-H$ （或—CHO）叫做醛基，它对乙醛的化学性质起决定作用。

（1）加成反应　乙醛分子里醛基上的碳氧双键与烯烃中的碳碳双键相似，具有不饱和性，能够发生一系列的加成反应。例如，乙醛在镍[1]作催化剂时，能与氢气发生加成反应，乙醛被还原成乙醇。

$$CH_3-\overset{\overset{O}{\|}}{C}-H + H_2 \xrightarrow[\triangle]{Ni} CH_3CH_2OH$$

这一反应也是还原反应。在有机反应中，通常把有机物分子中引入氢或失去氧的反应，或同时引入氢也失去氧的反应，叫做**还原反应**。

（2）氧化反应　乙醛易被氧化，生成乙酸。

乙醛能被氧气氧化。在一定温度和催化剂存在的条件下，乙醛能被空气中的氧气氧化成乙酸。

$$2CH_3-\overset{\overset{O}{\|}}{C}-H + O_2 \xrightarrow[\triangle]{\text{催化剂}} 2CH_3COOH$$

在工业上，可以利用这个反应来制取乙酸。

乙醛能被弱氧化剂氧化。

[实验2-4]　向洁净的试管中加入 1～2mL 2%（质量分数）的 $AgNO_3$ 溶液，然后逐滴滴入 2%的稀氨水，边滴边摇动试管，直到最初产生的沉淀恰好溶解为止（这时得到的溶液通常叫做银氨溶液，也叫托伦试剂），再向其中滴入 3 滴乙醛，振荡后把试管放在热水浴中静置。不久，就会看到试管内壁上附着一层光亮如镜的金属银。

上述实验中，硝酸银与氨水起反应，生成银氨配合物，名称为氢氧化二氨合银，化学式为 $[Ag(NH_3)_2]OH$，是一种弱氧化剂，它把乙醛氧化成乙酸，乙酸与氨生成乙酸铵，而银氨配合物中的银离子被还原成金属银，附着在试管内壁上，形成明亮的银镜，所以，这个反

---

[1] 除镍外还可用铂、钯等作催化剂。

应叫做银镜反应。反应的化学方程式可表示如下。

$$AgNO_3 + NH_3 \cdot H_2O = AgOH\downarrow + NH_4NO_3$$

$$AgOH + 2NH_3 \cdot H_2O = [Ag(NH_3)_2]OH + 2H_2O$$

$$CH_3CHO + 2[Ag(NH_3)_2]OH \xrightarrow{\triangle} CH_3COONH_4 + 2Ag\downarrow + 3NH_3 + H_2O$$

银镜反应常用来检验醛基的存在。工业上就是利用这一反应原理，把银均匀地镀在玻璃上制镜或保温瓶胆（生产上常用含醛基的葡萄糖作还原剂）。

乙醛也能被另一种弱氧化剂氢氧化铜（新制的）所氧化。

[实验2-5] 向试管中加入10%（质量分数）NaOH溶液2mL，再滴入2%的$CuSO_4$溶液4～6滴，振荡后加入乙醛稀溶液0.5mL，用酒精灯加热到沸腾。观察发生的现象。

可以看到，溶液中有红色沉淀产生。

在上述实验中，乙醛被氢氧化铜氧化，生成乙酸，而乙醛具有还原性，它把反应中生成的氢氧化铜还原成红色的氧化亚铜沉淀。

$$CuSO_4 + 2NaOH = Cu(OH)_2\downarrow + Na_2SO_4$$

$$CH_3CHO + 2Cu(OH)_2 \xrightarrow{\triangle} \underset{\text{乙酸}}{CH_3COOH} + \underset{\text{氧化亚铜}}{Cu_2O\downarrow} + 2H_2O$$

这个反应也可以用来检验醛基的存在。

3. 乙醛的用途

乙醛是有机合成工业中的重要原料。它主要用来生产乙酸、丁醇、丁醛等，也可用于制备丁二烯，用作合成橡胶的原料。

[选学]

4. 乙醛的工业制法

工业上生产乙醛的方法有乙醇氧化法、乙炔水化法和乙烯直接氧化法。

乙醇氧化法是将乙醇蒸气与空气混合，在500℃时通过银催化剂，乙醇被空气氧化生成乙醛。

$$2CH_3CH_2OH + O_2 \xrightarrow[\triangle]{\text{催化剂}} 2CH_3CHO + 2H_2O$$

乙醛最早就是采用乙醇氧化法制得的，此种方法的主要原料是乙醇，而生产乙醇需要耗用大量的粮食，因此这种方法适合于能大量生产廉价合成乙醇的国家。

乙炔水化法是将乙炔通入含汞盐（如$HgSO_4$）的稀硫酸溶液中，在温度为

98～105℃、压力为151.99kPa时，乙炔与水起加成反应，生成乙醛。

$$CH \equiv CH + H_2O \xrightarrow[\text{加热、加压}]{\text{催化剂}} CH_3CHO$$

这种方法流程简单，工艺成熟，乙醛的产率和纯度都较高，是较早和目前中国生产乙醛的主要方法。但此法采用的催化剂对设备的腐蚀严重，汞盐毒性较大，工人在生产中容易发生汞中毒。目前正在研究以非汞催化剂代替汞催化剂的方法，并且已取得初步成效。

乙烯直接氧化法是在温度为100～110℃，压力为912～1216kPa下，将乙烯和空气（或氧气）通过催化剂氯化钯（$PdCl_2$）和氯化铜（$CuCl_2$）溶液，使乙烯直接被氧化生成乙醛。

$$2CH_2 = CH_2 + O_2 \xrightarrow[\text{加热、加压}]{\text{催化剂}} 2CH_3CHO$$

随着石油化工的发展，乙烯可由石油裂化气中取得。用乙烯直接氧化法生产乙醛，原料丰富，流程简单，生产成本低，乙醇的产率高。因此这种方法是近年来创造的制乙醛的新技术，并且已逐渐代替了乙炔水化法。此法最大的缺点是钯催化剂较贵和设备腐蚀严重等，目前国内外都在研究非钯催化剂，并取得一定效果。

二、醛类

乙醛（CH_3CHO）是由甲基和醛基相连而构成的化合物。除乙醛外，还有许多在分子结构和化学性质上都与乙醛相似的物质，如甲醛（HCHO）、丙醛（CH_3CH_2CHO）、丁醛（$CH_3CH_2CH_2CHO$）、苯甲醛（C_6H_5—CHO）等。**把分子里由烃基与醛基相连而构成的化合物叫做醛。**

醛类的通式是 $R—\overset{\overset{\displaystyle O}{\|}}{C}—H$ （甲醛例外）。醛基是醛类的官能团。

1．醛的性质

（1）物理性质　在醛类中，除甲醛在常温下是气体外，其他的低级醛（分子里含碳原子较少的醛）大多数是液体，高级醛（分子里含碳原子较多的醛）是固体。

低级醛具有强烈的刺激性气味，中级醛（分子中含有8～13个碳原子的醛）有果香气味，所以分子中含有9～10个碳原子的醛应用于香料工业中。低级醛易溶于水，如甲醛、乙醛都能与水混溶，其余的醛在水中的溶液度随分子中碳原子数目的增加而减小，而分子中含6个碳原子以上的醛基本不溶于水。醛都易溶于苯、醚、四氯化碳等有机溶剂中。

（2）化学性质　由于醛类分子里都含有醛基，所以它们的化学性质都与乙醛很相似。例如，它们都能被还原为醇，被氧化为羧酸，能起银镜反应等。

2. 几种重要的醛

重要的醛除乙醛外，还有甲醛、苯甲醛等。

（1）甲醛　甲醛又称蚁醛，沸点－21℃，常温下是无色具有强烈刺激性气味的气体，对眼黏膜、皮肤有刺激作用，能与空气形成爆炸性混合物，爆炸极限为7%～73%（体积分数）。甲醛易溶于水，一般以溶液状态保存，35%～40%（质量分数）的甲醛水溶液叫做福尔马林。

甲醛的用途很广。它是一种重要的有机化工原料，大量用于塑料工业（如制造酚醛树脂）、合成纤维工业等。甲醛的水溶液具有杀菌、防腐能力，因此是一种良好的杀菌剂。福尔马林用于浸制生物标本。在农业上常将福尔马林稀释成0.1%～0.5%（质量分数）的稀溶液，用来浸种，给种子消毒。

（2）苯甲醛　苯甲醛俗称苦杏仁油，是无色油状液体，有苦杏仁味，沸点－179℃，微溶于水，溶于乙醇、乙醚等有机溶剂。苯甲醛是最简单也是最重要的芳香醛，存在于苦杏仁及桃、李等果核中。

苯甲醛在空气中易被氧化为苯甲酸。

苯甲醛是有机合成的重要原料，主要用于制备染料、香料、药物等。

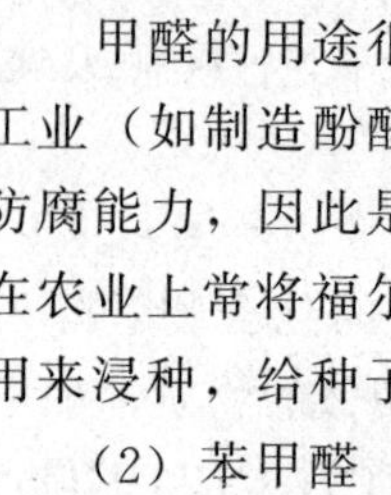

图 2-4　丙酮分子的比例模型

三、酮类

1. 丙酮

丙酮的分子式是 C_3H_6O，它的结构简式是 $CH_3—\overset{\overset{\displaystyle O}{\|}}{C}—CH_3$，简写为 CH_3COCH_3。丙酮分子的比例模型如图 2-4 所示。

（1）丙酮的物理性质　丙酮在常温下是无色、具有特殊气味的液体，沸点56.1℃，密度是$0.7899g/cm^3$。它易挥发，易燃烧，其蒸气与空气能形成爆炸性混合物，爆炸极限为2.55%～12.8%（体积分数）。丙酮能与水、乙醇、乙醚等以任意比例互溶，它还能溶解脂肪、树脂、橡胶等许多有机物。

（2）丙酮的化学性质　丙酮分子中的 $-\overset{\overset{O}{\|}}{C}-$ 叫做羰[1]基。丙酮能发生羰基加成反应。例如，在催化剂（镍或铂）存在的条件下，能与氢气起加成反应，生成异丙醇（2-丙醇）。

$$CH_3-\overset{\overset{O}{\|}}{C}-CH_3+H_2\xrightarrow{Ni或Pt}\underset{异丙醇}{CH_3-\overset{\overset{OH}{|}}{CH}-CH_3}$$

丙酮不易被氧化，所以它不与氨溶液起银镜反应，也不能把新制的氢氧化酮还原成红色的氧化亚铜沉淀。

（3）丙酮的用途　丙酮是重要的有机合成原料，用来制造有机玻璃、合成树脂、合成橡胶和药物等。丙酮也是重要的溶剂，广泛用于油漆、炸药、电影胶片等生产中。

2. 酮类

丙酮（ $CH_3-\overset{\overset{O}{\|}}{C}-CH_3$ ）、丁酮（ $CH_3-\overset{\overset{O}{\|}}{C}-CH_2-CH_3$ ）等许多物质，它们的分子都是由羰基与两个烃基相连的化合物。**凡是分子里由羰基与两个烃基相连而构成的化合物叫做酮**。丙酮是最简单的酮。

酮类的通式是 $R-\overset{\overset{O}{\|}}{C}-R'$ （R和R′可以相同，也可以不同）。酮分子中的羰基也叫酮基，是酮的官能团。酮类的化学性质都与丙酮相似。

醛和酮分子中都含有羰基，总称为羰基化合物。它们具有许多相

---

[1] 羰音tāng。

似的化学性质，如都能发生羰基加成反应等。但醛分子中羰基上的碳原子只连有一个烃基（或无烃基，如甲醛），而酮分子中羰基上的碳原子却连有两个烃基，所以它们在性质上也存在一定的差异。如醛容易被氧化，而酮不易被氧化（如不能发生银镜反应，也不能被新制的氢氧化铜所氧化）。利用醛、酮氧化性能的不同，可以鉴别醛和酮。

还可以用品红试剂[1]鉴别醛和酮。醛能与品红试剂起反应，使溶液立即呈现紫红色。这个反应很灵敏而且又很简便，常用来检验醛的存在。酮在同样条件下不能使品红试剂显紫色，因此这个反应是鉴别醛和酮较为简便的方法。

在甲醛与品红试剂起反应生成的紫红色溶液中，若加几滴浓硫酸，紫红色仍不消失，而其他醛类在相同的情况下，溶液显紫红色后加几滴浓硫酸能使颜色褪去。因此这个反应亦可用于鉴别甲醛和其他醛类。

第五节　乙酸　羧酸

一、乙酸

乙酸是食醋的主要成分，普通食醋中含 3%～5%（质量分数）的乙酸，所以乙酸俗称醋酸。

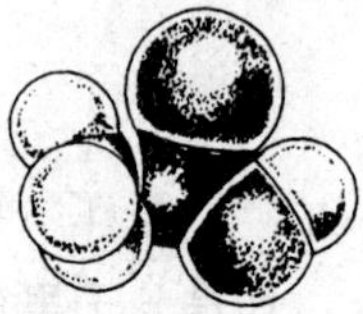

乙酸的分子式是 $C_2H_4O_2$，结构简式是

$$CH_3-\overset{\overset{\displaystyle O}{\|}}{C}-OH$$

，或为 CH_3COOH。图 2-5 是乙酸分子的比例模型。

图 2-5　乙酸分子的比例模型

乙酸分子中的 $-\overset{\overset{\displaystyle O}{\|}}{C}-OH$（或—COOH）官能团叫做羧基。

1. 乙酸的物理性质

纯乙酸在常温下是无色有强烈刺激性气味的液体，沸点是

---

[1] 品红是一种红色染料，将品红盐酸盐溶于水，呈粉红色，通入 SO_2 气体，使溶液的颜色褪去，这种无色溶液叫做品红试剂，亦称希夫（Sehiff）试剂。

117.9℃，熔点是16.6℃。当温度低于熔点时，纯乙酸就凝结成冰状固体，所以无水乙酸又称冰醋酸。乙酸易溶于水和乙醇。

2. 乙酸的化学性质

乙酸的化学性质主要由羧基决定。

(1) 酸性　乙酸在水溶液中仅能部分电离，产生氢离子。电离方程式如下。

$$CH_3COOH \rightleftharpoons H^+ + CH_3COO^-$$

乙酸具有明显的酸性，它是一种弱酸，其酸性比碳酸强。

乙酸具有酸的通性，其溶液能使紫色石蕊试液变红色，能与金属、碱性氧化物、碱、盐起反应。例如

$$2CH_3COOH + Mg \longrightarrow \underset{\text{乙酸镁}}{(CH_3COO)_2Mg} + H_2\uparrow$$

$$2CH_3COOH + CaO \longrightarrow \underset{\text{乙酸钙}}{(CH_3COO)_2Ca} + H_2O$$

$$CH_3COOH + NaOH \longrightarrow CH_3COONa + H_2O$$

$$2CH_3COOH + Na_2CO_3 \longrightarrow 2CH_3COONa + CO_2\uparrow + H_2O$$

(2) 酯化反应　在有浓硫酸存在并加热的条件下，乙酸能与乙醇起反应，生成有香味的油状液体，这就是乙酸乙酯，它属于酯类。

$$CH_3-\overset{\overset{\Large O}{\|}}{C}-\boxed{OH + H}-{}^{18}O-C_2H_5 \underset{\triangle}{\overset{\text{浓}H_2SO_4}{\rightleftharpoons}} \underset{\text{乙酸乙酯}}{CH_3-\overset{\overset{\Large O}{\|}}{C}-{}^{18}OC_2H_5} + H_2O$$

酸与醇作用，生成酯和水的反应叫做酯化反应。

如果用含氧的同位素$^{18}_{8}O$的乙醇与乙酸起反应时，结果发现乙酸乙酯分子中就含有$^{18}_{8}O$原子。因此酯化反应的过程，一般是羧酸分子中羧基上的羟基与醇分子里羟基中的氢原子结合成水，其余部分互相结合成酯❶。

上述酯化反应生成的乙酸乙酯在同样的条件下，又能部分地发生水解反应，生成乙酸和乙醇，所以是可逆反应。在实际生产中，可以根据需要，控制一定的条件，使反应向所需要的方向进行。为了提高

---

❶ 酸和醇发生酯化反应时酸脱羟基醇脱氢。

酯的产量，可以采用催化剂（通常使用少量浓硫酸或通入氯化氢气体，工业上逐渐使用阳离子交换树脂）使反应速率大大加快；加入过量的酸或醇，同时把生成的酯和水蒸出，使平衡向生成酯的方向移动。

3. 乙酸的用途

乙酸是一种重要的有机化工原料，可用来生产乙酸纤维、合成纤维（如维纶）、喷漆溶剂、染料、药物、农药、香料等。

4. 乙酸的工业制法

过去工业上是用发酵法来制取乙酸的，即用含淀粉原料发酵制得乙醇，乙醇经发酵后制得乙醛，乙醛进一步被氧化就制得乙酸。食醋就是这样制取的。但此法的产量受限制，远远不能满足工业发展的需要。因此现在工业上大都采用乙烯氧化法和烷烃直接氧化法制乙酸。

[选学]

（1）乙烯氧化法　乙烯氧化法是以乙烯为原料，在温度为100～110℃，压力为1216kPa下，用氯化钯和氯化铜作催化剂，使乙烯与氧气起反应生成乙醛，乙醛再在催化剂（如乙酸锰）存在下，加热到70～80℃，压力为202.65～303.98kPa时，被氧化生成乙酸。

$$2CH_2=CH_2+O_2 \xrightarrow[\text{加热、加压}]{\text{催化剂}} 2CH_3CHO$$

$$2CH_3CHO+O_2 \xrightarrow[\text{加热、加压}]{\text{催化剂}} 2CH_3COOH$$

这种方法原料来源很丰富（乙烯可从石油加工产品中获取），制得的乙酸浓度高，生产率高，副反应少。

（2）烷烃直接氧化法　烷烃直接氧化法是用石油炼制所产生的低沸点烷烃（主要是C_4～C_6馏分）为原料，乙酸钴为催化剂，乙酸为溶剂，在165℃和2026.5kPa下，这些低沸点烷烃被空气中的氧气直接氧化，其中丁烷被直接氧化后生成乙酸。因此这种方法又叫丁烷直接氧化法。

$$2CH_3CH_2CH_2CH_3+5O_2 \xrightarrow[\text{加热、加压}]{\text{催化剂}} 4CH_3COOH$$

这种方法原料来源丰富，价格便宜，但副产品多，乙酸浓度低，有的副产品（如甲酸）对设备的腐蚀性强。

[阅读]

乙酸除水垢

已经知道，家中烧开水的壶和盛放开水的暖瓶或凉瓶，使用时间长了就会结水垢。除去水垢的方法是：取少量食醋（最好用醋精），加入到需要除垢的容器中，且缓慢转动容器使水垢和醋充分接触，浸泡一段时间，醋与水垢反应，再用水清洗，水垢就会除去。若水垢较厚，可多次转动浸泡，或多换几次醋并适当增加浸泡时间，使其充分反应即可。这就是利用乙酸的酸性巧除水垢且不会对容器造成污染。

二、羧酸

在有机化合物里，有许多物质的分子结构都与乙酸相似，例如甲酸（HCOOH）、丙酸（CH_3CH_2COOH）、丁酸（$CH_3CH_2CH_2COOH$）、苯甲酸（C_6H_5COOH）等，它们的分子中都含有羧基。这类**在分子里由烃基与羧基直接相连构成的有机化合物，叫做羧酸**。羧酸除甲酸外，都可看成烃分子中的氢原子被羧基取代而生成的化合物。

1. 羧酸的分类

① 根据羧酸分子中羧基所连接的烃基不同，可将羧酸分为脂肪酸和芳香酸。

羧基与脂肪烃基直接相连的羧酸叫脂肪酸（如乙酸 CH_3COOH、丙烯酸 $CH_2=CHCOOH$ 等）。脂肪酸按照烃基中是否含有不饱和键，又可分为饱和脂肪酸（如乙酸）和不饱和脂肪酸（如丙烯酸）。

羧基与芳香烃基直接相连的羧酸叫芳香酸（如苯甲酸 C_6H_5COOH）。

② 根据羧酸分子中所含羧基的数目，可将羧酸分为一元羧酸、二元羧酸等。分子中含有一个羧基的羧酸叫一元羧酸，如甲酸 HCOOH、乙酸 CH_3COOH、苯甲酸 C_6H_5COOH、丙烯酸 $CH_2=CHCOOH$ 等。分子中含有两个羧基的羧酸叫二元羧酸，如乙二酸 HOOC—COOH、对苯二甲酸 HOOC—C_6H_4—COOH、己二酸[$HOOC(CH_2)_4COOH$]等。二元和二元以上的羧酸，统称为多元羧酸。

一元羧酸的通式是 R—COOH。

在一元羧酸里，有些脂肪酸分子中的烃基含有较多的碳原子，这样的羧酸叫做高级脂肪酸。例如，硬脂酸（$C_{17}H_{35}COOH$）、软脂酸（$C_{15}H_{31}COOH$）、油酸（$C_{17}H_{33}COOH$）等都是重要的高级脂肪酸，其中油酸分子的烃基中含有一个碳碳双键，属于不饱和高级脂肪酸，常温下呈液态，硬脂酸和软脂酸分子的烃基中没有不饱和键，属于饱和高级脂肪酸，常温下呈固态。

2. 羧酸的性质

（1）物理性质　在直链饱和一元羧酸中，甲酸、乙酸和丙酸都是具有刺激性酸味的液体，丁酸至癸酸是具有腐败臭味的油状液体，分子中含 10 个以上碳原子的羧酸是无臭无味的蜡状固体。脂肪族二元羧酸和芳香酸都是晶体。

甲酸、乙酸、丙酸能与水混溶，随着碳链的增长，羧酸的溶解度减小，固体羧酸不溶于水。一元羧酸一般溶于有机溶剂中。

甲酸、乙酸的密度大于 $1g/cm^3$，其余羧酸的密度小于 $1g/cm^3$。

（2）化学性质　羧酸类化合物分子中都含有羧基，羧基是羧酸的官能团。因而它们都具有与乙酸相似的化学性质，如具有酸性，能发生酯化反应等。

3. 几种重要的羧酸

（1）甲酸　甲酸最初是由蒸馏蚂蚁得到的，所以俗称蚁酸，它是最简单的羧酸。

甲酸是无色具有刺激性气味的液体，熔点是 8.4℃，沸点是 100.5℃，能溶于水、乙醚、乙醇等。甲酸是酸性最强的饱和一元羧酸，具有较强的腐蚀性，与人的皮肤接触时能使皮肤起泡。

在饱和一元羧酸中，甲酸的分子结构比较特殊，是脂肪酸中唯一的在羧基上连有氢原子的酸，所以在甲酸分子中同时含有羧基（虚线圆圈内为羧基）和醛基（方框内为醛基）。

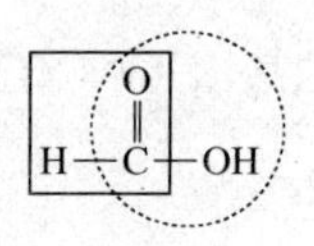

甲酸的分子结构决定了它既具有羧酸的性质，又具有醛的性质。例如，甲酸具有酸的通性，又具有还原性，能与银氨溶液发生银镜反应，也能把新制的氢氧化铜还原成红色的氧化亚铜沉淀，甲酸则被氧化成二氧化碳和水。

甲酸与浓硫酸共热，就分解生成一氧化碳和水。

$$HCOOH \xrightarrow[60\sim80℃]{浓\ H_2SO_4} CO\uparrow + H_2O$$

实验室就是利用这一反应来制备一氧化碳的。

甲酸在工业上可用作还原剂、媒染剂（印染工业）以及橡胶的凝聚剂，也可以作消毒剂和防腐剂，还用于合成酯类和某些染料。

(2) 乙二酸　乙二酸（HOOC—COOH）通常以钾盐或钠盐的形式存在于植物的细胞中，所以俗称草酸，是最简单的二元羧酸。

乙二酸是无色透明晶体，常见的乙二酸晶体分子内含两分子结晶水，熔点是 101.35℃，将它加热到 100℃时就失去结晶水，变成无水乙二酸。无水乙二酸的熔点是 189.5℃。乙二酸能溶于水或乙醇，但不溶于乙醚。

乙二酸具有较强的酸性，是二元羧酸中酸性最强的一种酸，而且它的酸性远比甲酸和乙酸强。乙二酸除了具有羧酸的一般性质外，还与甲酸相似，易被氧化生成二氧化碳和水，它具有还原性。例如

$$5HOOC—COOH + 2KMnO_4 + 3H_2SO_4 \longrightarrow K_2SO_4 + 2MnSO_4 + 10CO_2\uparrow + 8H_2O$$

乙二酸可作还原剂，用于定量分析中来标定高锰酸钾溶液的浓度。在印染工业上，乙二酸可作媒染剂和漂白剂。乙二酸还能与许多金属形成可溶性的配合物，因此大量用来提取稀有金属。乙二酸也可用来除去墨水痕迹或铁锈。

(3) 苯甲酸　苯甲酸（C_6H_5—COOH）最初是由安息胶制得的，所以俗称安息香酸，它是最简单的芳香羧酸。

苯甲酸是一种白色针状晶体，熔点是 121.7℃，微溶于冷水，易溶于热水和乙醇、乙醚等有机溶剂。它易升华，能随水蒸气蒸发，其蒸气对黏膜有刺激作用。苯甲酸无味、低毒，具有抑菌防腐的效力。

苯甲酸具有羧酸的通性。它的酸性比乙酸稍强一些。

苯甲酸是有机合成的原料，可用于合成香料、染料、药物等。苯甲酸的钠盐（C_6H_5COONa）常用作食品、药剂和日用品的防腐剂。

第六节　酯　油脂

一、酯

已经学过，羧酸能与醇发生酯化反应。在酯化反应的过程中，羧酸分子中的羟基跟醇分子中的氢原子结合成水，其余部分互相结合成酯。例如

$$HCOOH + HOC_2H_5 \xrightarrow{\text{浓 } H_2SO_4} \underset{\text{甲酸乙酯}}{HCOOC_2H_5} + H_2O$$

硝酸（$HO—NO_2$）等无机酸与醇起酯化反应，酸中的羟基与醇中的氢原子结合成水，其余部分互相结合成酯。例如

$$C_2H_5OH + HO—NO_2 \longrightarrow \underset{\text{硝酸乙酯}}{C_2H_5ONO_2} + H_2O$$

酸与醇脱水生成的一类化合物叫做酯。

羧酸与醇脱水生成的酯叫做**羧酸酯**。例如，甲酸乙酯（$HCOOC_2H_5$）、乙酸乙酯（$CH_3COOC_2H_5$）等。一元羧酸的酯可用通式 $R—\overset{\overset{\large O}{\|}}{C}—O—R'$ 或 $RCOOR'$表示，其中烃基 R 和 R′可以相同，也可以不同。

无机酸与醇脱水生成的酯叫做**无机酸酯**。例如，硝酸乙酯（$C_2H_5ONO_2$）、硫酸氢乙酯（$C_2H_5OSO_3H$）、三硝酸甘油酯

$$\left(\begin{array}{l} CH_2—ONO_2 \\ | \\ CH—ONO_2 \\ | \\ CH_2—ONO_2 \end{array}\right)$$

等。

1. 酯的分类和命名

酯可以分为羧酸酯和无机酸酯。这里主要学习羧酸酯，简称酯。

酯类化合物是根据生成酯的酸和醇的名称来命名的。命名方法可

称某酸某酯，即把酸的名称写在前面，而把醇的名称写在后面，把“醇”字换成“酯”字。例如，甲酸与乙醇起反应生成的酯（$HCOOC_2H_5$）叫做甲酸乙酯，乙酸与乙醇起反应生成的酯（$CH_3COOC_2H_5$）叫做乙酸乙酯，丁酸与丙醇起反应生成的酯（$C_3H_7COOC_3H_7$）叫做丁酸丙酯等。

2. 酯在自然界里的存在

酯类化合物广泛地存在于自然界中，低级酯存在于各种水果和花草中。例如，梨中含有乙酸异戊酯，苹果中含有异戊酸异戊酯等。

3. 酯的性质和用途

低级酯是具有果香味的液体，如乙酸乙酯有梨、苹果、桃的香味，乙酸异戊酯有梨、香蕉、菠萝的香味，异戊酸异戊酯有苹果、菠萝、桃的香味，苹果酸甲酯有茉莉香味，许多花果的香味都是由于低级酯的存在而产生的。因此低级酯常用于食品工业作制备饮料和糖果的水果香料。高级酯是蜡状固体。酯的密度一般比水小，沸点比相对分子质量相近的羧酸低。酯难溶于水，易溶于乙醇、乙醚等有机溶剂。低级酯能溶解许多有机物，可用作有机溶剂，如乙酯乙酯、乙酸丁酯、乙酸戊酯等都是良好的有机溶剂。

酯的重要化学性质是它能与水发生水解反应（即酯与水起反应重新生成相应的酸和醇）。例如，乙酸乙酯在无机酸或碱存在的条件下，发生水解反应生成乙酸和乙醇。

$$CH_3COOC_2H_5 + H_2O \xrightleftharpoons{\text{无机酸或碱}} CH_3COOH + C_2H_5OH$$

酯的水解反应是酯化反应的逆反应。当酯化反应速率和水解反应速率相等时，可逆反应达到化学平衡状态。

$$RCOOH + HOR' \underset{\text{水解}}{\overset{\text{酯化}}{\rightleftharpoons}} RCOOR' + H_2O$$

在碱存在的条件下，酯类水解生成的酸与碱发生中和反应生成盐，使上述平衡向左移动，此时水解程度就大，甚至可使水解反应进行到底。

$$RCOOR' + NaOH \longrightarrow RCOONa + R'OH$$

当有无机酸存在时，它只起催化作用，但不能减少水解生成的酸，酯水解的程度就小。

二、油脂

油脂普遍存在于植物的种子和动物的脂肪组织中。它是人类主要食物之一[1]，人们日常食用的棉籽油、花生油、豆油、猪油、牛油、羊油等都是油脂。在室温下油脂有呈固态或半固态的，也有呈液态的。一般把呈液态的油脂叫做油，呈固态或半固态的叫做脂肪。植物油脂通常呈液态，叫做油。动物油脂通常呈固态，叫做脂肪。油和脂肪统称油脂。

油脂在化学成分上都是高级脂肪酸与甘油所生成的酯（高级脂肪酸甘油酯），它属于酯类。

1. 油脂的组成和结构

油脂是高级脂肪酸甘油酯的通称。形成油脂的高级脂肪酸，绝大多数是含偶数碳原子的高级脂肪酸，如硬脂酸（$C_{17}H_{35}COOH$）、软脂酸（$C_{15}H_{31}COOH$）或油酸（$C_{17}H_{33}COOH$）等。形成油脂的甘油是多元醇，分子中含有 3 个羟基，它可以与一种脂肪酸形成酯，也可以与不同的脂肪酸形成酯。它们的结构可表示如下。

$$\begin{array}{l} R-\overset{\overset{\displaystyle O}{\|}}{C}-O-CH_2 \\ \qquad\qquad\quad\ | \\ R'-\overset{\overset{\displaystyle O}{\|}}{C}-O-CH \\ \qquad\qquad\quad\ | \\ R''-\overset{\overset{\displaystyle O}{\|}}{C}-O-CH_2 \end{array}$$

结构式中的 R、R′、R″代表饱和脂肪烃基或不饱和脂肪烃基，它们可以相同，也可以不同。如果 R、R′、R″相同，这样的油脂称为单甘油酯。如果 R、R′、R″不相同，这样的油脂，则称为混甘油酯。天然油脂大都为混甘油酯。

---

[1] 人类为了维持生命和健康，除了阳光和空气以外，必须摄取食物。食物的主要成分有糖类、油脂、蛋白质、维生素、无机盐和水六大类，通常称为营养素。人体内主要物质含量（质量分数）为：蛋白质 15%～18%、脂肪 10%～15%、糖类 1%～2%、无机盐 3%～4%、水 55%～67%、其他 1%。

油脂是多种高级脂肪酸甘油酯的混合物。

形成油脂的脂肪酸的饱和与否，对油脂的熔点有着重要的影响。由饱和脂肪酸（最常见的是硬脂酸和软脂酸）生成的甘油酯熔点较高，常温下呈固态或半固态。从动物所得的油脂，大部分是饱和的脂肪酸甘油酯，所以通常呈固态。由不饱和的脂肪酸（如油酸）生成的甘油酯熔点较低，常温下呈液态。从植物所得的油脂，主要是不饱和脂肪酸的甘油酯，所以通常呈液态。由于各类油脂中所含的饱和烃基和不饱和烃基的相对量不同，因此它们具有不同的熔点。

2. 油脂的物理性质

油脂的密度（在 0.9～0.95g/cm^3 之间）比水小，黏度较大，触摸时有明显的油腻感。它不溶于水，易溶于汽油、乙醚、苯等多种有机溶剂中，根据这一性质，工业上可用有机溶剂来提取植物种子里的油。由于油脂是混合物，因此没有固定的熔点和沸点。

3. 油脂的化学性质和用途

油脂属于酯类化合物，具有一般酯的化学性质，同时由于有些油脂分子中含有不饱和烃基，所以又具有烯烃的一些化学性质。

（1）油脂的氢化　液态油的分子中含有碳碳双键，能发生加成反应。在 200℃左右和 101.325～303.98kPa 的条件下，把氢气通入含催化剂（如镍粉）的油中，液态油与氢气起加成反应，提高油脂的饱和程度，生成固态的油脂。例如

$$\begin{array}{l} C_{17}H_{33}COO—CH_2 \\ \qquad\qquad\qquad\quad | \\ C_{17}H_{33}COO—CH + 3H_2 \\ \qquad\qquad\qquad\quad | \\ C_{17}H_{33}COO—CH_2 \end{array} \xrightarrow[\text{加热、加压}]{\text{催化剂}} \begin{array}{l} C_{17}H_{35}COO—CH_2 \\ \qquad\qquad\qquad\quad | \\ C_{17}H_{35}COO—CH \\ \qquad\qquad\qquad\quad | \\ C_{17}H_{35}COO—CH_2 \end{array}$$

油酸甘油酯（油）　　　　硬脂酸甘油酯（脂肪）

这个反应叫做油脂的氢化，也叫油脂的硬化。这样制得的油脂叫人造脂肪，通常又叫硬化油。工业上常利用油脂的氢化反应把多种植物油（如棉籽油、菜油等）转变成硬化油。硬化油不饱和程度较小，性质稳定，不易变质，便于贮藏和运输，可用来制造肥皂、脂肪酸、

甘油、人造奶油等。

（2）油脂的水解　在有酸或碱存在的条件下，酯类能与水发生水解反应，生成相应的酸和醇。与酯类的水解反应相同，在有酸或碱或高温水蒸气存在的条件下，油脂能够发生水解反应，生成相应的高级脂肪酸和甘油。例如，硬脂酸甘油酯在酸（如硫酸）存在下与水共沸，则水解生成硬脂酸和甘油。

$$\begin{array}{l} C_{17}H_{35}COO—CH_2 \\ \qquad\qquad\qquad\quad | \\ C_{17}H_{35}COO—CH \\ \qquad\qquad\qquad\quad | \\ C_{17}H_{35}COO—CH_2 \end{array} + 3H_2O \underset{\triangle}{\overset{H_2SO_4}{\rightleftharpoons}} 3C_{17}H_{35}COOH + \begin{array}{l} CH_2—OH \\ | \\ CH—OH \\ | \\ CH_2—OH \end{array}$$

硬脂酸甘油酯　　　　　　　　硬脂酸　　　　甘油

工业上就是根据这一反应原理，用油脂作原料来制取高级脂肪酸和甘油的。油脂在人体中的消化过程也与水解有关，在小肠里油脂受酶的催化发生水解，主要生成脂肪酸和甘油，为肠壁吸收而作为人体的营养。

如果油脂的水解反应是在有碱存在的条件下进行的，那么，碱与水解生成的高级脂肪酸发生中和反应，生成高级脂肪酸盐。例如，硬脂酸甘油酯在有氢氧化钠存在的条件下，发生水解反应，生成硬脂酸钠和甘油。

$$\begin{array}{l} C_{17}H_{35}COO—CH_2 \\ \qquad\qquad\qquad\quad | \\ C_{17}H_{35}COO—CH \\ \qquad\qquad\qquad\quad | \\ C_{17}H_{35}COO—CH_2 \end{array} + 3NaOH \xrightarrow{\triangle} 3C_{17}H_{35}COONa + \begin{array}{l} CH_2—OH \\ | \\ CH—OH \\ | \\ CH_2—OH \end{array}$$

硬脂酸甘油酯　　　　　　　　硬脂酸钠　　　　甘油

油脂在碱性条件下的水解反应也叫**皂化反应**。

工业上就是利用皂化反应来制取肥皂。通常制取肥皂所用油脂都是混合油脂。首先把动物性脂肪（羊脂、牛脂等）、植物油（棉籽油、豆油等）和氢氧化钠溶液按一定比放在皂化锅内，用蒸汽加热，同时进行适当搅拌，油脂在过量碱存在的条件下发生水解，生成高级脂肪酸的钠盐和甘油。皂化反应完成以后，得到高级脂肪酸钠、甘油和水形成的混合液。为使高级脂肪酸钠与甘油充分分离，继续加热搅拌，并将食盐细粒慢慢加入锅内，高级脂肪酸钠就从混合液中析出。这个加入食盐使肥皂析出的过程叫做盐析。此时，停止加热和搅拌，静置一定时间后，溶液就分成上下两层，上层是高级脂肪酸钠，下层是甘油和食盐的混合液。取出上层的高级脂肪酸钠，给其中加入填料（如松香和硅酸钠）等，进行压滤、干燥、成型，这样就制成了成品肥皂。下层混合液经分离提纯后，便得到甘油。

油脂中含有不饱和键，在空气中的氧和细菌的作用下，能发生一系列复杂的氧化和水解反应，生成低级醛、酮、羧酸等混合物，使油脂变质并产生一种特殊的气味，这个过程叫做油脂的酸败。长期贮存的油脂，在有水、光、热及微生物存在的条件下，就容易发生酸败，因此贮存油脂时应保存在干燥的不见光的密闭容器中。另外，某些油（如桐油）涂成薄层，在空气中就会逐渐变成有韧性的固态薄膜。这种现象叫做油的干性（或称干化）。油的干化反应复杂，是一系列氧化、聚合反应的结果。

油脂是人类生活上不可缺少的营养食物之一，而且是热能最高的营养成分，是重要的供能物质❶。正常情况下，每人每日需进食50～60g脂肪，约能供应日需总热量的20%～25%。油脂也是一种重要的工业原料。油脂在工业上大量用于制造肥皂。根据油脂结膜的特性，使油（如桐油、亚麻油）成为油漆工业中的重要原料，用桐油制成的油漆不仅结膜快，而且漆膜坚韧、耐光、耐冷热变化、耐潮湿、耐腐蚀。蓖麻油可作高级润滑油，也可作制造癸二酸的原料，油脂也应用于医药、化妆品等许多工业部门。根据油脂能溶解一些脂溶性维生素（如维生素A、D、E、K）的性质，进食一定量的油脂能促进人体对食物中所含这些维生素的吸收。人体中所含脂肪（一般成年人体内贮存的脂肪约占体重的10%～20%）还是维持生命活动的一种备用能源，当人进食量小，摄入食物的能量不足以支付机体消耗的能量时，就要消耗自身的脂肪来满足机体的需要（这就是人进食量小而活动量过大时会造成身体消瘦的原因）。

---

❶ 1g油脂完全氧化生成CO_2和H_2O时约放出39.3kJ的热量，大约是糖类（约17.2kJ/g）或蛋白质（约18kJ/g）的2倍。

※三、肥皂的去污原理和合成洗涤剂

1. 肥皂的去污原理

普通肥皂约含70%的高级脂肪酸钠，30%的水和少量的盐。有些肥皂中还加有填料、香料及染料等。

肥皂具有去污能力，主要是高级脂肪酸钠的作用。从结构上看，高级脂肪酸钠分子可分为两部分，一部分是极性基团—COONa或—COO^-，易溶于水，叫做亲水基；另一部分是非极性的链状烃基—R，它跟水（极性分子）的结构差别很大，不能溶于水，叫做憎水基。

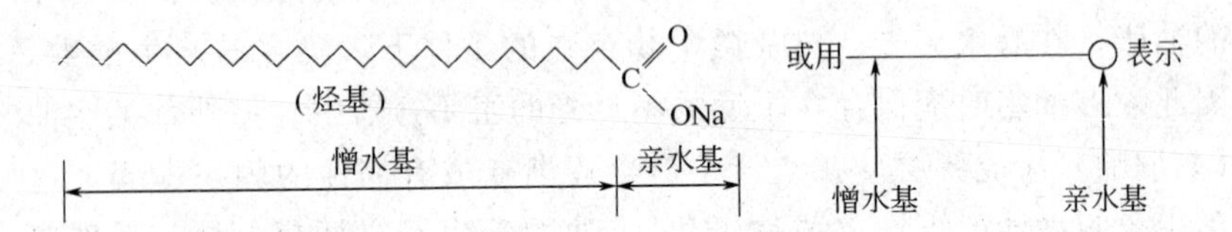

亲水基使肥皂具有水溶性，憎水基具有亲油的性质。

肥皂中高级脂肪酸钠分子在水中的排列具有一定的规则，在水的表层亲水基（—COONa或COO^-）插入水中，而憎水基（—R）伸出水面外（见图2-6），这样就削弱了水表面上水分子间的引力，使水的表面张力大大降低；在水中憎水基相互间依靠范德瓦耳斯力聚集在一起，而亲水基则包在外面，与水连接，形成一粒粒很小的胶囊（见图2-6），胶囊外面带有相同的电荷，使它们互相排斥而不聚集。

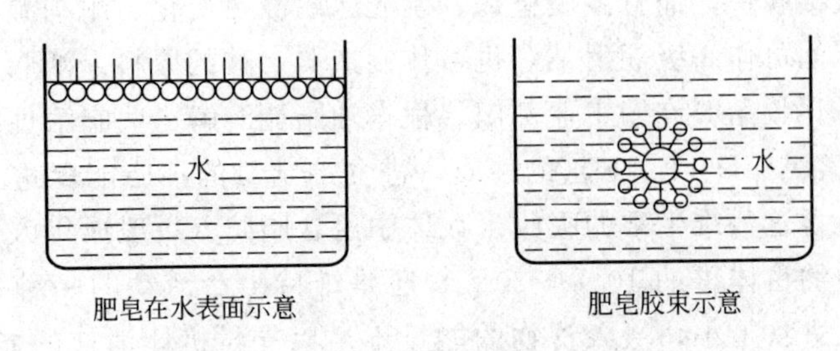

图2-6　肥皂分子在水表面和水中示意

在洗涤过程中，当肥皂接触到油污时，高级脂肪酸钠分子中的憎水基便插入油污内，而亲水基则包围在油滴外面，插入水中。这样油滴就被肥皂分子包围起来。由于肥皂分子降低了水的表面张力，油污易被润湿渗透，使油污与它的附着物（纤维）逐渐松开，再经机械摩擦和振动后，大的油污便分散成细小

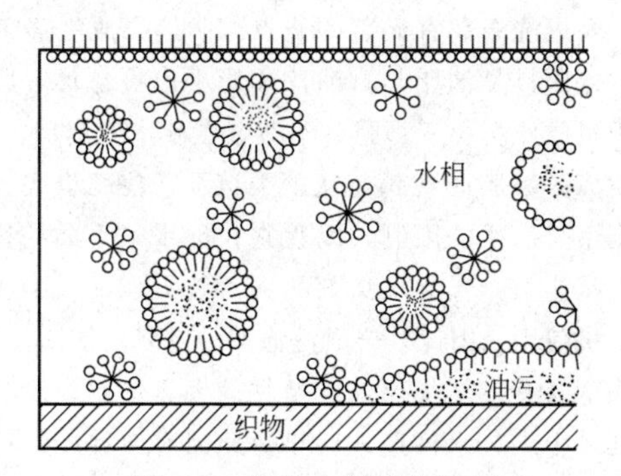

图 2-7 肥皂去污原理示意

的油珠，最后脱离被洗涤的纤维织物，而分散到水中形成乳浊液，随水漂洗出去（见图 2-7），从而达到洗涤去污的目的。

2. 合成洗涤剂

肥皂虽然具有良好的去污作用，但它不宜在硬水或酸性水中使用。在硬水中含有 Ca^{2+} 和 Mg^{2+}，它们能与肥皂起反应，生成不溶于水的脂肪酸钙和脂肪酸镁盐。在酸性水中，则生成难溶于水的脂肪酸。这样就限制了肥皂的应用范围。

根据对肥皂去污原理的研究，人们认识到，凡是分子两端分别含有憎水基和亲水基的物质，它们都有一定的去污能力。因此，可以利用人工合成的方法来合成具有这种结构的物质作洗涤剂。工业上已经制造出多种合成洗涤剂，用它来代替肥皂，可以弥补肥皂的不足之处。

合成洗涤剂的种类很多，常分为固态的洗衣粉和液态的洗涤剂两大类。目前常用的合成洗涤剂的主要成分是烷基磺酸钠和烷基苯磺酸钠。它们的结构式分别是 $R—SO_3Na$ 和 $R—C_6H_4—SO_3Na$。其中亲水基都是极性基团 $—SO_3Na$，憎水基分别是非极性基团 R— 和 $R—C_6H_4—$。在脂肪烃基 R 中，含碳原子太少或太多时，都不能很好的达到去污的目的。R 中含碳原子太少时，憎水作用太弱，会使憎水基与油的结合力不强，即油溶性减弱。R 中含碳原子太多时，又会使油溶性增强，水溶性减弱。这都会直接影响洗涤剂的去污效果。所以 R 一般是含 10～14 个碳原子的烃基，以直链的正十二烷基（$—C_{12}H_{25}$）。

根据不同的需要，采用不同的配比和添加剂，可以制得不同性能、不同用途、不同品种的合成洗涤剂。例如，在洗衣粉中加入蛋白酶，就可提高它对血渍、奶渍等蛋白质的去污能力。

与肥皂相比，合成洗涤剂有显著的优点。制造合成洗涤剂的原料主要是石油，制造肥皂的主要原料是油脂，石油比油脂更廉价易得，所以制造合成洗涤剂的原料比制造肥皂的原料便宜。肥皂不适合在硬水中使用，因为硬水中的钙、镁离子会与肥皂生成高级脂肪酸钙、镁盐类沉淀，使肥皂丧失去污能力，而合成洗涤剂的使用则不受水质的限制，因为它在硬水中生成的钙、镁盐类都能溶于水，不会丧失去污能力。合成洗涤剂的去污能力强，润湿和乳化的能力也很强，并且适合洗衣机使用。因此，合成洗涤剂的发展很快。

虽然合成洗涤剂具有很多优点，但是它的大量使用，使含有合成洗涤剂的废水大量排放到江河中，对水体造成污染。原因有两种，一种是有的洗涤剂很稳定，难于被细菌分解，污水积累，使水质变坏；另一种是有的洗涤剂含有磷元素，造成水体富营养化，促使水生藻类大量繁殖，导致水中溶解氧降低，使水质变坏。这些污染，已引起人们的高度重视，人们正积极研制、供应无磷等新型洗涤剂，以减轻合成洗涤剂使用过程中对环境的污染。

[阅读]

表面活性剂

肥皂和合成洗涤剂的分子都是由亲水基（极性基）和憎水基（非极性基）两部分构成的，表面活性剂就是具有这样分子结构的一类物质。

表面活性剂能改变物质的表面性质（如液体的表面张力、固体的润湿性能），使某些难溶物质溶解度增大，或使某些易溶物质溶解度减小；使不稳定的乳浊液变得稳定，或使乳浊液破坏变成油水分离；使不易起泡沫的液体得到大量稳定的泡沫，或消除液体中的泡沫；使不被水润湿的固体能被水润湿，或减弱固体被水的润湿能力等。由于表面活性剂能改变物质表面的一些固有性质，使其“活化”，所以它因此而得名。

表面活性剂的种类很多，目前市售的已有数千种，其中多数是作洗涤剂，其余主要供工业使用。

表面活性剂在生产、生活中具有广泛的用途。它可以用于选矿，在石油、纺织、造纸、化妆品、食品、农药、建筑等工业中都有重要应用。

第七节　硝基化合物

烃分子里的一个或几个氢原子被各种含氮基团取代后的衍生物，叫做含氮化合物。在含氮化合物中，主要学习硝基化合物、胺和酰胺。

烃分子里的一个或几个氢原子被硝基（$—NO_2$）取代后所生成的化合物叫做硝基化合物。

根据硝基化合物分子中烃基的不同，可分为脂肪族硝基化合物和芳香族硝基化合物。例如

CH_3NO_2　　硝基甲烷（脂肪族硝基化合物）

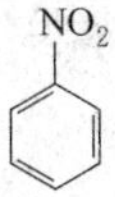

$C_6H_5NO_2$（苯环上连有 NO_2）　　硝基苯（芳香族硝基化合物）

根据硝基化合物分子中硝基的数目，又可分为一硝基化合物和多硝基化合物。例如

$CH_3CH_2NO_2$　　硝基乙烷（一硝基化合物）

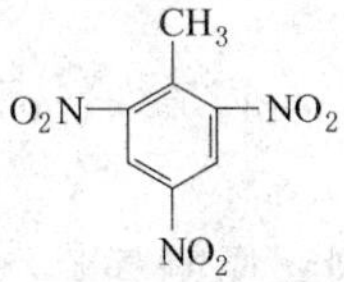

（苯环上 1 位 CH_3，2、4、6 位各连 NO_2）　　2,4,6-三硝基甲苯（多硝基化合物）

在硝基化合物分子中，硝基（$—NO_2$）都是直接与烃基中的碳原子相连。这与前面学过的硝酸乙酯（$CH_3CH_2O—NO_2$）不同，硝酸乙酯分子中的硝基是通过氧原子与烃基中的碳原子相连的，它不属于硝基化合物，而属于酯类，因此不能笼统地把分子中含有$—NO_2$ 基团的所有化合物都叫做硝基化合物。

在硝基化合物中，芳香族硝基化合物较为重要。下面主要介绍硝基苯和三硝基甲苯这两种重要的芳香族硝基化合物。

一、硝基苯

1. 硝基苯的制法

在实验室和工业上，用苯与浓硝酸和浓硫酸的混合酸在 50～60℃时发生硝化反应制得硝基苯。

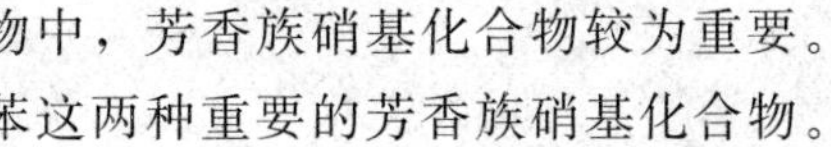

$$C_6H_6 + HNO_3 \xrightarrow[50\sim60℃]{浓H_2SO_4} C_6H_5NO_2 + H_2O$$

2. 硝基苯的物理性质

纯硝基苯是一种无色油状液体，不纯的显淡黄色，具有苦杏仁气

味，熔点是 5.7℃，沸点是 210℃，密度为 1.203g/cm³（比水大）。它不溶于水，易溶于乙醇和乙醚。硝基苯有毒，与皮肤接触或它的蒸气被人体吸收都能引起中毒。

3. 硝基苯的化学性质和用途

硝基苯的重要化学性质是容易发生还原反应。发生还原反应时，与苯环碳原子直接相连的硝基被还原。选用不同的还原剂和反应介质（酸性、碱性、中性）可以得到不同的还原产物。下面主要学习硝基苯在酸性介质中发生的还原反应。

用铁和盐酸作还原剂还原硝基苯，可生成苯胺。

$$C_6H_5NO_2 + 3Fe + 6HCl \longrightarrow C_6H_5NH_2 + 3FeCl_2 + 2H_2O$$

苯胺

这是目前工业上大量生产苯胺的方法之一。苯胺是染料工业的重要原料。

用铁和水（加少量盐酸作催化剂）作还原剂还原硝基苯，也可生成苯胺。

$$4C_6H_5NO_2 + 9Fe + 4H_2O \xrightarrow{\text{催化剂}} 4C_6H_5NH_2 + 3Fe_3O_4$$

硝基苯还能用催化 Cu、SiO_2 作催化剂，加热到 250～300℃加氢的方法还原成苯胺。

$$C_6H_5NO_2 + 3H_2 \xrightarrow[\triangle]{\text{催化剂}} C_6H_5NH_2 + 2H_2O$$

硝基苯是一种重要的化工原料，主要用来制造苯胺。它能溶解许多有机物和某些无机盐，因此也可用作溶剂。此外也可用硝基苯作氧化剂。

二、三硝基甲苯

2,4,6-三硝基甲苯简称三硝基甲苯，俗称梯恩梯（TNT）。它的结构式和结构简式可表示如下。

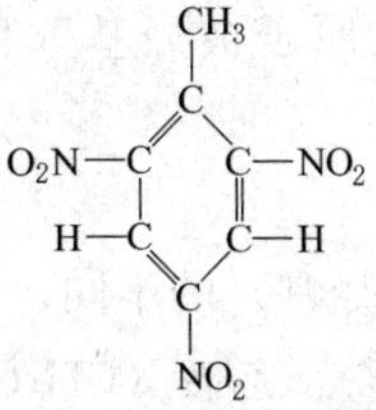

结构式 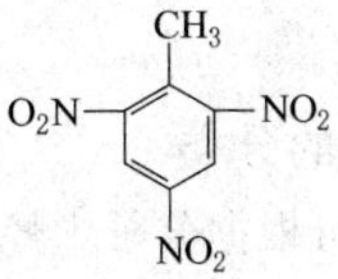　　　　结构简式

1. 三硝基甲苯的制法

三硝基甲苯是用甲苯跟硝酸和硫酸的混合酸发生硝化反应来制取的。

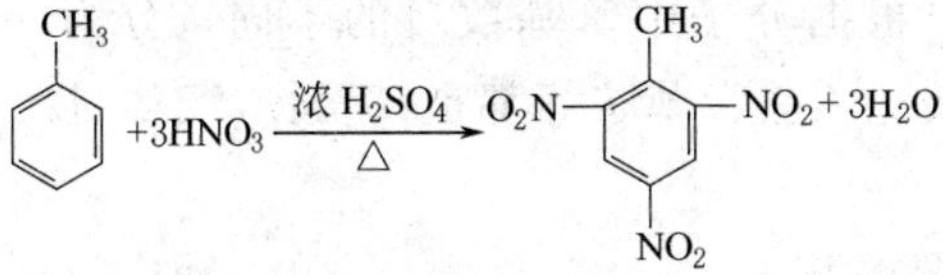

$$C_6H_5CH_3 + 3HNO_3 \xrightarrow[\triangle]{浓H_2SO_4} CH_3C_6H_2(NO_2)_3 + 3H_2O$$

2. 三硝基甲苯的性质和用途

三硝基甲苯是一种淡黄色针状晶体，熔点是 80.6℃，密度是 1.645g/cm^3，不溶于水。

三硝基甲苯平时比较稳定，即使受热或撞击时也不易爆炸，所以贮存和运输时都比较安全。但在起爆剂如雷汞 $Hg(ONC)_2$ 等引爆的情况下，就能发生猛烈的爆炸。

三硝基甲苯（TNT）是一种烈性炸药，在国防、开矿、筑路、挖掘隧道等方面都有广泛的用途。

第八节　胺　酰胺

一、胺

烃分子中的氢原子被氨基（$—NH_2$）**取代后所生成的化合物叫做胺**。例如甲烷分子中的一个氢原子被一个氨基取代后生成的化合物，叫做甲胺（CH_3NH_2）；乙烷分子中的两个氢原子被两个氨基取代后生成的化合物，叫做乙二胺（$H_2N—CH_2CH_2—NH_2$）；苯分子中的一个氢原子被一个氨基取代后生成的化合物叫做苯胺（$C_6H_5NH_2$）。

胺也可以看作是氨（NH_3）分子中的氢原子被烃基取代后生成的化合物。

1. 胺的分类

胺类可根据分子中烃基（脂肪烃基或芳香烃基）的不同，分为脂肪胺和芳香胺（芳胺[1]）。例如，甲胺（CH_3NH_2）、乙胺（$CH_3CH_2NH_2$）等都是脂肪胺，苯胺（$C_6H_5NH_2$）、间苯二胺（NH_2 NH_2）等都是芳胺。

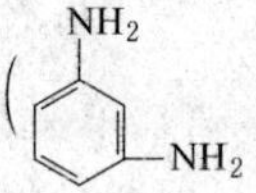

胺类还可以根据分子中氨基数目的不同，分为一元胺、二元胺等。例如，甲胺、乙胺、苯胺等都是一元胺，乙二胺、间苯二胺等都是二元胺。

2. 几种重要的胺

这里主要学习苯胺等几种重要的胺。

（1）苯胺　苯胺的结构简式如下。

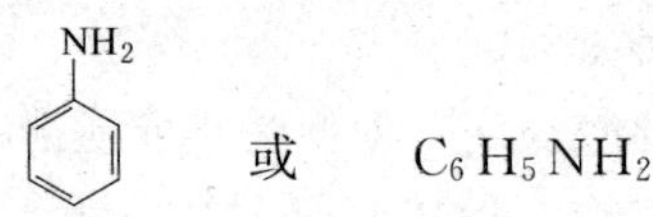

苯胺分子中含有氨基（$-NH_2$）官能团。

苯胺是一种具有特殊气味的无色油状液体，熔点是-6℃，沸点是184.4℃。它微溶于水，易溶于乙醚、乙醇、苯、汽油等有机溶剂。苯胺有毒，长期吸入苯胺蒸气或皮肤接触苯胺，都会使人中毒。因此在处理苯胺时要特别小心，注意通风，以防中毒。苯胺遇漂白粉溶液时，变成紫色，可利用这个反应来检验苯胺。

苯胺具有弱碱性，能与强酸起反应生成盐。例如苯胺能与盐酸起反应，生成盐酸苯胺。

$$C_6H_5NH_2 + HCl \longrightarrow \underset{\text{盐酸苯胺}}{C_6H_5-NH_3Cl}\ (\text{或}\ C_6H_5NH_2 \cdot HCl)$$

---

[1] 芳胺为高沸点液体或低熔点固体，一般难溶于水。其毒性很大，而且蒸气能透过皮肤被人体吸收，所以在处理芳胺时要注意通风，以防中毒。

盐酸苯胺是白色片状晶体，易溶于水。它是弱碱强酸盐，水解后溶液显酸性。盐酸苯胺与碱（氢氧化钠或氢氧化钾）溶液起反应时，能重新得到苯胺。

$$C_6H_5NH_3Cl + NaOH \longrightarrow C_6H_5NH_2 + NaCl + H_2O$$

苯胺也能发生氧化反应。它很容易被氧化，放置在空气中，能被空气中的氧所氧化而颜色（由无色变成黄色，再变成棕色以至红棕色）变深。用氧化剂氧化苯胺时，生成较为复杂的混合物，主要产物决定于氧化剂的性质和反应的条件。例如，用重铬酸钾作氧化剂来氧化苯胺，在酸性条件下，经过复杂的氧化过程，生成物随着氧化程度的逐渐加深，颜色由绿变蓝，最后变成黑色。这种黑色产物叫做苯胺黑，它是一种黑色染料，曾用于棉织品的染色，因毒性大，已被淘汰。

苯胺还能与其他一些物质发生反应，生成多种染料，因此苯胺可用来制造染料，也可用于制造药物、橡胶的硫化促进剂等。

苯胺可由硝基苯还原制得，过去一般用铁和盐酸作还原剂生产苯胺；目前趋向于采用催化加氢法来制取苯胺，此法产率高达98%～99%，产品纯度高，适宜连续生产，并且几乎没有三废，中国已有用此法生产苯胺的。还可以在高温（200℃）、高压（6.08～10.1325MPa）并有催化剂 Cu_2O 存在的条件下，使氯苯与氨起反应制得苯胺。

$$C_6H_5Cl + 2NH_3 \xrightarrow[\text{高温、高压}]{\text{催化剂}} C_6H_5NH_2 + NH_4Cl$$

(2) 甲胺、二甲胺和三甲胺　胺也可以看作氨（NH_3）的烃基衍生物。甲胺（CH_3-NH_2）、二甲胺（$CH_3-NH-CH_3$）和三甲胺（$CH_3-N(CH_3)-CH_3$）可以看作是氨分子中的氢原子分别被一个、两个和三个甲基取代后的生成物。

在胺分子中，氮原子与一个烃基相连的称做伯胺（如甲胺），氮原子与两个烃基相连的称做仲胺（如二甲胺），氮原子与三个烃基相连的称做叔胺（如三甲胺）。

在常温下，甲胺、二甲胺和三甲胺都是气体[1]，甲胺和二甲胺具有氨的气味，三甲胺有鱼腥味，腌鱼的腥味就是因三甲胺产生的。它们都易溶于水，能溶于乙醇和乙醚。三种胺都容易燃烧，与空气能形成爆炸性混合物。它们都具有弱碱性。

甲胺、二甲胺和三甲胺都是有机合成原料，主要用来制造药物、染料、橡胶硫化促进剂及表面活性剂等。

工业上用氨与甲醇在高温（380～450℃）、高压（5.66MPa）和催化剂（Al_2O_3）存在下起反应来制取甲胺、二甲胺和三甲胺。

$$CH_3OH + NH_3 \xrightarrow[\text{高温、高压}]{\text{催化剂}} \underset{\text{甲胺}}{CH_3NH_2} + H_2O$$

$$CH_3NH_2 + CH_3OH \longrightarrow \underset{\text{二甲胺}}{(CH_3)_2NH} + H_2O$$

$$(CH_3)_2NH + CH_3OH \longrightarrow \underset{\text{三甲胺}}{(CH_3)_3N} + H_2O$$

这样得到的产物是三种胺的混合物，其中主要成分是二甲胺和三甲胺。混合产物经压缩分馏及萃取分离，就可得到较纯的甲胺、二甲胺和三甲胺。

（3）乙二胺　乙二胺的结构简式是

$$H_2N—CH_2—CH_2—NH_2 \quad \text{或} \quad H_2NCH_2CH_2NH_2$$

乙二胺是一种无色黏稠液体，具有氨的气味，熔点是8.5℃，沸点是117℃，能溶于水和乙醇，不溶于乙醚和苯。乙二胺具有弱碱性。

乙二胺是制造药物、乳化剂和杀虫剂的原料，在塑料工业上用作环氧树脂的固化剂。

乙二胺在碳酸钠溶液中与氯乙酸钠起反应，能生成乙二胺四乙酸钠，经酸化后即得乙二胺四乙酸，其结构简式如下。

---

[1] 乙胺常温下是气体，丙胺以上是液体，高级胺是固体。低级胺有氨的气味或鱼腥味，高级胺气味较淡或无气味。胺在水中的溶解度略大于相应的醇。

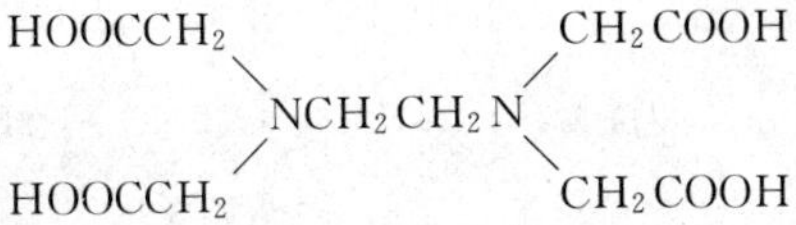

$$\begin{array}{l} HOOCCH_2 \qquad\qquad\qquad CH_2COOH \\ \qquad \diagdown \qquad\qquad\qquad \diagup \\ \qquad\quad NCH_2CH_2N \\ \qquad \diagup \qquad\qquad\qquad \diagdown \\ HOOCCH_2 \qquad\qquad\qquad CH_2COOH \end{array}$$

乙二胺四乙酸简称 EDTA，能与许多金属离子形成稳定的配合物，是化学分析上常用的金属离子配合剂。

氨基是胺类的官能团。

脂肪胺和芳胺都具有弱碱性，能与盐酸反应生成盐。脂肪胺对氧化剂比较稳定，而芳胺则很容易被氧化。此外，胺还能发生取代等许多反应。

二、酰胺

已经知道，一元羧酸的通式是 $R-\overset{\overset{\displaystyle O}{\|}}{C}-OH$ 或 RCOOH。

羧酸分子中的羟基被氨基取代后所生成的化合物叫做酰[1]胺。它们的通式是 $R-\overset{\overset{\displaystyle O}{\|}}{C}-NH_2$，其中 $R-\overset{\overset{\displaystyle O}{\|}}{C}-$（或 RCO—）叫做酰基。因此，酰胺也可以看作是氨分子中的氢原子被酰基取代后的生成物。

酰基是羧酸分子去掉羟基后剩余的部分，其名称依原来的羧酸而定。

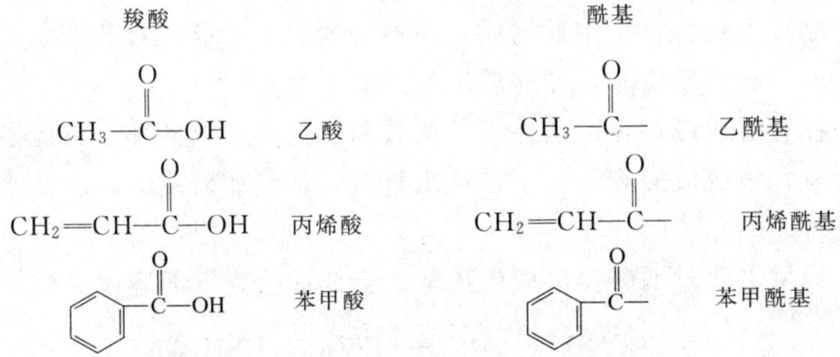

羧酸		酰基	
$CH_3-\overset{\overset{\displaystyle O}{\|}}{C}-OH$	乙酸	$CH_3-\overset{\overset{\displaystyle O}{\|}}{C}-$	乙酰基
$CH_2=CH-\overset{\overset{\displaystyle O}{\|}}{C}-OH$	丙烯酸	$CH_2=CH-\overset{\overset{\displaystyle O}{\|}}{C}-$	丙烯酰基
$C_6H_5-\overset{\overset{\displaystyle O}{\|}}{C}-OH$	苯甲酸	$C_6H_5-\overset{\overset{\displaystyle O}{\|}}{C}-$	苯甲酰基

1. 酰胺的命名

酰胺的命名方法，是在酰基之后加上氨基名称，同时省去“基”字。例如

---

[1] 酰音 xiān。

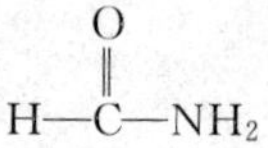

$$H-\overset{\overset{\displaystyle O}{\|}}{C}-NH_2$$ 甲酰胺

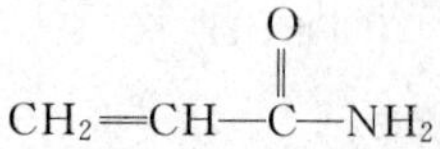

$$CH_2=CH-\overset{\overset{\displaystyle O}{\|}}{C}-NH_2$$ 丙烯酰胺

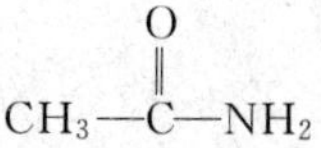

$$CH_3-\overset{\overset{\displaystyle O}{\|}}{C}-NH_2$$ 乙酰胺

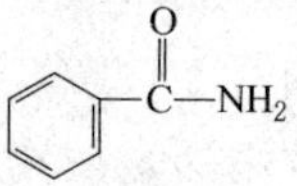

$$C_6H_5-\overset{\overset{\displaystyle O}{\|}}{C}-NH_2$$ 苯甲酰胺

酰胺分子中氮原子上的氢原子被烃基取代后所生成的取代酰胺，命名时称做 *N*-烃基“某”酰胺。例如

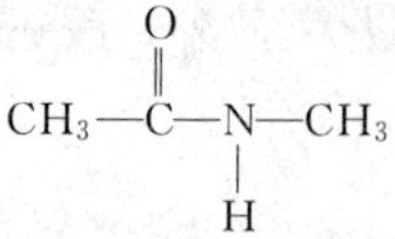

$$CH_3-\overset{\overset{\displaystyle O}{\|}}{C}-\underset{\underset{\displaystyle H}{|}}{N}-CH_3$$ *N*-甲基乙酰胺

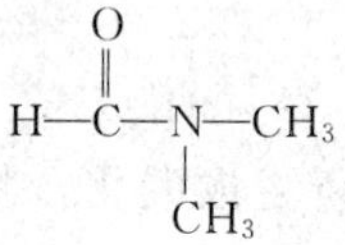

$$H-\overset{\overset{\displaystyle O}{\|}}{C}-\underset{\underset{\displaystyle CH_3}{|}}{N}-CH_3$$ *N*,*N*-二甲基甲酰胺

2. 酰胺的性质

酰胺类化合物中，常温时除甲酰胺是液体外，其余都是晶体。低级酰胺易溶于水，随着相对分子质量的增大，溶解度逐渐减小。液态酰胺能溶解多种有机物，是优良的溶剂。

酰胺类化合物是中性物质，在通常情况下不能使石蕊变色。当与强酸或强碱起反应时，才显弱碱性或弱酸性。

在有酸或碱存在的条件下，酰胺和水共同加热煮沸，就能发生水解反应，生成羧酸和氨。一般在水解时，都要加碱或酸，以使水解容易进行。

如果水解时加碱，生成的羧酸就会变成盐，氨即逸出。例如

$$RCONH_2+NaOH\xrightarrow{\triangle}RCOONa+NH_3\uparrow$$

如果水解时加酸，就生成羧酸和铵盐。例如

$$RCONH_2+HCl+H_2O\xrightarrow{\triangle}RCOOH+NH_4Cl$$

酰胺不能发生脱水反应，降级反应等。

3. 几种重要的酰胺

(1) 碳酰胺　碳酰胺俗称尿素，也叫脲。它的分子式是$CO(NH_2)_2$，

结构简式是

$$NH_2-\overset{\overset{\large O}{\|}}{C}-NH_2$$

尿素存在于人和哺乳动物的尿中，成人每天排泄的尿中约含尿素30g。近代工业上是在温度为180℃，压力为20.2MPa时，使二氧化碳和过量的氨起反应来制取尿素的。

$$2NH_3 + CO_2 \xrightarrow[\text{加热、加压}]{} CO(NH_2)_2 + H_2O$$

尿素是菱形或针状晶体，熔点是132.7℃。它易溶于水和乙醇，不溶于乙醚。

尿素也是一种酰胺，具有酰胺类化合物的一般化学性质。但由于分子中两个氨基同时连接在一个羰基上，因此它还具有一定的特性。

尿素具有极弱的碱性，其水溶液不能使石蕊变色，能与强酸起反应。

尿素在酸、碱或尿素酶的存在下，能发生水解反应生成铵盐或氨。例如

$$CO(NH_2)_2 + H_2O + 2HCl \xrightarrow{\triangle} 2NH_4Cl + CO_2\uparrow$$

$$CO(NH_2)_2 + 2NaOH \longrightarrow Na_2CO_3 + 2NH_3\uparrow$$

$$CO(NH_2)_2 + H_2O \xrightarrow{\text{尿素酶}} CO_2\uparrow + 2NH_3\uparrow$$

因此尿素可用来作氮肥。

尿素能与亚硝酸（HNO_2）起反应生成二氧化碳和氮气。此反应称做放氮反应。

$$CO(NH_2)_2 + 2HNO_2 \longrightarrow CO_2\uparrow + 2N_2\uparrow + 3H_2O$$

这个反应在定量进行时，医疗上用以测定氮的体积来分析尿素的含量。也可以用此反应来除去某些反应中残留的过量亚硝酸。

尿素主要用作农用化肥，它是一种高效固体氮肥，含氮量高达46.6%，肥效快，适用于各种土壤和农作物。尿素也是重要的有机合成原料，可用于制造脲甲醛塑料，也可用于合成重要的药物（如巴比妥、苯巴比妥都是常用的安眠药）。

（2）*N*,*N*-二甲基甲酰胺　*N*,*N*-二甲基甲酰胺简称二甲基甲酰

胺，它的结构简式是

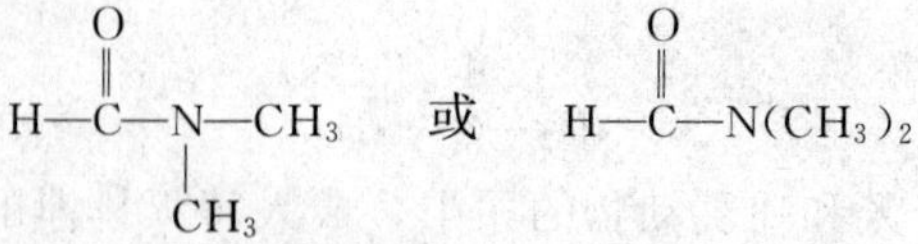

$$H-\overset{\overset{O}{\|}}{C}-\underset{\underset{CH_3}{|}}{N}-CH_3 \quad 或 \quad H-\overset{\overset{O}{\|}}{C}-N(CH_3)_2$$

二甲基甲酰胺是无色油状液体，具有氨的气味，沸点是153℃，能与水及大多数有机溶剂混溶。它是一种优良的高沸点极性溶剂，能使许多难溶于一般有机溶剂的有机物溶解。此外，它还用作丁二烯和萘等的萃取剂以及气相色谱分析的固定液。

工业上用甲醇、氨及一氧化碳在高压（5.06MPa）下起反应来制取二甲基甲酰胺。

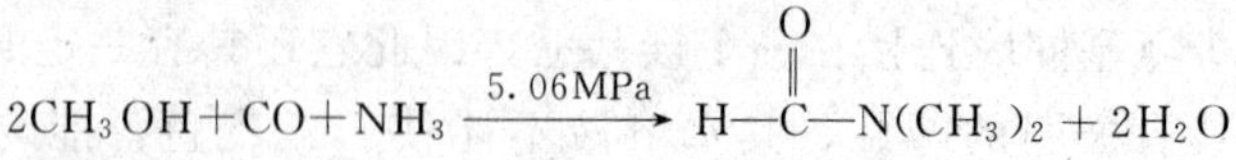

$$2CH_3OH + CO + NH_3 \xrightarrow{5.06MPa} \underset{二甲基甲酰胺}{H-\overset{\overset{O}{\|}}{C}-N(CH_3)_2} + 2H_2O$$

[选学]

4. 羧酸衍生物

羧酸分子中的羟基被其他原子或原子团取代后所生成的化合物，叫做羧酸衍生物。羧酸衍生物分子中都含有酰基。重要的羧酸衍生物除我们学过的酯和酰胺外，还有酰卤、酸酐等。

（1）酰卤

羧酸分子中的羟基被卤原子取代后所生成的化合物叫做酰卤。它们的通式是

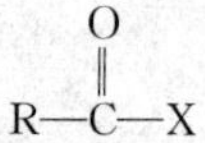

$$R-\overset{\overset{O}{\|}}{C}-X$$

酰卤的命名方法与酰胺相似，是在酰基的名称之后加上卤素的名称，同时省去“基”字。例如

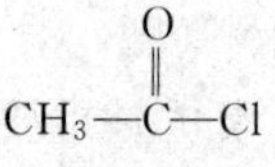

$$\underset{乙酰氯}{CH_3-\overset{\overset{O}{\|}}{C}-Cl} \qquad \underset{丙烯酰氯}{CH_2=CH-\overset{\overset{O}{\|}}{C}-Cl} \qquad \underset{苯甲酰氯}{C_6H_5-\overset{\overset{O}{\|}}{C}-Cl}$$

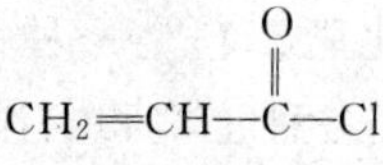

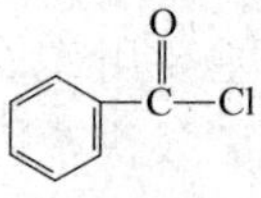

在酰卤中，酰氯的应用最广泛。

低级酰氯是无色具有刺激性气味的液体，高级酰氯为无色固体。酰氯的沸

点比相应的羧酸低。

酰氯的化学性质很活泼，容易与水、醇、氨等起反应，氯原子可分别被羟基、烷氧基和氨基取代，生成羧酸、酯和酰胺，并放出氯化氢。这些反应分别称做水解、醇解和氨解。

水解：$CH_3-\overset{O}{\overset{\|}{C}}-Cl + H_2O \longrightarrow CH_3-\overset{O}{\overset{\|}{C}}-OH + HCl$

醇解：$CH_3-\overset{O}{\overset{\|}{C}}-Cl + CH_3CH_2OH \longrightarrow CH_3-\overset{O}{\overset{\|}{C}}-OCH_2CH_3$

氨解：$CH_3-\overset{O}{\overset{\|}{C}}-Cl + NH_3 \longrightarrow CH_3-\overset{O}{\overset{\|}{C}}-NH_2 + HCl$

其中的水解反应进行得比较剧烈，即使空气中的水蒸气也能使它发生水解，所以在贮存和使用酰氯时，应防止水分进入。

从上述反应还可以看出，反应的结果可以看成水、醇和氨分子中的一个氢原子被酰基取代，即在水、醇和氨分子中引入了酰基。因此这类反应通常又称为酰基化反应。酰氯是最常用的酰基化剂，如乙酰氯用作乙酰化剂，苯甲酰氯也是重要的酰基化剂等。

(2) 酸酐

两个一元羧酸分子进行分子间脱水或一个二元羧酸分子进行分子内脱水后所生成的化合物叫做酸酐。酸酐简称酐。

酸酐通常按照来源的羧酸来命名，在酐的前面冠以羧酸的名称，"酸"字一般可以省略。例如

$CH_3-\overset{O}{\overset{\|}{C}}-O-\overset{O}{\overset{\|}{C}}-CH_3$

乙酸酐(乙酐)

$CH_3-\overset{O}{\overset{\|}{C}}-O-\overset{O}{\overset{\|}{C}}-CH_2-CH_3$

乙丙酸酐(乙丙酐)

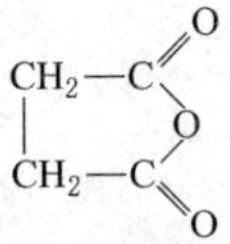

$\begin{matrix} CH_2-C(=O) \\ | \quad\quad\quad \rangle O \\ CH_2-C(=O) \end{matrix}$

丁二酸酐(丁二酐)

$C_6H_4\begin{matrix} C(=O) \\ \quad\rangle O \\ C(=O) \end{matrix}$

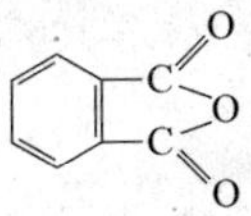

邻苯二甲酸酐(苯酐)

低级酸酐是具有刺激性气味的无色液体，沸点稍高于相应的羧酸。高级酸酐是无色固体。

酸酐的化学性质与酰氯相似，也能发生水解，醇解、氨解等反应。例如

$$\underset{\text{乙酐}}{CH_3-\overset{\overset{\large O}{\|}}{C}-O-\overset{\overset{\large O}{\|}}{C}-CH_3} + H_2O \xrightarrow{\triangle} \underset{\text{乙酸}}{2CH_3-\overset{\overset{\large O}{\|}}{C}-OH}$$

$$\underset{\text{乙酐}}{CH_3-\overset{\overset{\large O}{\|}}{C}-O-\overset{\overset{\large O}{\|}}{C}-CH_3} + CH_3CH_2OH \longrightarrow \underset{\text{乙酸乙酯}}{CH_3-\overset{\overset{\large O}{\|}}{C}-OCH_2CH_3} + CH_3-\overset{\overset{\large O}{\|}}{C}-OH$$

$$\underset{\text{乙酐}}{CH_3-\overset{\overset{\large O}{\|}}{C}-O-\overset{\overset{\large O}{\|}}{C}-CH_3} + 2NH_3 \longrightarrow \underset{\text{乙酰胺}}{CH_3-\overset{\overset{\large O}{\|}}{C}-NH_2} + \underset{\text{乙酸铵}}{CH_3-\overset{\overset{\large O}{\|}}{C}-ONH_4}$$

反应的结果也是在水、醇和氨分子中引入了酰基，所以酸酐也是常用的酰基化剂。

酸酐没有酰氯活泼，因此上述反应的速率，比相应的酰氯缓和。例如乙酰氯遇水能发生剧烈的水解反应，但酸酐遇水后，则需要加热才能发生水解反应。

乙酸酐（乙酐）俗称醋酐，是一种重要的酸酐。它是具有刺激性气味的无色液体，容易燃烧，沸点是139.6℃，它是一种良好的有机溶剂，也是一种常用的乙酰化剂。乙酐在工业上大量用来制造乙酸纤维和电影胶片，也用于染料、医药、香料等工业中。

学习了酰氯、酸酐、酯、酰胺四类羧酸衍生物。由于它们的分子中都含有酰基，因此在性质上存在许多共同性，如都能发生水解生成羧酸，醇解生成酯，氨解生成酰胺。但是它们分子中与酰基相连的原子或原子团不同，所以在性质上也有一定的差别。一般来说，酰卤最活泼，酰胺较不活泼。它们酰基化能力的顺序是

$$\text{酰卤} > \text{酸酐} > \text{酯} > \text{酰胺}$$

第三章　糖类　蛋白质

在自然界里，糖类、蛋白质和油脂都是天然的有机化合物，是人类重要的营养物质，是动植物等进行生命活动的重要有机物。在日常生活和工农业生产中，人们从动、植物等生物体中取得糖类、蛋白质、油脂等多种多样的化合物作为吃、穿、用等方面的必需品，已经有非常悠久的历史。本章将学习糖类和蛋白质这两类物质。

第一节　糖　　类

糖类主要存在于植物中，它是绿色植物光合作用的主要产物。糖类把能量贮存起来，又作为动、植物所需要能量的重要来源（根据中国居民的食物构成，人们每天摄取的热能中大约有75%来自糖类），对于维持动、植物的生命起着重要的作用。同时又是纺织、造纸、食品、药物等工业的重要原料。

糖类是自然界里存在最多的一类有机化合物，例如葡萄糖、蔗糖、淀粉、纤维素等都属于糖类。糖类也叫碳水化合物。由于人们最初发现这类化合物都是由碳、氢、氧三种元素组成，而且分子中氢原子和氧原子数之比恰好是2∶1，它们的分子式可以用通式$C_n(H_2O)_m$（n和m可以相同，也可以不同）来表示，如葡萄糖的分子式是$C_6H_{12}O_6$，可以用$C_6(H_2O)_6$表示；蔗糖的分子式是$C_{12}H_{22}O_{11}$，可以用$C_{12}(H_2O)_{11}$表示。因此就错误地将这类物质看作是碳的水化物，叫做碳水化合物。但是，随着科学的发展，有机物数量的不断增多，发现碳水化合物这个名称并不能反映它们的结构特点。首先在碳水化合物分子中，氢和氧并不是以结合成水的形式存在着。还有，在已发现的许多碳水化合物分子中，氢原子和氧原子数之比并不等于2∶1，

如鼠李糖 $C_6H_{12}O_5$；而且有许多分子式符合 $(C_nH_2O)_m$ 通式的化合物，如甲醛 CH_2O、乙酸 $C_2H_4O_2$ 等，它们并不属于碳水化合物。因此碳水化合物这个名称已失去原来的意义，但沿用已久，所以现在仍在使用。近代科学研究证明，**从结构上看，糖类一般是多羟基醛或多羟基酮，以及能水解生成它们的物质**。

糖类常根据它能否水解，以及水解后生成的物质分为单糖、低聚糖和多糖三类。

一、单糖

单糖是不能水解的简单糖类，它是最简单的多羟基醛或多羟基酮。

在自然界里，单糖的种类很多，根据分子中所含碳原子的数目可分为丙糖、丁糖、戊糖、己糖等；根据分子中所含羰基可分为醛糖和酮糖两类，分子中含有醛基的叫醛糖，分子中含有酮基的叫酮糖。葡萄糖和果糖是最常见和最重要的单糖。

1. 葡萄糖

葡萄糖是自然界分布最广的单糖。它存在于蜂蜜、成熟的葡萄、带甜味的水果以及植物的种子、根、茎、叶、花中，动物的血液[1]、脑脊髓液中也含有少量葡萄糖。

(1) 葡萄糖的结构和性质　葡萄糖的分子式是 $C_6H_{12}O_6$，结构简式是

$$CH_2OH—CHOH—CHOH—CHOH—CHOH—CHO$$

或

$$CH_2OH(CHOH)_4CHO$$

葡萄糖是一种多羟基醛。它是一种己醛糖。

葡萄糖是一种白色晶体，熔点146℃，易溶于水，稍溶于酒精，不溶于乙醚和烃类。它具有甜味，但不如蔗糖甜，其甜度约为蔗糖的70%。

葡萄糖是醛糖，分子中含有醛基，容易被氧化成羧基，使葡萄糖变为葡萄糖酸（简称葡萄酸），例如，葡萄糖能与硝酸银的氨溶液起银镜反应，也能被新制的氢氧化铜氧化，把氢氧化铜还原成红色的氧

---

[1] 正常人的血液里约含质量分数为0.1%的葡萄糖，叫做血糖。

化亚铜沉淀。这两个反应可用化学方程式简单表示如下。

$$CH_2OH-(CHOH)_4-CHO+2[Ag(NH_3)_2]OH \longrightarrow CH_2OH-(CHOH)_4-COONH_4+2Ag\downarrow+H_2O+3NH_3$$

葡萄酸

$$CH_2OH-(CHOH)_4-CHO+2Cu(OH)_2 \longrightarrow CH_2OH-(CHOH)_4-COOH+Cu_2O\downarrow+2H_2O$$

葡萄糖具有还原性。因此，凡能与银氨溶液起银镜反应（或能使新制的氢氧化铜还原成红色的氧化亚铜）的糖类化合物，统称为还原性糖。反之，则为非还原性糖。葡萄糖就是一种还原性糖。

葡萄糖与醛类一样，分子中醛基上的碳氧双键能够发生加成反应，例如葡萄糖在催化加氢时能被还原为六元醇（己六醇）。

$$CH_2OH-(CHOH)_4-CHO+H_2 \xrightarrow[\triangle]{Ni} CH_2OH-(CHOH)_4-CH_2OH$$

葡萄糖分子中含有醇羟基，能与酸起酯化反应。

(2) 葡萄糖的制法　在工业上，通常采用淀粉作原料，用硫酸等无机酸作催化剂，加热到 144～147℃时，发生水解反应而制得葡萄糖。

$$(C_6H_{10}O_5)_n+nH_2O \xrightarrow[\triangle]{催化剂} nC_6H_{12}O_6$$

淀粉

(3) 葡萄糖的用途　葡萄糖是人体新陈代谢不可缺少的一种重要营养物质，它是人类生命活动所需能量的重要来源之一，它在人体组织中进行氧化反应而放出热量，以供应人们所需要的能量。

$$C_6H_{12}O_6(s)+6O_2(g) \longrightarrow 6CO_2(g)+6H_2O(l);\Delta H=-2804kJ/mol$$

1mol 葡萄糖完全氧化，放出约 2804kJ 的能量。

葡萄糖在医药上用作营养剂[1]，并有强心、利尿、解毒等作用。它也是制备维生素 C、葡萄糖酸钙等药物的原料，葡萄糖酸钙是重要的补钙药物，与维生素 D 合用，可以治疗小儿佝偻病（钙缺乏病）。

制镜工业和热水瓶胆镀银常用葡萄糖作还原剂。葡萄糖在食品工

---

[1] 葡萄糖可不经过消化过程而直接为人体所吸收。因此，体弱和血糖过低的患者可利用静脉注射葡萄糖溶液的方式来迅速补充营养。

业上用于制糖浆、糖果等。

[阅读]

葡萄糖与糖尿病

糖尿病患者尿液中含有葡萄糖，含糖量越高，病情越重。因此，只要测出尿中葡萄糖的含量，就可以判断出患者的病情。过去医疗上是根据葡萄糖与新制$Cu(OH)_2$起反应的原理测定的，现在已改用仪器检测，既快捷又方便。在家中则可用特制的试纸来检测。

2．果糖

果糖是自然界中分布很广的一种单糖。它广泛存在于植物中，与葡萄糖共存于蜂蜜和许多水果（果糖因此而得名）里。

果糖的分子式是 $C_6H_{12}O_6$，与葡萄糖互为同分异构体。实验证明，果糖的结构简式是

$$CH_2OH—CHOH—CHOH—CHOH—CO—CH_2OH$$

果糖是一种多羟基酮。它是一种己酮糖。

果糖是白色晶体，熔点是 102℃，不易结晶，通常为黏稠的液体。果糖味最甜（比蔗糖更甜），易溶于水，也能溶于乙醇和乙醚。

果糖分子中含有酮基（ $-\overset{\displaystyle O}{\overset{\|}{C}}-$ ），在催化加氢时也能被还原成己六醇。果糖是酮糖，分子中虽不含醛基，但在碱性溶液中能转变为葡萄糖（醛糖），因此也能与银氨溶液发生银镜反应，能使新制的氢氧化铜还原成红色的氧化亚铜，所以果糖也是一种还原性糖。

工业上可使蔗糖水解得到果糖。

果糖可作营养剂，它在体内极易转变为葡萄糖。果糖也可用于食品工业中作调味剂。

[阅读]

3．核糖

核糖是分子中含有 5 个碳原子的糖——戊糖（戊醛糖）。重要的戊醛糖有核糖和脱氧核糖。它们的分子式分别是 $C_5H_{10}O_5$ 和 $C_5H_{10}O_4$，结构简式是

$$CH_2OH—CHOH—CHOH—CHOH—CHO$$

核糖

$$CH_2OH—CHOH—CHOH—CH_2—CHO$$

脱氧核糖

它们一般以结合的形式存在于生物体中，是细胞核的重要组成部分，是人类生命活动中不可缺少的物质。

二、二糖

糖类每一个分子水解后能生成几个分子单糖的叫做低聚糖。每个分子水解后能生成二分子单糖的低聚糖叫**二糖**，能生成三分子单糖的低聚糖叫**三糖**等。二糖是最重要的低聚糖。蔗糖和麦芽糖都是最常见的二糖。

1. 蔗糖

蔗糖是自然界分布最广的二糖。它广泛存在于植物的茎、叶、种子、根和果实内，其中以甘蔗的茎和甜菜的块根含量（含糖质量分数分别为11%～17%和14%～26%）最多。

蔗糖在工业上是将甘蔗或甜菜经榨汁、浓缩、结晶等操作过程而制得，所以叫做蔗糖，也叫做甜菜糖。

蔗糖为无色晶体，熔点是180℃，易溶于水。它具有甜味，其甜味超过葡萄糖，但不及果糖。

蔗糖的分子式是$C_{12}H_{22}O_{11}$，分子中不含醛基。因此蔗糖与银氨溶液不起银镜反应，也不能还原新制的氢氧化铜。蔗糖不显还原性，是一种非还原性糖。蔗糖在硫酸等无机酸或酶的催化作用下，能发生水解反应，1mol蔗糖水解生成1mol葡萄糖和1mol果糖。

$$\underset{\text{蔗糖}}{C_{12}H_{22}O_{11}}+H_2O\xrightarrow{\text{催化剂}}\underset{\text{葡萄糖}}{C_6H_{12}O_6}+\underset{\text{果糖}}{C_6H_{12}O_6}$$

因此蔗糖水解后能发生银镜反应，也能还原新制的氢氧化铜。

蔗糖是重要的甜味食物，是人类生活中不可缺少的食用糖，人们所食用的白糖、冰糖、红糖的主要成分都是蔗糖。它在医药上用作矫味剂，常制成糖浆应用。

2. 麦芽糖

麦芽糖的分子式是$C_{12}H_{22}O_{11}$，它是蔗糖的同分异构体。麦芽糖是白色晶体，熔点是160～165℃，常见的麦芽糖是没有结晶的糖膏。

麦芽糖易溶于水，有甜味，但不如蔗糖甜。麦芽糖分子中含有醛基，能发生银镜反应，也能还原新制的氢氧化铜，因此，麦芽糖是一种还原性糖。麦芽糖在硫酸等无机酸或酶的催化作用下，能发生水解反应，1mol 麦芽糖水解生成 2mol 葡萄糖。

$$\underset{\text{麦芽糖}}{C_{12}H_{22}O_{11}} + H_2O \xrightarrow{\text{催化剂}} \underset{\text{葡萄糖}}{2C_6H_{12}O_6}$$

自然界不存在游离的麦芽糖。通常麦芽糖是用含淀粉较多的农产品（如大米、玉米、薯类等）为原料在淀粉酶（一种蛋白质）的催化作用下，在约 60℃时，发生水解反应而制得。在大麦的芽中通常含有淀粉酶，工业上通常就是用麦芽使淀粉水解的，麦芽糖即由此而得名。

麦芽糖是饴糖的主要成分（如高粱饴）。它还用于食品工业以及作为微生物的培养基。麦芽糖也用作甜味食物。

三、多糖

糖类水解后能生成许多分子单糖的叫做多糖。

多糖是广泛存在于自然界中的一类天然有机高分子化合物。它可以看作是由许多个单糖分子按照一定的方式，通过分子间脱去水分子结合而成的化合物。多糖的性质与单糖、低聚糖有较大的差别。多糖一般为无定形固体，没有甜味，没有还原性，大多数多糖难溶于水，有的能与水形成胶体溶液。

淀粉和纤维素是自然界中最常见和最重要的多糖，它们的通式是 $(C_6H_{10}O_5)_n$。淀粉和纤维素分子里所包含的单糖单元（$C_6H_{10}O_5$）的数目不相同，即 n 值不相同，它们在结构上也有所不同，它们不是同分异构体。

1. 淀粉

淀粉是绿色植物进行光合作用的产物，广泛存在于植物的种子、块根和茎中，其中谷类植物中含淀粉较多。例如，大米中约含淀粉 80%，小麦中约含 70%，马铃薯中约含 20%等。

淀粉主要由直链淀粉和支链淀粉两部分组成。在大多数淀粉中，直链淀粉的含量为 10%～20%，支链淀粉为 80%～90%。直链淀粉分子中约含几百个葡萄糖单元，它的相对分子质量从几万到十几万；支链淀粉分子中约含几千个葡萄糖单元，它的相对分子质量约为几十万。淀粉是一类相对分子质量很大的化合物。这类**相对分子质量很大的化合物通常叫做高分子化合物**。淀粉、纤维素和蛋白质都是天然有机高分子化合物。

(1) 淀粉的性质　淀粉是白色粉末状物质，不溶于冷水。在热水中淀粉颗粒会膨胀破裂。直链淀粉能溶于热水而不成糊状，所以又称可溶性淀粉。支链淀粉又称不溶性溶粉，不溶于水，但能在热水中形成胶状淀粉糊，这一过程称为糊化作用。糊化是淀粉食品加热烹制时的基本变化，也就是常说的食物由生变熟。

不论是直链淀粉，还是支链淀粉，在加热和稀酸或酶的催化作用下，都能发生逐步水解反应，生成一系列比淀粉分子小的中间产物，最后得到葡萄糖。水解过程如下。

$$\underset{\text{淀粉}}{(C_6H_{10}O_5)_n}\xrightarrow[\text{酸或酶}]{H_2O}\underset{\text{糊精}}{(C_6H_{10}O_5)_m}\xrightarrow[\text{酸或酶}]{H_2O}\underset{\text{麦芽糖}}{C_{12}H_{22}O_{11}}\xrightarrow[\text{酸或酶}]{H_2O}\underset{\text{葡萄糖}}{C_6H_{12}O_6}$$

淀粉水解最后生成葡萄糖，可用化学方程式表示如下。

$$\underset{\text{淀粉}}{(C_6H_{10}O_5)_n}+nH_2O\xrightarrow{H^+\text{或酶}}\underset{\text{葡萄糖}}{nC_6H_{12}O_6}$$

淀粉在人体内也进行水解。当人们在咀嚼食物的时候，一部分淀粉受唾液所含淀粉酶（一种蛋白质）的催化作用，发生水解，生成了麦芽糖。因此，在吃米饭或馒头时多加咀嚼，常有甜味感。余下的淀粉在小肠里，在胰脏分泌出的淀粉酶的催化作用下，继续发生水解，生成麦芽糖，麦芽糖在肠液中麦芽糖酶的催化作用下，水解生成葡萄糖，经过肠壁的吸收，进入血液，供给人体组织的营养需要。

淀粉没有还原性，不能发生银镜反应，也不能还原新制的氢氧化铜。

淀粉遇碘呈蓝色。这一性质可用于淀粉的检验。

(2) 淀粉的用途　淀粉是食物的一种重要成分，是人体的重要能源。

淀粉水解的中间产物糊精，是相对分子质量比淀粉小的多糖，能溶于水，可作糨糊，也可作纸张、布匹等的上浆剂。

淀粉也是一种重要的工业原料，可用来制造葡萄糖和酒精。用含淀粉物质酿酒的主要过程，就是使淀粉在淀粉酶的催化作用下，先转化为麦芽糖，再转化为葡萄糖，葡萄糖在酒曲中酒化酶的催化作用下，转变成酒精，同时放出二氧化碳。葡萄糖转变为酒精的反应可简略表示如下。

$$C_6H_{12}O_6 \xrightarrow{\text{酒化酶}} 2C_2H_5OH + 2CO_2$$

2. 纤维素

纤维素是自然界分布最广的一种多糖。它是构成植物茎干的主要成分，是构成植物细胞壁的基础物质，因此一切植物中均含纤维素。棉花是自然界中较纯的纤维素，约含纤维素 92%～95%（质量分数）脱脂棉和无灰滤纸差不多是纯粹的纤维素。木材约含纤维素 50%，亚麻约含 80%。

纤维素是由许多葡萄糖分子通过分子间脱水结合而成的直链高分子化合物。它的分子中约含几千个葡萄糖单元（$C_6H_{10}O_5$），相对分子质量约为几十万至百万，因此它也是天然有机高分子化合物。

（1）纤维素的性质　纤维素是白色、无气味，无味道的纤维状物质，不溶于水，也不溶于一般的有机溶剂，加热则分解，所以不能熔化。

与淀粉一样，纤维素没有还原性。

纤维素能发生水解，但较淀粉困难，一般需要在浓酸中或在高温、高压和稀酸存在下可以发生水解，水解的最后产物是葡萄糖。

$$\underset{\text{纤维素}}{(C_6H_{10}O_5)_n} + nH_2O \xrightarrow[\text{高温,高压}]{\text{稀酸}} \underset{\text{葡萄糖}}{nC_6H_{12}O_6}$$

在人体消化道中，没有能使纤维素水解的酶，所以纤维素不能作为人类的营养物质，但食物中的纤维素在人体消化过程中也起着重要作用，它刺激肠道蠕动和分泌消化液，有助于食物的消化和排泄。在食草动物的消化道中，能分泌纤维素酶使纤维素水解生成葡萄糖，成为食草动物的营养物质。

纤维素分子是由许多个葡萄糖单元构成的，每一个葡萄糖单元有三个醇羟基，因而纤维素分子也可以用 $[C_6H_7O_2(OH)_3]_n$ 表示。由于有这些醇羟基的存在，所以纤维素表现出醇的一些化学性质，如能与硝酸等无机酸和有机酸发生酯化反应等。

（2）纤维素的用途　纤维素在国民经济中有广泛的用途，棉麻纤维大量用于纺织工业。其他一些富含纤维素的物质（如木材、稻草、麦秸、蔗渣等）可以用来造纸。除此之外，纤维素还用于制造纤维素硝酸酯、纤维素乙酸酯、黏胶纤维和造纸等。

[阅读]

纤维素硝酸酯俗名硝酸纤维，是由棉花（主要成分是纤维素）与浓硝酸、浓硫酸的混合物在一定条件下起酯化反应而制得的。根据混合酸的浓度和反应条件的不同，纤维素的酯化程度也不同，因而可以得到不同的产物。酯化程度最高的产物是纤维素三硝酸酯，它的生成可用化学方程式表示如下。

$$\left[(C_6H_7O_2)\begin{matrix}\diagup OH\\ -OH\\ \diagdown OH\end{matrix}\right]_n + 3nHO-NO_2 \xrightarrow{\text{浓硫酸}} \left[(C_6H_7O_2)\begin{matrix}\diagup O-NO_2\\ -O-NO_2\\ \diagdown O-NO_2\end{matrix}\right]_n + 3nH_2O$$

纤维素　　　　硝酸　　　　　　纤维素三硝酸酯

或 $$[C_6H_7O_2(OH)_3]_n + 3nHNO_3 \xrightarrow{\text{浓硫酸}} [C_6H_7O_2(ONO_2)_3]_n + 3nH_2O$$

纤维素　　　　　　　　纤维素三硝酸酯

纤维素一般不容易完全酯化而生成纤维素三硝酸酯（含氮质量分数14.14%）。酯化程度不同的硝酸酯在性质上也有所不同。通常用测定含氮量来表示酯化的程度。工业上把含氮量（13%左右）高的纤维素硝酸酯叫做火棉，含氮量（11%左右）低的叫做胶棉。火棉在外表上与棉花相似，遇火即迅速燃烧，在密闭容器中发生爆炸，且生成物都是气体，不产生黑烟，所以火棉是制造无烟火药的原料。胶棉也易燃烧，但无爆炸性。将胶棉溶于乙醇和乙醚混合物中，制得胶棉的乙醇—乙醚溶液俗名珂罗酊，用于封闭瓶口、制喷漆及照相软片等。如果在胶棉的乙醇溶液或珂罗酊中加入樟脑，并进行热处理，就能制得赛璐珞（最早的塑料之一），可用于制造梳子、纽扣等日用品及玩具、钢笔杆、乒乓球等。

纤维素乙酸酯俗名醋酸纤维，是在少量浓硫酸存在的条件下，由棉花与乙酸和乙酐［$(CH_3CO)_2O$］的混合物反应制得。反应生成的三乙酸纤维素酯又硬又脆，无甚用途，常使其部分水解制得二乙酸纤维素酯。二乙酸纤维素酯能溶于丙酮中，其溶液经细孔压入到空气中，丙酮蒸发后即得到人造丝，可作纺织原料。另外，二乙酸纤维素酯不易燃烧，可用来制造电影安全胶片的片基。

黏胶纤维是一种人造纤维。将不适于纺织用的纤维素（如短棉绒）依次用20%（质量分数）的氢氧化钠溶液和二硫化碳处理，再把生成物溶解于稀氢氧化钠溶液中，即形成半透明的黏胶液，使其通过喷丝头的细孔，挤压到稀硫酸中，黏胶液分解重新生成纤维素，这就是黏胶纤维，如果把黏胶液通过狭缝压入稀酸中，可制成半透明的薄膜，俗称玻璃纸。黏胶纤维中的长纤维外形与天然丝一样，俗称人造丝，短纤维俗称人造棉，它们都可以用作纺织原料。黏胶纤维在橡胶工业中可用作轮胎的帘子线。玻璃纸可作包装材料。

造纸是中国古代四大发明之一，是中国劳动人民对人类文化的伟大贡献，近代造纸主要是以植物纤维为原料，植物纤维分为木材纤维和草本植物纤维，如芦苇、麦秸、稻草、蔗渣等。可以用机械法（磨碎）和化学处理法先把植物纤维制成纸浆。化学处理法是用亚硫酸氢钙或氢氧化钠等化学药品将原料中的非纤维素成分溶解后除去，使纤维素分离出来，得到化学纸浆。制成纸浆以后，再经过漂白、打浆、抄纸（铺成薄层）、烘干而成纸。

[阅读]

食品添加剂

食品添加剂是用于改善食品品质、延长食品保存期、增加食品营养成分的一类天然物质或化学合成物质。

什么物质能作食品添加剂和食品添加剂的用量，卫生部门都有严格的规定。如果在规定范围内使用食品添加剂，一般认为对人体无害。若违反规定，把一些不能作食品添加剂的物质当作食品添加剂，或者超量使用食品添加剂，都会损坏人体健康。例如，腌制肉类食品时，为了使其颜色更为鲜红，就超量使用添加剂硝酸盐或亚硝酸盐，这样会使肉类食品中产生亚硝胺（是一种致癌物质，有诱发人体患癌症的危险）；使用一些不能食用的染料给食物染色或配制饮料，均有可能危害人体健康或引起食物中毒，等等。

下表简单介绍了一些常用的食品添加剂。

一些常用的食品添加剂

类　别	功　　能	品　　　种
食品色素	调节食品色泽，改善食品外观	胡萝卜素(橙红色)、番茄红素(红色)、胭脂红酸(红色)、苋菜红(紫红色)、靛蓝(蓝色)、姜黄色素(黄色)、叶绿素(绿色)、柠檬黄(黄色)
食用香料	赋予食品香味，引人愉悦	花椒、茴香、桂皮、丁香油、柠檬油、水果香精
甜味剂	赋予食品甜味，改善口感	糖精(其甜味是蔗糖的300～500倍)、木糖醇(可供糖尿病患者食用)
鲜味剂	使食品呈现鲜味，引起食欲	味精(谷氨酸钠)
防腐剂	阻抑细菌繁殖，防止食物腐败	苯甲酸及其钠盐、山梨酸及其盐、丙酸钙
抗氧化剂	抗氧化，阻止空气中的氧气使食物氧化变质	抗坏血酸(维生素C)、维生素E、丁基羟基茴香醚
营养强化剂	补充食物中缺乏的营养物质或微量元素	食盐加碘、粮食制品中加赖氨酸、食品中加维生素或硒、锗等微量元素

第二节　氨基酸　蛋白质

一、氨基酸

羧酸分子里烃基上的氢原子被其他原子或原子团取代后的生成物，叫做取代酸。根据取代基种类的不同，取代酸可分为卤代酸、羟基酸、羰基酸、氨基酸等。本书主要学习氨基酸。

羧酸分子里烃基上的氢原子被氨基取代后的生成物，叫做氨基酸。

1. 氨基酸的命名

氨基酸的系统命名法是以羧酸作母体，氨基当作取代基。分子中碳原子的位次可以用阿拉伯数字表示，从羧基碳原子开始编号；也可以用α、β、γ……希腊字母表示，从离羧基最近的碳原子开始编号。例如

$$\underset{\displaystyle NH_2}{\underset{|}{CH_2}}—COOH$$　　氨基乙酸（甘氨酸）

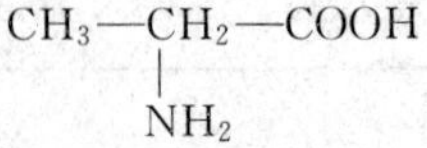

$$\mathrm{CH_3—\underset{\underset{NH_2}{|}}{CH_2}—COOH}$$ α-氨基丙酸（丙氨酸）

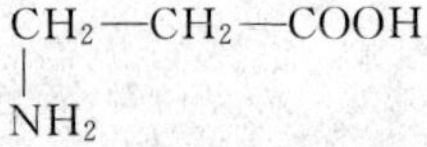

$$\mathrm{\underset{\underset{NH_2}{|}}{CH_2}—CH_2—COOH}$$ β-氨基丙酸

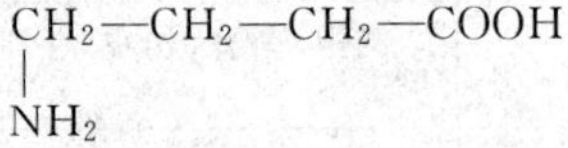

$$\mathrm{\underset{\underset{NH_2}{|}}{CH_2}—CH_2—CH_2—COOH}$$ γ-氨基丁酸

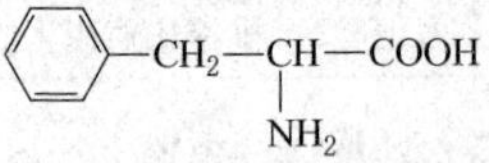

$$\mathrm{C_6H_5—CH_2—\underset{\underset{NH_2}{|}}{CH}—COOH}$$ α-氨基-β-苯基丙酸（苯丙氨酸）

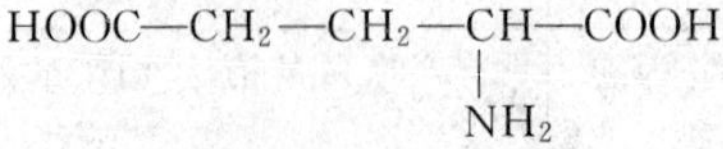

$$\mathrm{HOOC—CH_2—CH_2—\underset{\underset{NH_2}{|}}{CH}—COOH}$$ α-氨基戊二酸（谷氨酸）

α-氨基酸是组成蛋白质的结构单元，也可以说是蛋白质的基石。这里主要学习α-氨基酸。

2. 氨基酸的性质

氨基酸一般都是无色晶体，熔点较高，一般在200～300℃，易溶于水而不溶于乙醚、苯等非极性有机溶剂。

氨基酸分子中既含有酸性基（羧基），又含有碱性基（氨基），因此为两性化合物，既能与碱起反应生成盐，又能与酸起反应生成盐。例如

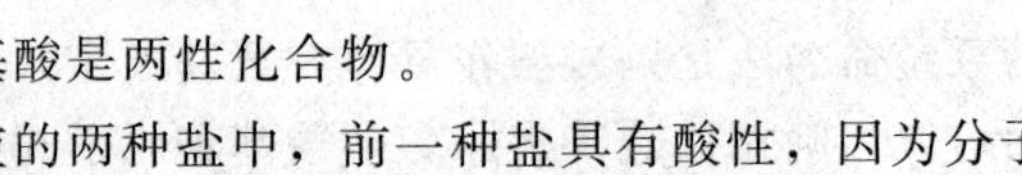

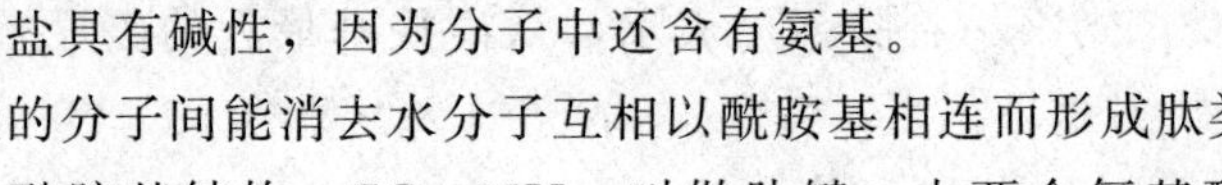

$$\mathrm{\underset{\underset{NH_2}{|}}{CH_2}—COOH + HCl \longrightarrow \left[\underset{\underset{NH_3^+}{|}}{CH_2}—COOH\right]Cl^-}$$

$$\mathrm{\underset{\underset{NH_2}{|}}{CH_2}—COOH + NaOH \longrightarrow \left[\underset{\underset{NH_2}{|}}{CH_2}—COO^-\right]Na^+ + H_2O}$$

因此氨基酸是两性化合物。

上述反应的两种盐中，前一种盐具有酸性，因为分子中还含有羧基；后一种盐具有碱性，因为分子中还含有氨基。

氨基酸的分子间能消去水分子互相以酰胺基相连而形成肽类化合物，其中的酰胺基结构—CO—NH—叫做肽键。由两个氨基酸分子（一分子中的羧基与另一分子中的氨基）间消去水分子而形成的含有

一个肽键的化合物叫二肽。反应的化学方程式如下。

$$H_2N-\underset{\underset{R}{|}}{CH}-CO-\boxed{OH+H}-NH-\underset{\underset{R'}{|}}{CH}-COOH\longrightarrow$$

$$H_2N-\underset{\underset{R}{|}}{CH}-\underbrace{CO-NH}_{\text{肽键}}-\underset{\underset{R'}{|}}{CH}-COOH+H_2O$$

由多个氨基酸分子间消去水分子而形成的含有多个肽键的高分子化合物叫多肽。多肽通常呈链状，多肽与蛋白质之间没有严格的区别，通常把相对分子质量小于1000的叫做多肽。

氨基酸不仅在生物的生命活动中具有重要意义，而且也应用于工业上，食品工业中广泛应用的味精，就是谷氨酸的钠盐。许多氨基酸是合成纤维的原料。目前正在发展用氨基酸来合成人造革、耐高温塑料、表面活性剂等。

二、蛋白质

1. 蛋白质的存在和组成

蛋白质是天然有机高分子化合物，广泛存在于生物体内，是组成细胞的基础物质。动物的肌肉、皮肤、血液、乳质、发、毛、蹄、角、指甲、蚕丝等都是由蛋白质构成的。许多植物（如大豆、花生、小麦、稻谷等）的种子里都含有蛋白质，如小麦种子里约含蛋白质18%。生物的一切生命现象和生理机能都离不开蛋白质。例如，催化体内绝大部分化学反应的酶，呼吸时将氧气输送到身体各部分的血红蛋白，调节新陈代谢作用的激素，与遗传密切相关的核蛋白，使动植物致病的病毒，能使细菌和病毒失去致病作用的抗体等，这些物质都含有蛋白质。因此可以说蛋白质是生命的基础，没有蛋白质就没有生命。

根据分析，蛋白质的成分里含有碳、氢、氧、氮、硫等元素，有些蛋白质还含有磷、铁、碘、锰、锌等元素。蛋白质是由许多α-氨基酸分子通过肽键构成的高分子化合物。它的相对分子质量很大，有的几万、几十万、几百万，个别的甚至几千万（如烟草斑纹病毒的核蛋白的相对分子质量超过两千万）。由于蛋白质的相对分子质量很大，组成蛋白质的氨基酸的种类和排列顺序各不相同，所以蛋白质的结构很复杂。研究蛋白质的结构与合成，进一步探索生命的奥秘，这是当前人类共同关心和科学研究中的重要课题。1965 年，中国科学家在世界上首次用人工方法合成了具有生命活力的蛋白质——结晶牛胰岛素，1971～1973 年又成功地用 X 光衍射法先后完成分辨率为 1.8×10^{-10}m 的胰岛素晶体结构测定工作。这些成果对于蛋白质的研究和认识生命现象都做出了积极的贡献。

2. 蛋白质的性质

有的蛋白质易溶于水（如鸡蛋白），不溶于有机溶剂。有的难溶于水（如丝、毛等）。

（1）水解　蛋白质在酸、碱或酶的作用下，能发生水解，先生成多肽，多肽进一步水解，最后得到 α-氨基酸。

（2）盐析　蛋白质分子的直径很大，达到了胶体微粒的大小，因此蛋白质溶液具有胶体的性质。向蛋白质溶液中加入浓无机盐（如硫酸钠、硫酸铵、氯化钠等）溶液，可使蛋白质的溶解度降低而从溶液中析出。这种作用称做盐析。这样析出的蛋白质仍可溶解在水中，而不影响原来蛋白质的性质。因此盐析是个可逆过程。采用多次盐析，可以分离和提纯蛋白质。

（3）变性　在加热、强酸、强碱、重金属盐、紫外线、X 射线以及一些有机化合物（如甲醛、酒精、苯甲酸）等的作用下，蛋白质会发生性质上的改变，在水中溶解度降低而凝结起来。这种凝结是不可逆的，不能再使它们恢复成为原来的蛋白质。蛋白质的这种变化称做变性。蛋白质变性后，就失去了原有的可溶性，并丧失了原有的生理机能。重金属盐（如铜盐、铅盐、汞盐等）能使蛋白质变性，所以会使人中毒。蛋白质的变性也有许多实际应用，如高温消毒灭菌就是利用加热使蛋白质凝固从而使细菌死亡。对于药用的一些蛋白质（如血清、各种疫苗、酶类等），都应避光低温保存，防止其变性而失去效用。

（4）颜色反应　蛋白质能与许多试剂发生颜色反应。例如，有些蛋白质能与浓硝酸起反应而呈黄色（如在使用浓硝酸时，不慎溅在皮肤上而使皮肤变成黄色），再用氨处理，则又变成橙色；有些蛋白质溶液遇硝酸汞的硝酸溶液后，立即生成白色沉淀，加热后又变为红色；在蛋白质溶液中加入碱（如氢氧化钠）和硫酸铜溶液，则显紫红色；蛋白质能与水合茚三酮在加热时起反应，呈现蓝色，反应非常灵敏，其灵敏度可达十万分之一的浓度。

蛋白质的颜色反应，常用于蛋白质的鉴别。

（5）两性　蛋白质是由许多α-氨基酸通过肽键构成的高分子化合物，其分子中不管肽键多长，仍有氨基和羧基存在。因此蛋白质与氨基酸相似，也是两性物质，与酸或碱都能起反应生成盐。

此外，蛋白质被灼烧时，产生具有烧焦羽毛的臭味。

3. 蛋白质的用途

蛋白质是人和动物不可缺少的营养物质，成年人每天约需摄入60～80g蛋白质，才能满足生理需要，保证身体健康。人们从食物摄取的蛋白质，在胃液中的胃蛋白酶和胰液中的胰蛋白酶的作用下，发生水解反应生成氨基酸。氨基酸被人体吸收后，重新结合成人体所需要的各种蛋白质。人体内各种组织的蛋白质，也在不断地分解，最后主要生成尿素排出体外。

蛋白质在工业上也有广泛用途。蚕丝和羊毛都是重要的纺织原料。许多动物的皮经过药剂鞣制后，使其中的蛋白质变性，变成不溶于水、不易腐烂的物质，可加工制成柔软坚韧的皮革。用骨和皮等熬煮可制得动物胶，其主要成分就是蛋白质，可用作胶黏剂。无色透明的动物胶叫做白明胶，是制造照相感光片和感光纸的原料。用驴皮熬制的胶是阿胶，它是一种药材。许多蛋白酶、血清等都是重要的药物。从牛奶中凝结出来的蛋白质——酪素除用作食品外，还能与甲醛合成酪素塑料，用来制纽扣、梳子等生活用品。由蛋白质组成的酶也有广泛的用途。

※4. 核酸

核酸分布在所有的生物体中，它是组成细胞的重要成分。核蛋白通常就是由蛋白质和核酸组成的。核酸分为两种，含核糖的核酸叫核糖核酸（RNA），含脱氧核糖的核酸叫脱氧核糖核酸（DNA）。核酸的相对分子质量从几千到几百万，不同来源的核酸，它们的相对分子质量不同。

生物体的新陈代谢作用与核酸有密切关系。核酸参加生物体内蛋白质的合成。脱氧核糖核酸是与生物遗传密切有关的物质。

5. 酶

酶是一类由活细胞产生的具有催化活性的特殊蛋白质，它们具有蛋白质的性质（如变性等）。酶也具有自己的特性。

酶是生物制造出来的催化剂，能催化许多有机化学反应和生物体中复杂的化学反应，如氧化还原、水解等。酶能促使有机体内进行的化学反应在温度不超过体温、酸碱性一般接近中性的条件下，很容易地在几分钟内完成，但这些反应若在试管里进行，那就需要在高温、高压或强酸、强碱等剧烈条件下长时间进行才能完成。实验证明，用淀粉酶水解淀粉比用强酸水解淀粉，一是条件温和，即不需加热；二是反应快，效率高。酶催化还具有专一性，如淀粉酶只催化淀粉的水解等。酶脱离生物体后仍具有活性，如淀粉和纤维素在微生物作用下发酵变为葡萄糖，葡萄糖在微生物作用下发酵变为酒精，都有微生物产生的各种酶的作用。

目前已经知道的酶有数千种。工业上大量使用的酶多数是由微生物发酵而制得，并且已经有多种制成晶体。

酶在人和动物的生理活动中起着重要的作用。例如，食物中的淀粉被人们的唾液和胰液中含有的淀粉酶所水解；食物中的脂肪被胰液和小肠液中的脂肪酶所水解；食物中的蛋白质被胃液和胰液中的蛋白酶所水解。由于酶的催化作用具有反应条件温和、效率高、专一性等特性，因此已经广泛地应用于生产上，如淀粉酶应用于食品、发酵、纺织、制药等工业；蛋白酶应用于医药、制革工业等；脂肪酶用来使脂肪水解、羊毛脱脂等。化学工业也用酶制造多种有机溶剂和试剂，如柠檬酸、丙酮、丁醇等。酶还可以用于疾病的诊断。

第四章　合成有机高分子化合物

有机高分子化合物分为两大类，一类是天然有机高分子化合物，另一类是合成有机高分子化合物。已经学过的淀粉、纤维素、蛋白质等高分子化合物，都产生于生物体内，广泛分布在自然界中，并与生命活动密切相关，称为天然有机高分子化合物。本章主要简述合成有机高分子化合物的结构、性质、合成和用途等，但也涉及某些天然有机高分子化合物（如天然橡胶）。

第一节　有机高分子化合物简介

一、有机高分子化合物

已经知道，烃、烃的衍生物、葡萄糖、蔗糖等有机化合物的相对分子质量都比较低，很少上千，通常称它们为低分子化合物，或简称小分子。相反，淀粉的相对分子质量从几万到几十万，纤维素的相对分子质量约为几十万，蛋白质的相对分子质量从几万到几百万或更高。迄今所知，核蛋白的相对分子质量是最高的，有的达几千万。聚乙烯$\text{-}[CH_2-CH_2]_n\text{-}$、聚氯乙烯$\text{-}[CH_2-CHCl]_n\text{-}$的相对分子质量一般达几万到几十万。这些相对分子质量很大的化合物称做高分子化合物，简称高分子。

高分子化合物虽然相对分子质量很大，但元素组成和分子结构往往比较简单，通常是由许多相同的结构单元通过共价键重复连接构成的。例如，聚乙烯是由乙烯在一定条件下发生聚合反应生成的。

$$nCH_2{=}CH_2 \longrightarrow \text{-}[CH_2-CH_2]_n\text{-}$$

聚乙烯分子是由成千上万个$-CH_2-CH_2-$相互连接构成的。聚乙烯的结构单元是$-CH_2-CH_2-$。高分子里的重复结构单元叫做链

节。n 表示每个高分子里链节的数目，叫做**聚合度**。能聚合生成高分子的低分子化合物叫做**单体**。例如，聚乙烯是由乙烯聚合而成的，乙烯就是聚乙烯的单体。高分子里的链节是由单体在反应中形成的。

高分子化合物与低分子化合物的根本区别，在于相对分子质量大小的不同。高分子化合物在分子组成方面也与一般低分子化合物不同。低分子化合物的分子组成和相对分子质量一般是固定不变的。例如常见的水，是由水分子组成的，每个水分子都是由两个氢原子和一个氧原子组成的，相对分子质量都是 18。对于单个高分子来说，它有一定的聚合度，即 n 是某一个整数，所以它的相对分子质量是确定的。但对于一块高分子材料来说，情况就不同了，它是由许多聚合度相同或不相同的高分子聚集起来的。因此，从实验中测得的某种高分子的相对分子质量只能是平均相对分子质量。所以**高分子材料实际上是由许多链节结构相同而聚合度相同或不同的高分子所组成的混合物**。平常所说的聚合度，是指平均聚合度。

二、有机高分子化合物的结构

高分子区别于小分子还有结构上的特点。高分子的结构大体可分为线型结构和体型结构两种。

1. 线型结构

单个高分子是由一个个链节彼此以共价键连接起来的，成千上万的链节常常连接成一个长链。这就是高分子的线型结构［图 4-1(a)］。在高分子链中，原子与原子或链节与链节都是以共价键相结合的。例如，聚乙烯的长链是由 C—C 键连接的；蛋白质的长链是由 C—C 键和 C—N 键相连接的。这些都是共价单键，能自由转动。高分子链上单键的旋转，往往引起链节、更多的是多个链节（即链段）的旋转，使分子链能够自由旋转，这样使每个链节的相对位置可以不断变化，这种性能叫做高分子链的柔顺性。高分子是一条能够旋转的长链，没有外力拉它，绝不会是直线形的，实际上都是柔软、蜷曲状的长链。

线型结构的高分子有些是带支链的［图 4-1(b)］，如支链淀粉的分子就是带支链的。带支链的高分子仍然是一个个单独的高分子。

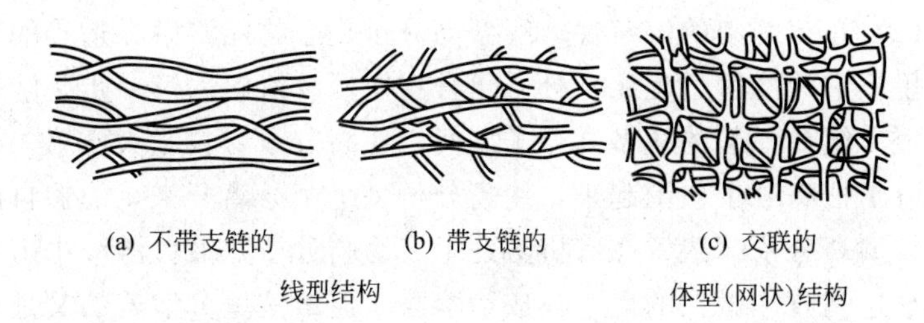

(a) 不带支链的　　(b) 带支链的　　(c) 交联的

线型结构　　体型(网状)结构

图 4-1　高分子结构示意

许多高分子链聚集在一起时，分子与分子是缠绕在一起的，使分子间接触的地方非常之多，也就是说许许多多分子间接触之处以分子间作用力而紧密结合，这就使高分子材料的强度大大增加。如果高分子的相对分子质量越大，那么高分子间的分子间作用力也就相应的越强。

2. 体型结构

高分子链上若有能起反应的官能团，当它与别的单体或别的物质起反应时，高分子链之间能形成化学键，使高分子长链互相交联起来，形成立体的网状结构，即体型结构［图 4-1(c)］。例如酚醛树脂、硫化橡胶等都属于这种结构。

三、有机高分子化合物的性质

高分子化合物（高分子材料）是由许多聚合度相同或不相同的高分子聚集起来的。

根据结构，高分子化合物通常分为线型高分子化合物和体型高分子化合物。线型的，包括有支链的。体型的，即网状的，有交联多的，也有交联少的。但是线型和体型结构之间并没有绝对的界限，支链很多的线型高分子化合物，其结构和性质很接近于交联程度低的体型高分子化合物的结构和性质。线型高分子化合物也可以在一定条件下发生分子链之间的交联，转化为体型高分子化合物。

由于高分子化合物的相对分子质量很大和结构上的特点而具有与低分子化合物不同的一些性质。

(1) 不挥发性　高分子化合物由于相对分子质量很大，一般不挥发，因此不能用蒸馏的方法来提纯。

（2）在溶剂中的溶解性　线型高分子化合物能溶解在适当的有机溶剂里。它的溶解过程比低分子化合物缓慢。溶解的第一步是溶剂分子渗透入缠在一起的线型高分子之间，使高分子材料胀大。第二步是溶剂分子把高分子包围起来，使高分子一个个分离开来，能够自由移动。线型高分子就溶解在有机溶剂里成为高分子溶液。溶液中高分子的大小达到胶体微粒的大小，成为溶胶，但溶液里分散着的又是单个的高分子。高分子溶液对于研究高分子的相对分子质量、结构、性质、加工等都是很重要的。

交联的体型高分子化合物，因为分子链间的相对移动很困难，所以难于溶解，但能有一定程度的胀大。

（3）弹性　线型高分子化合物的分子，在通常情况下是蜷曲的，在受到外力作用拉伸时，可以被拉直一些，当外力消除后又恢复原来蜷曲的形状，这种性质叫做弹性。线型高分子化合物具有弹性，高分子链的柔顺性越大，弹性越好。

体型高分子化合物里的分子长链，如果彼此交联不多，也有一定的弹性，如硫化橡胶就有弹性；如果交联过多，就失去弹性而变成坚硬的物质，如硬橡皮、酚醛塑料等。

（4）热塑性和热固性　线型高分子化合物当加热到一定温度范围，就逐渐软化，直到熔化成流动的液体，冷却后又变成固体，再加热又软化，可以多次重复操作。线型高分子的这种性质叫热塑性。根据这一性质制成的高分子材料具有良好的可逆性，便于加工，能被拉成丝、吹成薄膜，能用模具压成各种所需要的形状等。例如，用高分子材料吹成的薄膜，用于农业、工业、日常生活等；拉成的各种各样的丝，可以织成布，制成渔网等。

体型高分子化合物分子链之间交联很多，加热时不能软化流动，当加热到一定温度时结构遭到破坏。因此，有些体型高分子一经加工成型，就不会受热熔化，重新回到原来的状态，这种性质叫热固性。如酚醛塑料等。

（5）机械强度　高分子化合物的分子链很长，分子之间的引力比较大，在常温时绝大多数是固体，具有一定限度的抗拉、抗压、抗扭转、抗弯曲等能力。高分子材料的机械强度一般都比较大，而且强度的差别与它们的相对分子质量、分子之间的引力、分子结构等有关。一般来说，同一种高分子化合物，相对分子质量越大，机械强度也就越大；分子结构成网状的，机械强度显著增加。某些高分子化合物（如聚甲醛），由于机械强度大，可以代替一些金属，制成多种机械零件。

(6) 电绝缘性、耐腐蚀性等　高分子链里的原子是以共价键相结合的，一般不具有自由电子，不能导电，因此高分子材料是良好的电绝缘材料，常用于电气工业上包裹电缆、电线，制成各种电器设备的零件等。

在高分子化合物中，有些分子链是饱和烃的长链，具有饱和烃的稳定性，能耐化学腐蚀；有的分子链上有苯环结构，比较耐热，熔化温度高。高分子化合物一般还具有耐磨、不透水、不透气、比较耐油等性质。

高分子化合物虽然具有上述许多优良特性，但也有不耐高温、易燃烧、易老化、废弃后不易分解等缺点，所谓老化，就是高分子材料在加工或使用过程中，受到光、热、空气、潮湿、腐蚀性气体等综合因素的影响，逐步失去原有的优良性能，以致最后不能使用。例如橡胶老化时出现变黏、变脆的现象。因此，进一步提高高分子材料的性能，减少高分子材料对环境的污染等，都是高分子材料中要研究的重要课题。

[阅读]

高分子材料的强度

高分子材料的强度一般都比较大，若分别将10kg高分子材料与金属材料各制成100m长的绳子，在高处悬掉重物，锦纶绳、涤纶绳、金属钛绳、碳钢绳所吊重物的最大质量分别是15500kg、12000kg、7700kg和6500kg。

第二节　有机高分子的合成

合成高分子化合物是由低分子单体聚合而成的，所以合成高分子化合物又叫高聚物。合成高聚物的两类基本反应是加聚反应和缩聚反应。

一、加聚反应

由一种或多种单体通过相互加成的反应聚合成高聚物的过程叫加成聚合反应，简称加聚反应或聚合反应。在反应过程中，没有副产物产生。在高聚物中，链节的化学组成与单体相同。因此高聚物的相对分子质量是单体相对分子质量的整数倍。

不饱和烃（包括它们的衍生物）的单体，通常是通过加聚反应聚合成高分子的。这里主要学习乙烯和丙烯的聚合。

1. 乙烯的聚合

在不同温度、压力和有催化剂的条件下，乙烯分子作为单体能发生加聚反应，生成性能不同的聚乙烯。

$$nCH_2{=}CH_2 \xrightarrow{\text{催化剂}} \left[CH_2{-}CH_2 \right]_n$$

聚乙烯

当用氧气作催化剂，在温度为 180～200℃、压力为 70.9～304MPa 的条件下，合成的聚乙烯在分子链上有较多支链，分子排列不整齐，密度较小（0.91～0.925g/cm^3），强度也较低。

当用四氯化钛（$TiCl_4$）等制成的配合物作催化剂，在温度低于 100℃和常压的条件下，合成的聚乙烯在分子链上只有很少支链，分子排列较整齐，密度较大（0.94～0.97g/cm^3），强度也较大。

上述情况说明，改进催化剂，可以降低反应的温度和压力，并能合成性能较好的材料。

2. 丙烯的聚合

工业上是用三氯化钛（$TiCl_3$）和烷基铝［$(C_2H_5)_3Al$］作催化剂，在温度为 65～71℃和压力为 405.3～1013.25kPa 的条件下，用汽油作溶剂，能够使丙烯在聚合时生成的线型聚丙烯链作有规则的排列，即绝大部分长链上的甲基完全相同的排在同一边（图 4-2）。丙烯的加聚反应可以简单表示如下。

$$n\underset{\displaystyle CH_3}{\underset{|}{CH}}{=}CH_2 \xrightarrow[\text{加热、加压}]{\text{催化剂}} \left[\underset{\displaystyle CH_3}{\underset{|}{CH}}{-}CH_2 \right]_n$$

丙烯　　　　聚丙烯

(a) 聚丙烯链段示意

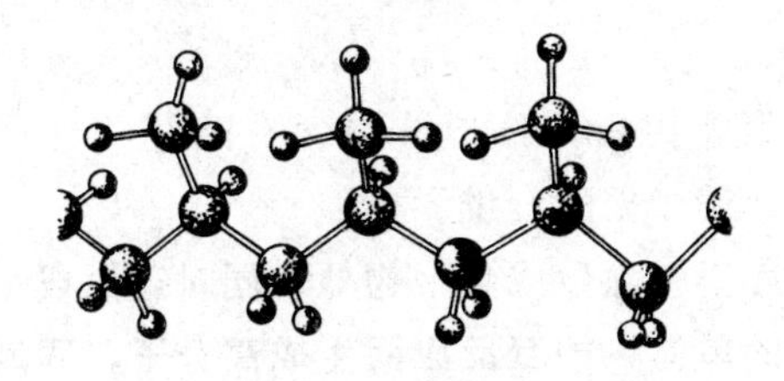

(b) 聚丙烯链段球棍模型

图 4-2　聚丙烯结构示意

由于得到的聚丙烯链排列很整齐，容易达到较高程度结晶。因此可以纺成很细而坚韧的丝作纤维用（如丙纶），也可以制成薄膜作包装材料或很坚牢的带子。

二、缩聚反应

氨基酸合成蛋白质的反应是缩聚反应。

许多有机高分子都是通过缩聚反应来合成的。这里主要学习合成聚酯纤维和酚醛树脂的缩聚反应。

1. 合成聚酯纤维的缩聚反应

合成聚酯纤维的单体是对苯二甲酸和乙二醇，它们发生的反应实质上是酯化反应。

$$HOOC-C_6H_4-COOH + HOCH_2CH_2OH \longrightarrow HOOC-C_6H_4-\overset{\overset{\displaystyle O}{\|}}{C}-OCH_2CH_2OH + H_2O$$

由于反应的生成物仍具有一个羧基和一个羟基，这两个能起反应的官能团，还能与对苯二甲酸和乙二醇起反应，直到生成链状的高聚物。对苯二甲酸与乙二醇的反应可以综合地表示如下。

$$nHOOC-C_6H_4-COOH + nHOCH_2CH_2OH \longrightarrow \left[\overset{O}{\overset{\|}{C}}-C_6H_4-\overset{O}{\overset{\|}{C}}-O-CH_2CH_2-O \right]_n + 2nH_2O$$

聚对苯二甲酸乙二醇酯

生成的这种聚酯树脂，分子链中含有酯基（$-\overset{O}{\overset{\|}{C}}-O-$），用它加工制成的纤维，属于聚酯纤维。

在上面的反应里，除生成高聚物外，同时还生成小分子的水。**许多相同或不相同的单体，相互反应而生成高分子，同时还生成小分子**（如水、氨、氯化氢等）**的反应，叫做缩合聚合反应，简称缩聚反应。**

2. 合成酚醛树脂的缩聚反应

酚醛树脂通常是由苯酚和甲醛发生缩聚反应而制得的。苯酚在邻、对位都容易起反应，按照酚和醛的不同配比及使用不同的催化剂，它能与甲醛形成线型的或体型的酚醛树脂。

甲醛和过量的苯酚，在酸（常用盐酸）的催化作用下，发生缩聚反应，主要是苯酚分子里苯环上两个邻位的氢原子与甲醛起反应，合成线型酚醛树脂。

$$n\,C_6H_5OH + n\,H-\overset{O}{\overset{\|}{C}}-H \xrightarrow{\text{催化剂}} \left[C_6H_3(OH)-CH_2 \right]_n + nH_2O$$

这个反应还可以用下式表示。

$$nC_6H_5OH + nHCHO \xrightarrow{\text{催化剂}} \left[C_6H_5OHCH_2 \right]_n + nH_2O$$

线型酚醛树脂可直接用来制造油漆，叫酚醛清漆。

过量的甲醛和苯酚，在碱的催化作用下，发生缩聚反应，苯酚的苯环不仅在邻位而且在对位上都与甲醛起反应，则得到体型的酚醛树脂（图 4-3）。

合成酚醛树脂的单体，属于酚类的除苯酚外，还有甲酚、间苯二酚等；属于醛类的除甲醛外，还有糠醛等。工业上最重要的酚醛树脂

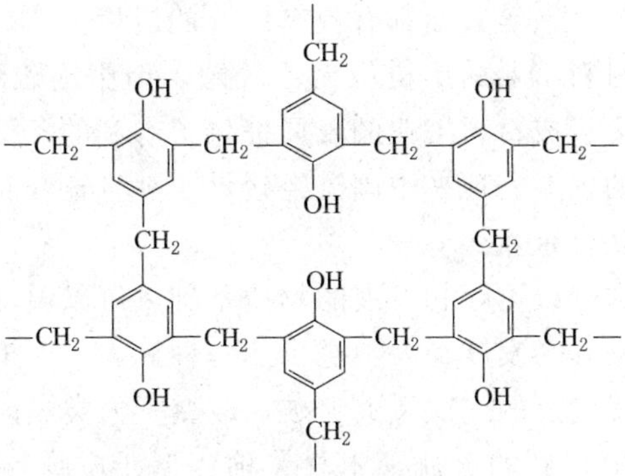

—CH_2— OH —CH_2— OH —CH_2— OH —CH_2—

图 4-3　体型酚醛树脂结构示意

是由苯酚与甲醛起缩聚反应而合成的。

由人工合成的线型有机高分子化合物，具有某些天然树脂的性质，所以叫做合成树脂。它是塑料、合成纤维、合成橡胶等合成材料的主要原料。

第三节　合成材料

人们对材料的认识，应该包括人类社会所需要并能用于制造有用器物的物质这两层涵义。也就是说，并不是所有的物质都可以称为材料。材料按其化学组成或状态、性质、效应、用途可分为若干类，通常按其化学组成将材料分为金属材料（纯金属、合金）、无机非金属材料（非金属单质、无机化合物）和高分子材料三大类。高分子材料按其来源可分为天然高分子材料（棉花、羊毛、天然橡胶等）和合成高分子材料（塑料、合成纤维、合成橡胶等）。合成高分子材料，简称合成材料。通常使用的合成材料，按其性能、状态及用途可分为塑料、合成橡胶、合成纤维、胶黏剂、离子交换树脂、有机硅聚合物、涂料、高分子复合材料等。由于合成材料的原料（煤、石油、天然气、农副产品等）丰富易得，制造加工简单，性能千变万化，所以它的使用大大超过了天然高分子化合物。合成材料在现代工业、农业、国防、能源、建筑、交通运输、医疗卫生、尖端科学技术、保护环境以及人民的日常生活等方面都有极其广泛的应用。

中国合成材料工业的历史虽然比较短，但中国贮藏丰富的石油、天然气和煤，为合成材料工业的发展提供了有利的条件，因此合成材料得到了迅速的发展。现在中国已经建设了并且正在新建一批现代的大型石油化工联合企业。

材料是人类赖以生存和发展的物质基础，可以说，新材料的开发和应用，往往是社会发展和人类进步的一种标志。人工合成材料的出现，是材料发展史上的一次重大突破，改变了人类只能依赖和应用从矿物和动植物中得到的金属、木材、棉、毛、橡胶等天然材料的历史，为人类的生产和科学技术的发展开拓了广阔的道路。合成材料的品种很多，通常使用的主要有塑料、合成纤维和合成橡胶三大类，也就是人们常说的三大合成材料。下面对它们作一些简单介绍。

一、塑料

具有一定可塑性的合成材料叫做塑料。塑料在三大合成材料中产量最大，用途最广。

线型有机高分子化合物具有可塑性，因此可作制造塑料的原料。塑料的主要成分是合成树脂，它对塑料的性能起着决定作用。合成树脂经进一步加工就得到塑料和其他高分子合成材料。绝大部分塑料除含合成树脂外，为增强和改进合成树脂的性能，还要加入辅助剂，如填充剂（增加树脂的强度和硬度，并降低成本）、增塑剂（增加树脂的可塑性）、稳定剂（提高树脂对热、光的稳定性及抗氧气的侵蚀性等）及有时需加入的润滑剂、着色剂、发泡剂、抗静电剂、金属稳定剂等。树脂就是指还没有与各种辅助剂混合的高聚物。有些塑料基本由合成树脂组成，其中不含或很少含有辅助剂，如有机玻璃、聚乙烯、聚苯乙烯等。因此塑料和树脂这两个名词也常混用。

在加工塑料制品的过程中，把一定比率的合成树脂和辅助剂，在一定的温度和压力下，经过压延或模压、挤压、注射、浇铸、吹塑等成型工序，才能加工成一定形状的塑料制品。

1. 塑料的种类

（1）热塑性塑料和热固性塑料　根据塑料受热时的性质，可以把它们分为热塑性塑料和热固性塑料两大类。

有些合成树脂具有热塑性，用它制成的塑料是热塑料。

热塑性塑料在受热时软化或熔化成黏稠流动的液体，可以塑制成一定形状，冷却后变硬，再加热仍可软化。再次却又会变硬，可以反复加工塑制，多次使用。例如聚乙烯、聚丙烯、聚氯乙烯、聚苯乙烯、聚四氟乙烯、有机玻璃等都属于热塑性塑料，它们都是线型的高聚物。

热固性塑料只能一次受热软化成型，即初次受热时变软，可以塑制成一定的形状，但硬化定型以后，再加热就不会再软化，因此不能反复塑制。例如酚醛塑料、脲醛塑料等都属于热固性塑料，它们一般是体型的高聚物。

(2) 通用塑料和工程塑料　塑料按其应用情况和使用性能可分为通用塑料和工程塑料。

聚烯烃（聚乙烯、聚丙烯）、聚苯乙烯、聚氯乙烯、酚醛塑料、氨基塑料通常称为五大通用塑料。通用塑料的产量占塑料总产量的3/4，广泛应用于工农业生产、日常生活和国防上。

工程塑料是一类新兴的合成材料，是20世纪60年代出现的一类具有优异的机械性能、电绝缘性能、耐化学腐蚀和耐高温、耐低温等性能，可以代替金属用作工程材料的一类塑料。例如聚酰胺、聚甲醛、聚碳酸酯、ABS塑料通称为四大工程塑料。工程塑料近年来增长速度很快，形成了特种工程塑料、增强工程塑料、工程塑料合金等许多新的品种。工程塑料不仅广泛应用于机械制造工业、仪器仪表工业、化工、建筑等方面，而且已成为宇宙航空、原子能工业和其他尖端科学技术领域不可缺少的材料。

2. 几种重要的塑料

下面主要介绍几种重要塑料的性能和用途。

(1) 聚乙烯　聚乙烯是由单体乙烯（$CH_2{=}CH_2$）发生加聚反应合成的，它的结构简式是$\left[CH_2-CH_2 \right]_n$。由于它的合成原料便宜，生产流程较短，因此发展很快，居于世界塑料各品种的首位。

聚乙烯塑料质轻，无毒，不吸水，不漏气，电绝缘性很好，耐寒、耐化学腐蚀。但耐热性和耐老化性差，透明性也较差。

聚乙烯塑料制成薄膜，可作防腐材料以及食品、药物的包装材料。它也可制板材、管道、绝缘材料、辐射保护衣、日常用品等。使用时不宜接触煤油、汽油，制成的器皿不宜长时间存放食油、饮料。

(2) 聚丙烯　聚丙烯是由单体丙烯（$CH_2=CH-CH_3$）发生加聚反应而合成的，其结构简式是：$\left[CH_2-\underset{\displaystyle CH_3}{\underset{|}{CH_2}} \right]_n$ 。

聚丙烯塑料质轻，无毒，机械强度较高，电绝缘性能好，耐热、耐化学腐蚀。但耐油性差，低温时发脆，容易老化。

聚丙烯塑料可以制造各种薄膜、日用品、管道、包装材料等，广泛应用于国防、工农业生产及日用各方面。

(3) 聚氯乙烯　聚氯乙烯是由单体氯乙烯在引发剂[1]（偶氮二异丁腈或过氧化二碳酸二异丙酯）的引发下，加热到33～38℃时发生加聚反应合成的。

$$\underset{\text{氯乙烯}}{nCH_2=CH-Cl} \xrightarrow[\triangle]{\text{引发剂}} \underset{\text{聚氯乙烯}}{\left[CH_2-\underset{\displaystyle Cl}{\underset{|}{CH}} \right]_n}$$

聚氯乙烯塑料耐磨，耐有机溶剂，耐化学腐蚀，抗水性好，电绝缘性能好。但热稳定性差，受热易软化变形和分解，遇冷易变硬，透气性差。

在聚氯乙烯中不加或少加增塑剂，就可制得硬质聚氯乙烯塑料，其特点是硬度较大，机械强度好，可作管道、绝缘材料、耐腐蚀材料等。在聚氯乙烯中加入适当的增塑剂可制得软质聚氯乙烯塑料，它质软而有弹性，大量用于制造薄膜（农用、民用、工业品包装用）、电线和电缆的包皮、软管、人造皮革、日常用品等。经加工制得的聚氯乙烯泡沫塑料可作建筑材料、日常用品等。

用聚氯乙烯制成的薄膜不宜用来包装食品。

---

[1] 引发剂是指能够引发反应的物质（反应物以外的），在这里是指引发加聚反应。

(4) 聚苯乙烯　聚苯乙烯是由单体苯乙烯在加热（100℃左右）或引发剂（过氧化物）的引发下发生加聚反应合成的。

$$nCH_2{=}CH(C_6H_5) \xrightarrow[\text{或}\triangle]{\text{引发剂}} {+}CH_2{-}CH(C_6H_5){+}_n$$

聚苯乙烯塑料坚硬、无毒、透光性好，容易染成各种鲜艳的颜色，电绝缘性很好，耐水、耐寒、耐化学腐蚀。但质脆，耐热性差(温度较高时变软)、耐溶剂性差。

聚苯乙烯塑料主要用作制高频绝缘材料、电视和雷达部件、医疗卫生用具，汽车和飞机零件、化学药品的容器、透明模型、文具、日常用品、离子交换树脂等。还可以制成泡沫塑料用于防震、防湿、隔音、包装垫材等。

(5) 聚甲基丙烯酸甲酯　聚甲基丙烯酸甲酯俗称有机玻璃，它是由单体甲基丙烯酸甲酯在温度为 90～100℃和引发剂偶氮二异丁腈的引发下，发生加聚反应合成的。

$$nCH_2{=}C(CH_3)(COOCH_3) \xrightarrow[\triangle]{\text{引发剂}} {+}CH_2{-}C(CH_3)(COOCH_3){+}_n$$

甲基丙烯酸甲酯　　　　聚甲基丙烯酸甲酯

有机玻璃透光性很好，透光率高达 93%（普通玻璃是 83%），是目前最优秀的透明材料之一。它质轻，耐水，耐酸，耐碱，抗霉，不易老化，质硬而不易破碎，容易加工成型，有良好的电绝缘性和耐气温性能。但耐磨性较差，能溶于有机溶剂。

有机玻璃主要用来制造透镜、棱镜及其他光学仪器、飞机和汽车用玻璃、仪表外壳、日用品（如纽扣、牙刷柄）和医疗器械等。

(6) 聚四氟乙烯　聚四氟乙烯是由单体四氟乙烯在一定的温度、压力及过硫酸铵的引发下，发生加聚反应合成的。

$$nCF_2{=}CF_2 \xrightarrow{\text{引发剂}} {+}CF_2{-}CF_2{+}_n$$

聚四氟乙烯

聚四氟乙烯塑料耐低温很好的（－100℃）、耐高温（350℃）、耐化学腐蚀（在王水中煮沸相当长时间也不起反应）性能，耐溶剂性好，电绝缘性很好，不燃烧。但加工困难，价格昂贵，其应用受到一定的限制。

聚四氟乙烯可作超高频电绝缘材料，可制电气、航空、化学、冷冻、医药等工业的耐腐蚀、耐高温、耐低温的制品，如耐腐蚀的阀门、轴承、反应器、人工心肺装置、代用血管、聚四氟乙烯作内衬的不粘锅等。

（7）酚醛塑料　用苯酚和甲醛为单体，在一定条件下发生缩聚反应，制得线型酚醛树脂，在其中添加辅助剂制得体型结构的酚醛塑料，俗称电木。

酚醛塑料具有较高的机械强度，良好的电绝缘性，耐热，抗水。但能被强酸、强碱腐蚀，性脆，其模塑品见光后会变成黑色，所以其制品只限于黑色。

酚醛塑料主要用于电器材料、仪表外壳、汽车部件、涂料、容器、各种把手、日常生活用品等。用碳纤维、玻璃纤维增强的酚醛塑料用于制造宇宙飞船、人造卫星、洲际导弹的部件。线型酚醛树脂可作清漆和胶黏剂，酚醛清漆是良好的电绝缘漆。

（8）氨基塑料　用尿素和甲醛为单体，在一定条件下发生缩聚反应来合成氨基树脂，因此氨基树脂也叫脲醛树脂。

$$
\underset{\text{尿素}}{n\,\mathrm{O{=}C(NH_2)_2}} + n\mathrm{HCHO} \longrightarrow \underset{\text{脲醛树脂}}{\mathrm{O{=}C(NH_2)}\!-\!\left[\mathrm{N{-}CH_2}\right]_n} + n\mathrm{H_2O}
$$

用脲醛树脂制得的脲醛塑料（氨基塑料）半透明，好像玉石，因此俗称电玉。它具有良好的绝缘性、染色性、抗霉性、耐溶剂性等。但耐热性较差。

脲醛塑料可以制造器皿、日常生活用品、玩具、装饰材料等。制成泡沫塑料以后，可作隔声隔热材料。

（9）ABS塑料　丙烯腈（Acrylonitrile）、1,3-丁二烯（1,3-Butadiene）和苯乙烯（Styrene）三种单体在引发剂的作用下，发生加聚反应制得 ABS 树脂（A、B、S 分别为三种单体名称的第一个字母），也叫丙丁苯树脂。

由 ABS 树脂制得的 ABS 塑料是一种较好的新型工程塑料。它具有良好的机械强度和电绝缘性，能耐低温和较高的温度，耐磨，耐化学腐蚀，容易加工，可电镀、制品美观实用。但价格比较昂贵。

ABS 塑料因价格昂贵常与其他树脂掺和使用，广泛用于制造电器外壳（如电视机、洗衣机外壳）、仪表外壳、汽车部件、齿轮外壳、日常用品等。

(10) 聚酰胺塑料　聚酰胺 1010 树脂是由癸二胺［$H_2N(CH_2)_{10}NH_2$］跟癸二酸［$HOOC(CH_2)_8COOH$］起缩聚反应合成的。

$$nH_2N(CH_2)_{10}NH_2 + nHOOC(CH_2)_8COOH \longrightarrow$$

癸二胺　　　　　　　　癸二酸

$$\left[HN(CH_2)_{10}NH-\overset{\overset{\displaystyle O}{\|}}{C}(CH_2)_8\overset{\overset{\displaystyle O}{\|}}{C} \right]_n + 2nH_2O$$

聚酰胺 1010

生成物名称后面的阿拉伯数字表示合成它的两种单体癸二胺和癸二酸分子中的碳原子数。

由聚酰胺 1010 树脂制得的聚酰胺 1010 塑料是中国在 20 世纪 50 年代独创的一种工程塑料，具有高度的延展性，不易断裂，表面硬度大，耐磨性极好，耐磨效果是铜的 8 倍，耐寒性很好。常用于制造机器零件，如齿轮、轴承等。

(11) 聚氨酯树脂　聚氨酯树脂是由二异氰酸酯与多元醇起反应制得的。它的用途很广，用作表面涂层、纤维、合成橡胶等。用聚氨酯树脂制得的聚氨酯泡沫塑料可作泡沫保温材料，目前主要用途是在家具、卡车座椅、泡沫衬垫等处用作柔软性泡沫材料。用聚氨酯树脂制得的聚氨酯胶黏剂，具有较强的粘接能力和优良的耐水解、耐溶剂、防霉菌等性能，特别是具有优良的耐低温性能，可用于－196℃低温的粘接，常用于粘接铜、铸铁、不锈钢、木材、皮革，特别适合于金属与橡胶、橡胶与织物、金属与塑料、塑料与塑料等的粘接。

胶黏剂也叫黏合剂或黏接剂，简称胶。它是一类能将各种材料牢固地胶接在一起的物质。胶黏剂的种类很多，通常分为天然胶黏剂（如骨胶、牛皮胶、淀粉、松香等）和合成有机胶黏剂（如酚醛-丁腈树脂、环氧树脂等）两类。合成有机胶黏剂，通常是以具有黏性的有机高分子化合物为主料（也称基料或粘料），加入添加剂组合而成的复杂混合物。胶黏剂也是常用的高分子合成材料。

(12) 环氧树脂　环氧树脂通常是由环氧氯丙烷（$H_2C\!-\!CH\!-\!CH_2Cl$，其中 H_2C 与 CH 经 O 相连成环）与二酚基丙烷（$HOC_6H_4\!-\!C(CH_3)_2\!-\!C_6H_4OH$）在碱的作用下起缩聚反应合成的。它具有高度的黏合力和良好的电绝缘性、加工工艺性和耐热性，耐化学腐蚀，机械强度好。

环氧树脂广泛用作胶黏剂，用它制得的环氧树脂胶黏剂称做万能胶，可用于金属与金属、金属与非金属、木材、玻璃、陶瓷等各种材料的粘接。环氧树脂还可作层压材料、机械零件。它与玻璃纤维复合，就制得强度类似钢的增强塑料——玻璃钢，用碳纤维与环氧树脂制得的增强塑料，强度已大大超过最强的钢，增强塑料用于宇航等领域。

[阅读]

谨防“白色污染”

合成高分子材料的应用和发展，极大地方便了人们的生活。当今，合成树脂和塑料工业的发展速度非常惊人。据统计，1999 年世界合成树脂的产量为 1 亿 5 千万吨，此年中国塑料产量已达到 870 多万吨。塑料工业的发展为社会的发展和人类生活质量的提高作出了杰出的贡献。但是合成材料废弃物的急剧增加，却带来了环境污染问题，尤其一些废弃的塑料制品，已经构成了“白色污染”。

中国农村广泛采用的农田覆膜，由于缺乏有力的旧膜回收措施，造成旧膜在土壤中的残留积累量逐年增加，这些地膜在自然环境中很难分解，阻碍了水分流动和作物根系发育，缠绕农业设备，对农业生产造成了一定的危害。填埋作业虽然是目前处理城市垃圾的一个主要方法，但混在垃圾中的塑料是一种不能被微生物分解的材料，埋在地里经久不烂，长此下去会破坏土壤结构，降低土壤肥效，污染地下水。废弃塑料对海洋的污染已成为国际问题，海洋漂浮物中泡沫聚乙烯占22%，其他塑料占23%，不仅危及海洋生物的生存，而且还因缠绕在海轮的螺旋桨上，酿成海难事故。如果焚烧废弃塑料，尤其是含氯塑料，还会带来严重的二次污染，其中产生的二噁英，据认为是最毒的物质之一，可使哺乳类生物机体发生癌变。

为了治理“白色污染”，保护人类的生态环境，回收、处理、利用塑料废弃物已到了刻不容缓的时候。科研人员根据塑料难以分解、腐烂的特点，从改进塑料的配方和生产工艺入手，研制成功了一些易分解的新型塑料（如淀粉塑料、水溶塑料、光解塑料等），它们在一定条件下经过一定时间会降解为简单物质或被微生物分解（大面积使用这种可降解塑料还需要相当长的时间）。人们还开始着手利用废弃塑料，使它成为有用的资源：直接用作材料（如回收聚乙烯塑料并制成再生薄膜，用作包装袋）；热解成单体，成为基本有机原料（如有机玻璃热解得到单体，再重新聚合为成品；聚苯乙烯包装材料和一次性饭盒用BaO处理，使其在高温下分解成单体，然后再制成树脂等）；制成燃油和燃气（不能或难以分解的塑料可以在催化剂存在下热解成柴油、煤油和汽油，甚至裂解为气态烃和氢气作燃料）。目前治理“白色污染”，主要还应从减少使用和加强回收开始。近年来世界上一些国家要求做到废塑料的减量化、再利用、再循环。中国1995年颁布的《中华人民共和国固体废弃物污染环境防治法》以及北京市1999年5月颁行的《北京市限制销售、使用塑料袋和一次性塑料餐具管理办法》中，对治理“白色污染”都作出了具体的规定。启动菜篮子计划、发放环保购物袋等已成为中国许多城市共同的行动。“消除白色污染、倡导绿色消费”，成为1999年“地球日”（每年的4月22日被人们定为“地球日”）环境宣传活动的主题。总之，治理“白色污染”是每个公民的责任！

医用缝合线

有些新型杂链高聚物，受不了自然的水解作用会发生降解，因此被淘汰。但也有些高聚物材料正由于容易降解而有其使用价值。例如，加聚乳酸纤维，由于极易发生水解，即使力学性能再好，用做一般材料也困难，但在医学领域内却受到了重视。将乳酸纤维用做外科手术缝合线，伤口愈合后，不必拆线。因为在生物体内，它被水解为乳酸，然后参加到正常的代谢循环中，被排出体外。

液晶聚合物材料

液晶现象是1888年奥地利植物学家莱尼茨尔（F·Reinitzer）在研究胆甾醇

苯甲酯时发现，其液体在处于某一温度范围时，能部分保留晶体物质分子的有序排列，被称为“流动的晶体”。它是一种介于晶态和液态之间的相态，既具有晶态的各向异性，又有液态的流动性，称为液晶态。处于液晶态的物质称为液晶。如果将这类液晶分子连接成大分子或将它们连接到一个高聚物骨架上，并仍保持其液晶特征，这类物质叫做液晶聚合物，它的英文名称是 Liquid Crystal Polyester 简称为 LCP。

液晶高分子聚合物是 20 世纪 80 年代初期发展起来的一种新型高性能工程塑料，具有卓著的综合性能，发展非常迅速。目前，世界上 LCP 的年产量已超过 1 万吨，其工业应用也在不断拓展。作为高性能工程材料被广泛应用于电子、电器、汽车、航天、光纤通讯等工业，如在电子工业中，用来制作高精确度的电路多接点接口部件（印刷电路板、集成电路封装和连接器等）。将具有刚性棒状结构的 LCP 分散在柔性高分子材料中，可获得增强的高分子复合材料，用来制造特殊的耐热、隔热部件和精密机械仪器零件，如制造雷达天线屏蔽罩、飞机外壳复合材料以及军用防弹衣等。

液晶聚合物具有独特的流动性能，其溶液黏度随浓度的变化规律与一般高分子浓溶液不同。一般高分子溶液的黏度随浓度的增加而增加，而聚合物液晶溶液在低浓度范围内，黏度随浓度的增加迅速增大，当浓度出现极大值时溶液体系的黏度才下降。根据液晶态溶液的这一特性，已经创造了新的纺丝技术——液晶纺丝。该技术解决了纺丝溶液难以解决的高浓度必然伴随高黏度问题。从而获得高强度的综合性能好的纤维。聚合物液晶材料具有很大的实际应用前景。

二、合成纤维

在日常生活中，人们常把长度比直径大很多倍，并具有一定柔韧性的纤细丝状物（或者说具有一定的长度、细度、强度和弹性的一类物质），统称为纤维。

1. 纤维的分类

按照来源的不同，纤维可以分为天然纤维和化学纤维两大类。有些纤维是天然高分子化合物，称为天然纤维（如棉、麻、羊毛、蚕丝、木柴、草类等）。用化学方法制得的纤维，称为化学纤维（如黏胶纤维、涤纶纤维等）。

根据所用原料的不同，化学纤维又可分为人造纤维和合成纤维两类。人造纤维是利用天然纤维（如木材、短棉绒、稻草等）为原料，经过化学加工处理制得的纤维，如黏胶纤维、乙酸纤维等。合成纤维是以煤、石油、天然气和农副产品作原料制成单体，经加聚反应或缩聚反应制得高分子化合物，再经纺丝加工而制成的纤维，如被称为六大纶的涤纶、腈纶、锦纶、丙纶、维纶和氯纶都是合成纤维。

合成纤维具有比天然纤维和人造纤维更优越的性能，如质轻、强度大、弹性好、耐磨、耐化学腐蚀、不怕虫蛀、不会发霉、不缩水等，而且每种还有各自独特的性能。它们不仅为人民生活提供了美观大方、结实耐穿的衣着材料，而且在工农业生产、国防和尖端技术方面都有非常重要的用途，为现代工业技术的发展提供了各种具有特殊性能的纤维，如耐高温纤维、耐辐射纤维、防火纤维、发光纤维、光导纤维、碳纤维等。

合成纤维虽然具有许多天然纤维所没有的优点，但缺点是吸湿性和透气性差，做成的衣服使人穿着感到闷气。为改善它的透气性，常用一种或几种合成纤维与天然纤维或人造纤维制成混纺织物。该混纺织物兼具上述三种纤维的优点，深受人们欢迎。

合成纤维是20世纪30年代开始生产的，它的原料丰富，发展迅速，品种繁多，目前大规模生产的有三四十个品种。下面介绍几种重点发展的合成纤维以及它们的性能和用途。

2. 几种重要的合成纤维

(1) 聚酯纤维　合成纤维的分子链中含有酯基（$-\overset{\overset{\displaystyle O}{\|}}{C}-O-$）的，叫做聚酯纤维。已经学过的聚对苯二甲酸乙二醇酯纤维是聚酯纤维的主要品种，其商品名称叫涤纶或的确良。

涤纶纤维的产量居合成纤维之首位，约占合成纤维产量的一半。它的强度大，抗褶皱性强，弹性、耐光性、耐酸性、耐磨性（仅次于锦纶）和绝缘性都好。但不易染色，吸水性、耐碱性较差，织物易带静电。

涤纶是一种十分理想的纺织原料，可制衣料织品，还可以用作电绝缘材料、运输带、滤布、渔网、绳索、轮台帘子线、人造血管等。

(2) 聚酰胺纤维　合成纤维的分子链中含有酰胺基（$-\overset{\overset{\displaystyle O}{\|}}{C}-NH-$）

的，叫做聚酰胺纤维。它的商品名称叫锦纶[1]或尼龙。它是世界上最早生产的一种合成纤维，目前约占世界合成纤维产量的1/3左右。锦纶的品种较多，已经学过的聚酰胺1010树脂纺丝制得的聚酰胺1010纤维（锦纶1010或尼龙1010）就是其中之一，另外还有聚酰胺6纤维（锦纶6或尼龙6）、聚酰胺66纤维（锦纶66或尼龙66）、聚酰胺610纤维（锦纶610或尼龙610）。名称后面的阿拉伯数字表示合成它的单体分子中的碳原子数。

聚酰胺6是由单体己内酰胺在少量水作催化剂，加热到250～300℃时开环加聚而成的，学名也叫聚己内酰胺。

$$n\underbrace{HN(CH_2)_5CO}_{\text{己内酰胺}} \xrightarrow[\triangle]{\text{催化剂}} \underbrace{\left[HN(CH_2)_5CO\right]_n}_{\text{聚己内酰胺}}$$

聚合物经过纺丝就得到聚酰胺6纤维(锦纶6)。

聚酰胺66是由己二胺和己二酸两种单体发生缩聚反应而合成的。

$$\underbrace{nH_2N-(CH_2)_6-NH_2}_{\text{己二胺}} + \underbrace{nHO-\overset{\overset{\displaystyle O}{\|}}{C}-(CH_2)_4-\overset{\overset{\displaystyle O}{\|}}{C}-OH}_{\text{己二酸}} \longrightarrow$$

$$\underbrace{\left[HN-(CH_2)_6-NH-\overset{\overset{\displaystyle O}{\|}}{C}-(CH_2)_4-\overset{\overset{\displaystyle O}{\|}}{C}\right]_n}_{\text{聚酰胺66}} + 2nH_2O$$

缩聚物经过纺丝，就制得聚酰胺66纤维（锦纶66）。

聚酰胺610是由己二胺和癸二酸两种单体起缩聚反应而合成的。

$$\underbrace{nH_2N-(CH_2)_6-NH_2}_{\text{己二胺}} + \underbrace{nHO-\overset{\overset{\displaystyle O}{\|}}{C}-(CH_2)_8-\overset{\overset{\displaystyle O}{\|}}{C}-OH}_{\text{癸二酸}} \longrightarrow$$

$$\underbrace{\left[HN-(CH_2)_6-NH-\overset{\overset{\displaystyle O}{\|}}{C}-(CH_2)_8-\overset{\overset{\displaystyle O}{\|}}{C}\right]_n}_{\text{聚酰胺610}} + 2nH_2O$$

---

[1] 中国第一个聚酰胺聚合物是由锦西化工厂制成，锦纶由此而得名。

缩聚物经过纺丝，就制得聚酰胺610纤维（锦纶610）。

聚酰胺纤维（锦纶）强度高，弹性大，耐磨性（优于其他纤维）好，耐腐蚀，不霉烂，不怕虫蛀。但不耐浓碱，耐光性差（长期光照易发黄，强度降低），保型性也不佳，做成的衣物不如涤纶挺括。

锦纶的用途非常广泛，它也是重要的纺织原料，常用来织造衣料织品、丝绸品、各种袜子、绳索、渔网、帐篷、降落伞、轮胎帘子线、传送带等。此外，聚酰胺树脂还可制成工程塑料来制造某些机器零件。

(3) 聚丙烯腈纤维　聚丙烯腈是由单体丙烯腈[1]（$CH_2=CHCN$）在加热到29～40℃和引发剂（偶氰二异丁腈）的引发下，发生加聚反应而合成的。

$$n\underset{\text{丙烯腈}}{CH_2=\underset{\displaystyle CN}{\underset{|}{CH}}}\xrightarrow[\triangle]{\text{引发剂}}\underset{\text{聚丙烯腈}}{\left[CH_2-\underset{\displaystyle CN}{\underset{|}{CH}}\right]_n}$$

聚丙烯腈经过纺丝就制得聚丙烯腈纤维。它的商品名称叫腈纶，因其外观和性能酷似羊毛，因此也叫人造羊毛。

腈纶质轻，密度比羊毛小11%，强度虽不如涤纶和锦纶，但相当于羊毛的2～3倍。它蓬松、卷曲而柔软，弹性、耐酸性、耐光性、耐热性和保暖性都好，不发霉，不怕虫蛀。但耐磨性和耐碱性较差，吸湿性和染色性也不够好，易起球且不易脱落，电阻率大，摩擦时易起静电，故穿脱时往往噼啪放电，由于静电效应也易吸引尘埃。

腈纶主要用来制衣料、绒线、毛毯、幕布、窗帘、帆布、帐篷布、滤布、防酸布等。应该注意，腈纶绒线拆下后不易恢复平直，但在90℃以上的沸水中可以恢复平直和蓬松，但切勿从沸水中把绒线或成衣提拉出来，应等到沸水冷却至50℃以下时方可取出，否则将失去蓬松而变硬。腈纶还是制造碳纤维和石墨纤维的原料。

---

[1] 丙烯腈属于腈类。腈可以看成是氢氰酸（HCN）分子中的氢原子被烃基取代的生成物。腈类的通式是 $R-C\equiv N$ 。原子团 $-C\equiv N$（或简写成$-CN$）叫做氰基。

除上述合成纤维外，还有几种重要合成纤维的名称、结构简式、性能和用途见下表。

几种合成纤维的名称、结构简式、性能和用途

商品名称	化学名称	结构简式	主要性能	主要用途
维纶	聚乙烯醇缩甲醛纤维	$\mathrm{-\!\!\![CH-CH_2-CH-CH_2]\!\!\!-_n}$（两个CH经 $O-CH_2-O$ 相连）	柔软，吸湿性、耐光性、耐腐蚀性、耐磨性和保暖性都好；但耐热性、染色性差，弹性低	可制衣料、桌布、窗帘、滤布、渔网、绳索、水龙带、炮衣、粮食袋等
丙纶	聚丙烯纤维	$\mathrm{-\!\!\![\underset{\displaystyle CH_3}{\underset{\vert}{CH}}-CH_2]\!\!\!-_n}$	机械强度高，耐磨，耐腐蚀性和电绝缘性都好；但染色性和耐光性差	可制绳索、编织袋、网具、滤布、工作服、帆布、地毯，用作纱布（不粘连在伤口上）
氯纶	聚氯乙烯纤维	$\mathrm{-\!\!\![\underset{\displaystyle Cl}{\underset{\vert}{CH}}-CH_2]\!\!\!-_n}$	保暖性、耐日光性和耐腐蚀性都好；但耐热性和染色性差	可制针织品、工作服、毛毯、绒线、滤布、渔网、帆布等
	聚乙烯纤维	$\mathrm{-\!\!\![CH_2-CH_2]\!\!\!-_n}$	机械强度高，耐腐蚀性好；但耐热性和染色性都较差	可制绳索、渔网、耐酸、碱的织物等

三、合成橡胶

橡胶是一类具有高度弹性的高分子化合物，还有不传热、不渗水、不透气、电绝缘性好等优良性能，所以应用非常广泛。它在国民经济中占有重要的地位，是制造飞机、军舰、汽车、拖拉机、收割机、水利排灌机械、医疗器械等所必需的材料。日常生活中许多用品的生产也离不开橡胶。

按照来源的不同，橡胶可分为天然橡胶和合成橡胶两类。

天然橡胶是由橡胶树（三叶橡胶树）和橡胶草的胶乳制得的橡胶。天然橡胶的成分是聚异戊二烯，结构简式如下。

$$\mathrm{-\!\!\![CH_2-\underset{\displaystyle CH_3}{\underset{\vert}{C}}=CH-CH_2]\!\!\!-_n}$$

制天然橡胶的胶乳是一种白色胶体，从橡胶树树皮内的乳管流出。胶乳经凝结处理压制成生橡胶（聚异戊二烯）。生橡胶是线型高分子化合物，分子链间容易滑动，强度和韧性都很差，不能直接用来加工橡胶制品。生产上对生橡胶要进行硫化等一系列加工过程，以改善橡胶制品的性能。硫化就是在橡胶中加入一定量的硫化剂（如硫黄、氯化硫等），使线型高分子经交联而变成网状结构的体型高分子（图 4-4）。硫化后的橡胶，强度和韧性都显著增加。

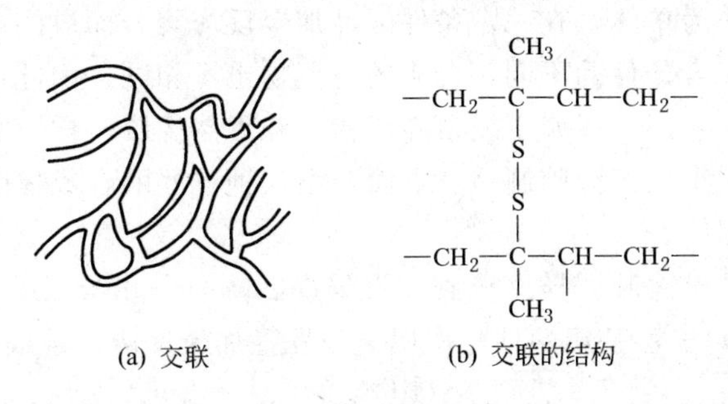

(a) 交联　　(b) 交联的结构

图 4-4　橡胶硫化示意

合成橡胶是由人工合成的具有天然橡胶性能的线型高分子化合物。

天然橡胶的弹性、电绝缘性、加工性都比较好，但气密性不好，不耐低温，它的生产还受到地理条件（橡胶树只适宜在热带和亚热带地区生长）和自然气候的限制，远远不能满足日益发展的工业需要。人们在长期的生产和科学实验中，逐渐认识了天然橡胶的结构，从中得到启发，成功地合成了多种合成橡胶。合成橡胶在性能上虽不如天然橡胶全面，但它具有高弹性、绝缘性、气密性、耐油、耐高温或低温等性能，不仅弥补了天然橡胶在数量上的不足，而且品种较多，有的在某些性能上优于天然橡胶，具有一些特殊的用途。因此发展合成橡胶生产，对于工业、农业、交通、国防建设和科学技术的发展以及日常生活都有十分重要的意义。目前世界上合成橡胶的产量，已经远远超过了天然橡胶。

1. 合成橡胶的分类

按照性能和用途的不同，合成橡胶可分为通用橡胶和特种橡胶两类。通常应用的合成橡胶称为通用橡胶，如丁苯橡胶、顺丁橡胶、氯丁橡胶等。通用橡胶用于制造轮胎及一般的橡胶制品。具有特殊性能

（如耐高温、耐低温、耐油、不透气等）的合成橡胶称为特种橡胶，如耐油性很好的聚硫橡胶、耐严寒和耐高温的硅橡胶等。特种橡胶用于制造在特殊条件下使用的橡胶制品。

2. 几种重要的合成橡胶

合成橡胶是以石油、天然气为原料，由相对分子质量较小的二烯烃或烯烃作为单体，在一定条件下经加聚反应聚合而成的高分子。由于单体和聚合条件的不同，合成的高聚物也不相同，因此合成橡胶的种类很多。它们一般属于线型高聚物，和天然橡胶一样，必须进行硫化，才能用来加工橡胶制品。下面介绍几种重要的合成橡胶以及它们的性能和用途。

（1）异戊橡胶　异戊橡胶（聚异戊二烯）是由异戊二烯作单体，在四卤化钛-三乙基铝的催化作用下，发生加聚反应而合成的。

$$nCH_2{=}\underset{\underset{CH_3}{|}}{C}{-}CH{=}CH_2 \xrightarrow{\text{催化剂}} {\left[CH_2{-}\underset{\underset{CH_3}{|}}{C}{=}CH{-}CH_2\right]}_n$$

异戊二烯　　　　　　聚异戊二烯

异戊橡胶的结构和性质跟天然橡胶相似，因此又叫做合成天然橡胶。它具有良好的弹性、耐磨性、耐热性、化学稳定性和黏结性。但抗撕裂性和加工性能不如天然橡胶。

异戊橡胶适用于使用天然橡胶的场合，可制造轮胎（如汽车内外胎、飞机轮胎）、胶管、胶带、电缆包皮等。

（2）丁苯橡胶　丁苯橡胶是由1,3-丁二烯和苯乙烯两种单体在引发剂（过氧化物）的引发下发生加聚反应而生成的，反应过程很复杂，反应的化学方程式可简单表示如下。

$$nCH_2{=}CH{-}CH{=}CH_2 + nCH_2{=}\underset{\underset{C_6H_5}{|}}{CH} \longrightarrow$$

1,3-丁二烯　　苯乙烯

$${\left[CH_2{-}CH{=}CH{-}CH_2{-}CH_2{-}\underset{\underset{C_6H_5}{|}}{CH}\right]}_n$$

丁苯橡胶

丁苯橡胶是合成橡胶中产量最大的一种通用橡胶，具有良好的热稳定性、电绝缘性、抗老化性、耐寒性和耐磨性。但耐油性、弹性和机械强度不如天然橡胶，对臭氧较敏感。

丁苯橡胶主要用来制造汽车轮胎、电绝缘材料、一般橡胶制品如胶管、胶带、电缆、密封件等。

(3) 顺丁橡胶　顺丁橡胶是当前发展十分迅速的一个合成橡胶品种。它是用钛的配合物作为催化剂，以1,3-丁二烯为单体，加热到40～60℃，发生加聚反应而合成的。

$$nCH_2{=}CH{-}CH{=}CH_2 \xrightarrow[\triangle]{\text{催化剂、汽油}} \left[\begin{array}{c} H \quad\quad\quad H \\ \diagdown \quad \diagup \\ C{=}C \\ \diagup \quad \diagdown \\ -CH_2 \quad\quad CH_2- \end{array}\right]_n$$

顺丁橡胶具有良好的弹性，耐低温，耐磨性、耐老化性和电绝缘性也超过天然橡胶。但加工性能和黏结性差，抗剥落和抗撕裂性能也差，在湿路面上易打滑。目前世界上顺丁橡胶的产量，仅次于丁苯橡胶，居第二位。

顺丁橡胶主要用于制造轮胎、运输带、胶管、鞋底等。

(4) 氯丁橡胶　氯丁橡胶是在引发剂（$K_2S_2O_3$）存在下，由氯丁二烯作单体，加热到40℃，发生加聚反应而合成的。

$$\underset{\text{2-氯-1,3-丁二烯}}{nCH_2{=}\underset{\underset{Cl}{|}}{C}{-}CH{=}CH_2} \xrightarrow[\triangle]{\text{引发剂}} \underset{\text{氯丁橡胶}}{\left[CH_2{-}\underset{\underset{Cl}{|}}{C}{=}CH{-}CH_2\right]_n}$$

氯丁橡胶具有良好的耐油性、耐磨性、耐老化性、耐腐蚀性、耐溶剂性、耐热性，不燃烧，不透水，透气性好。但弹性、耐寒性较差，都不如天然橡胶。

氯丁橡胶主要用来制造电线包皮、电缆绝缘套、运输带、化工设备的腐蚀衬里、胶鞋底、胶黏剂、汽油内燃机垫圈、石油工业的油管和密封垫等。

(5) 丁腈橡胶　丁腈橡胶是一种产量最大的特种橡胶。它是由1,3-丁二烯和丙烯腈两种单体在30℃和引发剂（过氧化物）的引发下，发生加聚反应而合成的。

$$nCH_2{=}CH{-}CH{=}CH_2 + nH_2{=}\underset{\displaystyle CN}{\underset{|}{CH}} \xrightarrow[\triangle]{引发剂} {-\!\!\!\![}CH_2{-}CH{=}CH{-}CH_2{-}CH_2{-}\underset{\displaystyle CN}{\underset{|}{CH}}{]\!\!\!\!-}_n$$

丁腈橡胶

丁腈橡胶具有高度的耐油性和抗老化性，耐磨性和耐热性也都优于天然橡胶。但弹性和耐低温性较差。

丁腈橡胶是一种耐油的特种橡胶，主要用于制造各种耐油橡胶制品，如胶管、密封垫圈、贮槽衬里、飞机储油箱等。由于它的耐热性能良好，还可以用于制造运输热物料（140℃以下）的传送带。

（6）聚硫橡胶　聚硫橡胶的结构简式是${-\!\!\!\![}CH_2{-}CH_2S_4{]\!\!\!\!-}_n$。它具有很好的耐油性和抗老化性，能耐化学腐蚀，但弹性较差。

聚硫橡胶是一种耐油性很好的特种橡胶，主要用于制造耐油及耐苯胶管、胶辊、耐臭氧的橡胶制品、贮油及化工设备衬里等。

（7）硅橡胶　硅橡胶的结构简式是

$${-\!\!\!\![}\overset{\displaystyle CH_3}{\overset{|}{\underset{\displaystyle CH_3}{\underset{|}{Si}}}}{-}O{]\!\!\!\!-}_n$$

硅橡胶具有良好的电绝缘性、抗老化性和抗臭氧性，耐低温（−100℃），耐高温（300℃）。但机械性能和耐化学腐蚀性都比较差。

硅橡胶是一种耐严寒和高温的特种橡胶，主要用于制造各种在高温、低温下使用的衬垫及绝缘材料、医疗器械、人造关节、飞机门窗、密封材料、火箭和航天飞机的烧蚀材料等。半刚性隐形眼镜就是由可渗透氧和可维持角膜表面正常呼吸的硅橡胶制成的，需使用专用的润湿溶液来保持润湿。

（8）丁基橡胶　丁基橡胶具有良好的电绝缘性和气密性，耐热，耐老化。但弹性较差。它主要用于制造汽车内胎、化工设备衬里、防毒面具、汽艇、探空气球等。

除上面介绍的三大合成材料（塑料、合成橡胶、合成纤维）及黏合剂外，涂料、离子交换树脂等也是经常应用的高分子合成材料。

目前，世界上高分子的研究工作正在不断地深入，高分子合成材料的应用范围正在逐渐扩展，高分子材料必将对人们的生产和生活产生越来越大的影响。

(9) 氟橡胶　氟橡胶机械性能好，耐高温，耐低温，耐高真空。它主要用来制造飞机和宇宙飞行设备的密封材料、耐腐蚀服装和手套、涂料、胶黏剂等。

除上面介绍的三大合成材料（塑料、合成橡胶、合成纤维）外，胶黏剂、涂料、离子交换树脂等也是经常使用的高分子合成材料。各种合成材料的用途并无严格界限，同一种高分子化合物，由于采用不同的合成方法和成型工艺可制成用途不同的材料，如聚氯乙烯是典型的塑料，又可制成纤维（氯纶），聚氨酯既可制泡沫塑料又可制成弹性橡胶等。

目前，世界上有机高分子材料的研究正在不断地加强和深入。一方面，对重要的通用有机高分子材料继续进行改进和推广，使它们的性能不断提高，应用范围不断扩大（如研制出的具有优良导电性能的导电塑料已用于制造电池等）。另一方面，不断地研究、开发着性能更优异，应用更广泛的新型材料，来满足计算机、光导纤维、激光、生物工程、海洋工程、空间工业和机械工业等尖端技术发展的需要。这些研究在不断加强，并且取得了一定的进展，出现了许多新型有机高分子材料，如功能高分子材料、复合材料等，它们在人们的日常生活、工农业生产和尖端科学技术领域起着越来越重要的作用。总之，有机高分子材料的应用范围正在逐渐扩展，高分子材料必将对人们的生产和生活产生越来越大的影响。

[阅读]

功能高分子材料

人们把既有传统高分子材料的性能，又有某些特殊功能的高分子材料叫做功能高分子材料。它能满足光、电、磁、化学、生物、医学等方面的功能要求。

它的品种很多，例如，高分子分离膜、医用高分子材料等。

高分子分离膜就是用具有特殊分离功能的高分子材料制成的薄膜，其特点是能够有选择地让某些物质通过，而把另外一些物质分离掉。它广泛地应用于生活污水、工业废水等废液处理以及回收废液中的有用成分，特别是在海水和苦咸水的淡化方面已经实现了工业现代化；在食品工业中，用于浓缩天然果汁、乳制品加工、酿酒等，分离时不需加热并能保持食品原有的风味。未来的高分子膜除用在物质的分离上，还能用在各种能量的转换上（如传感膜能够把化学能转变成电能，热电膜能够把热能转换成电能等），为缓解能源和资源的不足、解决环境污染问题带来希望。

在医学上，人们一直想用人工器官来代替不能治愈的病变器官，随着医用高分子材料的发展，人们的这种愿望才初步得以实现。人类目前已制成从皮肤到骨骼，从眼到喉，从心肺到肝肾等各种人工器官。所有这些再加上新型高分子药物的发展都将为人类的健康和长寿做出不可估量的贡献。

市场上号称“尿不湿”的纸尿片，就是用高吸水性的高分子材料做成的。这种纸尿片，即使吸入 1000mL 水，依然滴水不漏、干爽通气，所以婴儿用上它整夜不必换尿片。有的高吸水性高分子材料可吸收超过自重几百倍甚至上千倍的水，体积膨胀，但加压却挤不出水来。高吸水性高分子材料是一种很好的保鲜包装材料，也适宜做人造皮肤的材料，有人还建议利用它来防止土地沙漠化。

复合材料

随着社会的发展，单一材料已不能满足某些尖端技术领域发展的需要，也就是说，科学技术的发展必然同时要求具有高性能的新材料与之相适应，为此，人们研制出各种新型的复合材料。

复合材料是指两种或两种以上材料组成的一种新型的材料。其中一种材料作为基体，另外一种材料作为增强剂，就好像人体中的肌肉和骨骼一样，各有各的用处。由于复合材料一般具有强度高、质量小、耐高温、耐腐蚀等优异性能，在综合性能上超过了单一材料，因此它就成为理想的宇航材料，另外在汽车工业、机械工业、体育用品甚至人类健康方面的应用前景也十分广阔。复合材料研究的深度、应用的广度及其发展的速度和规模，已成为衡量一个国家科学技术先进水平的重要标志之一。

复合材料按基体分类可分为树脂基复合材料、金属基复合材料和陶瓷基复合材料。其性能主要取决于所用的增强材料和基体材料固有的特性。下面简要介绍几种复合材料。

1. 纤维增强树脂基复合材料

（1）玻璃钢　玻璃钢是由玻璃纤维（玻璃加热熔化而制成的玻璃丝，它异常柔软，强度比天然纤维或化学纤维高出5～30倍）和聚酯类树脂（如尼龙、聚乙烯树脂、环氧树脂、酚醛树脂、有机硅树脂等）组成的复合材料。它质轻而坚硬，机械强度可与钢材相比，成型工艺简单，具有耐腐蚀、抗烧蚀、绝缘性好等优点，同时还保持了树脂原有的韧性和可塑性。因此玻璃钢广泛用于飞机、汽车、船舶制造和建筑、家具、电机、电器工业、机械工业、国防军工等方面。在石油化工方面，用玻璃钢来代替过去沿用的防腐材料（如不锈钢、铜铝等金属）收到良好的效果，用它制造的管道、阀门、泵、贮罐、槽、塔器、衬里等防腐制品已经在石油、化工、染化、制药、有色冶炼、化纤、化肥等工厂中得到应用，解决了化工生产中长期存在的"跑、冒、滴、漏"老大难问题，因其寿命长（与其他防腐材料比较），施工操作简单，对产品质量无影响，受到石油化学工业各生产单位的欢迎和好评。

（2）碳纤维增强树脂基复合材料　将聚丙烯腈在200～300℃的高温下加热固化，然后在高温（1000～1500℃）的稀有气体中炭化，即可得到强度很高的碳纤维。用沥青为原料也可以制成碳纤维，成本低（比用聚丙烯腈降低约50%）。

碳纤维增强树脂基复合材料可根据使用温度的不同选择不同的树脂基体，如环氧树脂的使用温度为150～200℃；聚酰亚胺在300℃以上。这类热固性树脂的碳纤维复合材料具有相对密度小，机械强度高，耐热性能特别好等优点。因此多用于制造航天飞行器外壳或火箭喷管的耐烧蚀材料；在机械工业中用来制造轴承、齿轮和刹车片等；在体育方面，制作新一代的运动器材，如羽毛球拍、网球拍、高尔夫球杆、滑雪杖、滑雪板、撑杆、钓鱼竿、弓箭等，为运动员创造世界纪录做出了贡献。

2. 纤维增强金属基复合材料

纤维增强金属基复合材料是由具有良好耐热性的纤维（如硼纤维、碳纤维、碳化硅纤维等）和金属（多为铝、镁、钛及某些合金）组成的复合材料。其中碳纤维增强铝复合材料比铝轻10%，而刚性高一倍，具有更好的化学稳定性、耐热性、耐高温抗氧化性和耐疲劳、耐紫外光、耐潮湿等性能，主要用于汽车和飞机制造业。

3. 纤维增强陶瓷基复合材料

纤维增强陶瓷基复合材料是由增强材料纤维（如碳纤维、碳化硅纤维等）和基体陶瓷（如Al_2O_3、$MgO\cdot Al_2O_3$、SiO_2、SiC等）组成的复合材料。纤维增强陶瓷可以增强陶瓷的韧性，用它做成的陶瓷瓦片粘贴在航天飞机机身上，可使航天飞机安全地穿越大气层。

胶黏剂和涂料

除了所学的三大合成材料外，胶黏剂和涂料也是两种重要的合成高分子材料。

胶黏剂又称黏合剂，简称胶。它是一类能将各种材料牢固地胶接在一起的物质，例如，日常生活中常用的糨糊、胶水就是最普通的胶黏剂。根据来源可将胶黏剂分为天然胶黏剂和合成胶黏剂两类。中国是人类最早发现和使用天然胶黏剂的地区之一，很久以前就用动物的皮、筋、骨等熬制成骨胶、皮胶，用于黏结木材等。合成胶黏剂通常是以具有黏性的有机高分子化合物为主料（也称基料或黏料），加入添加剂组合而成的复杂混合物。它也是常用的高分子合成材料，其性能优异，黏结力强，与焊接、铆接、钉接等传统连接方式相比较，黏接具有质量小、强度高、工艺温度低、绝缘和抗腐蚀性能好、连接部位受力均匀等优点，因此得到了广泛的应用。特别是近几十年来，由于宇航、飞机、汽车、电子等行业的发展，对胶黏剂提出了更高的要求，随之研制出了一系列特种胶黏剂（如耐高温、耐低温、导电、导磁、导热、医用以及可在水中使用的各种胶黏剂等）。

涂料是一种有机高分子的混合液或粉末。它在物体表面上能形成附着坚固的涂膜达保护、美化或装饰的目的。例如，常用的油漆就是较早使用的涂料。涂料在材料科学中占据重要地位。大量的涂料不仅用于建筑、船舶、车辆、机械以及家电、家具的保护和装饰，美化人们的生活，而且各具特色的特种涂料（如高温涂料）在航空、航天方面还有重要用途。例如，在火箭外壳上有一层隔热烧蚀涂料，在火箭高速飞行、表面产生数千摄氏度高温的作用下，此材料发生分解、熔化、升华等变化，带走大量的热，可阻止高温传到火箭内部，从而保证火箭正常运行。中国的涂料工业已初具规模，产量从解放前的不足万吨发展到今天的近百万吨，品种从十几种发展到近千种。可以相信，随着科技的发展和进步，涂料在装饰、防护和尖端技术领域中必将发挥更大的作用。

隐形眼镜

角膜接触镜，俗称隐形眼镜。它是一种直接贴附在角膜表面的镜片，可以随着眼球的运动而运动，具有视力矫正作用。

隐形眼镜分为硬质隐形眼镜、半刚性隐形眼镜和软质隐形眼镜三种。硬质隐形眼镜是由基本上不能透过氧的有机玻璃以及可渗透氧的硅氧烷和丙烯酸酯共聚得到的聚合物制成的，需要使用专用的润湿溶液来保持润湿。软质隐形眼镜最常用的是由聚甲基丙烯酸羟乙酯（HEMA）制成的超薄镜片（中心厚度为0.05mm）。

为了满足舒适性和生理上的要求，目前大量使用的是软质隐形眼镜。因为HEMA分子是网状结构，所以使镜片具有吸附和释放低分子液体的功能，含水量越高，镜片的功能越好，现在已经有了十几种新的材料。应当注意，目前的软质隐形眼镜不能连续长期戴用，必须每天取下消毒；一些角膜重症及某些眼病患者不适宜使用软质隐形眼镜。

纳米材料

“纳米”（nm）是一种长度单位，1nm等于10^{-9}m，相当于头发丝直径的十万分之一。目前，国际上将处于1～100nm尺度范围内的超微颗粒及其致密的聚集体，以及由纳米微晶所构成的材料，统称为纳米材料。用通俗的话讲，纳米材料是尺寸只有几个纳米的极微小的颗粒组成的材料。因此，纳米材料又称为超微颗粒材料，由纳米粒子组成。它包括金属、非金属、有机、无机和生物等多种粉末材料。

纳米科技就是人们在纳米尺度的空间（0.1～100nm）内，认识自然、进行知识技术和产品创新的科学技术。在纳米科学的基础上产生了纳米技术。纳米技术广泛地应用于材料、机械、计算机、半导体、光学、化学等众多领域。例如，在陶瓷的制作过程中，掺入少量的纳米材料就能解决其脆性问题，达到类似于铁的耐弯曲性；利用纳米陶瓷的刚性来完善装甲车的外壳，制成防弹装甲，以达到使导弹滑落或弹回去的奇迹。下面重点介绍纳米科学技术在精细化工方面的应用。

胶黏剂和密封胶　国外已将纳米SiO_2作为添加剂加入到胶黏剂和密封胶中，使胶黏剂的黏结效果和密封胶的密封性都大大提高。

涂料　在各类涂料中添加纳米SiO_2可使其抗老化性能、光洁度及强度成倍地提高，涂料的质量和档次升级。各种功能涂料（吸波、除味、储光、杀虫、防辐射）及智能涂料（气敏、温敏、光致变色等）均正在开发中。

橡胶　纳米Al_2O_3粒子加入橡胶中可提高橡胶的介电性和耐磨性。纳米SiO_2可以作为抗紫外辐射、红外反射、高介电绝缘橡胶的填料。添加纳米SiO_2的橡胶，弹性、耐磨性都会明显优于常规的炭黑作填料的橡胶。应用纳米材料对橡胶改性，已开发出色彩艳丽、保色效果好、抗老化性能优异的新一代彩色橡胶。

塑料　纳米对 SiO_2 塑料不仅起补强作用，而且具有许多新的特性。利用它透光、粒度小，可使塑料变得更致密，可使塑料薄膜的透明度、强度和韧性、防水性能大大提高。以纳米材料对普通塑料聚丙烯进行改性，可达到工程塑料尼龙-6 的性能指标，成本下降 1/3。

纤维　经纳米改性的具有特殊功能的人造纤维，如抗紫外、红外保温、抗菌自洁、防油防水、防静电阻燃纤维均正在研制中。

有机玻璃　在有机玻璃生产时加入表面经修饰的纳米 SiO_2 可使有机玻璃抗紫外线辐射而达到抗老化的目的；在有机玻璃中添加纳米 Al_2O_3 既不影响透明度又提高了高温冲击韧性。

固体废弃物处理　在固体物处理中可将橡胶制品、塑料制品、废印刷电路板等制成超微粉末以除去其中的异物，成为再生原料回收。

纳米技术有着不可限量的潜力，正孕育着新的科学技术时代和产业大革命的到来。

实 验

有机化学实验的一般知识

一、有机化学实验室规则

为了保证有机化学实验的顺利进行，培养学生严谨的科学态度和准确、细致、整洁的实验习惯，学生必须遵守下列实验室规则。

① 实验前必须认真预习实验教材，并复习有关知识，明确实验目的，熟悉实验原理和实验步骤，做到实验时心中有数，以提高实验效果。

② 实验室应始终保持肃静，不得谈笑和大声喧哗，讨论和询问问题时要低声。不许将与实验无关的物品带入实验室，严禁在实验室吸烟、饮食。

③ 做实验前，首先检验仪器和药品是否完整无损，如有缺损，应及时按规定手续补领，未经教师同意，不得拿用别的位置上的仪器。然后检查仪器是否干净（或干燥），如有污物，应洗净（或干燥）后方可使用。

④ 实验时一定要服从教师指导，按照操作步骤进行实验，严格遵守操作规程，仔细观察现象，积极思考问题，如实做好实验记录。

⑤ 实验时一定要注意安全，牢记每个实验的安全注意事项，严格遵守安全守则。仪器装置安装完毕，要请教师检查合格后，方能开始实验。在实验过程中，一旦发生意外事故，应立即报告教师，以便迅速采取有效措施，及时排除事故。

⑥ 实验过程中，不得擅离岗位，应集中注意力，独立操作，培养自己准确观察现象、分析问题、解决问题的能力，巩固所学知识，

掌握一定的化学实验技能。有事要离开实验室，必须请假，取得教师同意后方能离开。

⑦ 实验时取用药品应按规定量取用，不要把药品倒入原瓶中，以免带入杂质。取用药品后，应立即盖上瓶塞，以免搞错而玷污药品，并随即将药品放回原处。

⑧ 实验过程中应始终保持实验室台面和地面的整洁。实验台上不得放置与实验无关的物品，暂时不用的仪器不要摆在台面上，以免碰倒损坏。废纸屑、火柴梗等应投入废纸篓，不得丢人水槽或扔在地面上。废液及残渣应倒入废液缸中，严禁倒入水槽，以防水槽和下水管道的堵塞和腐蚀。

⑨ 实验过程中要爱护各种设备和仪器，使用精密仪器时，更要细心谨慎操作，避免因粗枝大叶而损坏仪器。如不慎损坏仪器，要及时报告老师，办理登记、换领手续。要节约水、电、煤气和消耗性药品。

⑩ 实验完毕，应将仪器洗涤干净放回原处。整理好台面，经教师检查批准后方可离开实验室。实验室里的一切物品（仪器、药品等）不得带离实验室。

⑪ 值日生负责打扫整个实验室卫生，打扫干净水槽和地面，倒掉废液缸中的废液，负责检查并关好水、电开关和门窗。

⑫ 实验结束后及时整理实验记录，写出完整的实验报告，按时交教师审阅。

二、有机化学实验室安全知识

有机化学实验使用的药品，多是有毒、易燃或有爆炸性的物质，而且实验又常在加热条件下进行，如果操作不慎，容易引起中毒或着火、爆炸事故。为了防止事故的发生，学生必须了解实验室安全知识。

1. 有机化学实验室安全规则

① 熟悉实验室水门、电闸的位置，熟悉实验室内灭火器、砂箱和急救药箱放置的地方和使用方法。

② 装配仪器时，若塞孔过紧，切勿勉强塞入，以免将手戳伤。

玻璃管插入塞孔时，要抹少量水（或甘油），操作时两手要靠近，应旋转插入而不要压入，否则也会将手指戳伤。

③ 实验开始前，应检验仪器是否完整无损，装置是否正确、稳妥与严密，常压操作时，切勿造成密闭系统，否则可能会发生爆炸事故。

④ 使用易燃、易爆药品时，应远离火源，用后要将瓶塞塞严放在阴凉的地方。对于易爆药品，切勿撞击或重压。对于易爆炸的固体残渣，必须小心销毁，如用盐酸或硝酸分解重金属炔化物等。银氨溶液久置后也会发生爆炸，因此不能保存，用剩的银氨溶液应及时处理。

⑤ 点燃易爆气体时，必须将容器内的空气排尽。带火星的火柴梗不得随手乱扔。不使用破口酒精灯，不能用点燃的酒精灯去点别的酒精灯，以免酒精流出而失火。

⑥ 加热盛有液体的试管时，试管口不可对着别人和自己，不要俯视正在加热的液体，以免液体溅出而受到伤害。

⑦ 实验室任何药品均不许口尝。使用腐蚀性药品切勿接触皮肤。处理有毒药品时，室内应保持空气流通，或在通风橱内进行。使用有毒药品时不能接触伤口，也不能随便倒入下水道，以免污染环境。

⑧ 不要俯向容器去嗅闻放出的气体，应离开一些，用手轻拂气体，将少量气体扇向自己后再嗅。

⑨ 使用电器设备时，要谨防触电，不要用湿的手和物去接触插头。实验完毕，应将电器的电源切断。

⑩ 实验完毕，必须洗净双手。实验室所有药品不得携出室外，用剩的有毒药品应及时交还教师。

2. 实验室事故的处理

① 一旦发生着火事故，一定要保持镇静。首先拉下电闸，撤去酒精灯（或关闭煤气开关），迅速移开附近的易燃易爆物质。

少量有机溶剂着火，可用湿布、石棉布盖灭，玻璃容器内有机溶剂着火时，最好用大块石棉布盖灭而不要用砂土灭火，以防打碎仪器引起更大面积着火，切记勿用水灭火。如果火势较大，可用泡沫灭火器灭火。

电器设备着火，应先切断电源，再用四氯化碳灭火器（注意通风，以防中毒）或二氧化碳灭火器灭火，灭火时应从火的四周开始向中心扑灭。

衣服着火时，立即用湿布抹熄，抹不熄时应迅速脱下衣服，将火闷熄，千万不能惊慌乱跑，以防火势扩大，情况紧急时，也可就地打滚，盖上毛毯或用水冲淋，使火熄灭。

② 如果在皮肤上溅着强酸或强碱溶液时，应立即用大量水冲洗，酸液灼伤再用1%（质量分数）碳酸氢钠溶液冲洗，碱液灼伤则用1%（质量分数）硼酸溶液冲洗，然后用水冲洗，最后在灼伤处涂上药用凡士林。

若强酸或强碱溶液溅入眼内，处理方法同上，并及时送医院治疗。

③ 如果皮肤被溴灼伤时，先用苯或甘油洗，再用水冲洗。如果被苯酚灼伤，先用酒精擦洗，然后用水冲洗。

④ 玻璃割伤时，若伤口内有玻璃碎片，应先挑出，然后洗净抹上红药水并进行包扎。当伤口较深流血不止时，可在伤口上下10cm处用纱布扎紧，以减慢流血，并立即送医院治疗。

⑤ 烫伤时切勿用水冲洗，一般涂以烫伤油膏。

3. 急救用具

（1）消防器材　在实验室内一定地点应放置泡沫灭火器、四氯化碳灭火器、二氧化碳灭火器、石棉布、砂箱等消防器材。

（2）急救药箱　在实验室内一定地点放置急救药箱，内装碘酒、红药水、紫药水、甘油、凡士林、烫伤油膏、70%（质量分数）酒精、3%（质量分数）双氧水、1%（质量分数）乙酸溶液、1%（质量分数）硼酸溶液、1%（质量分数）$NaHCO_3$溶液、棉花签、药棉、绷带、纱布、橡皮膏、剪刀、医用镊子等。

三、有机实验室常用的普通玻璃仪器和其他用品

1. 普通玻璃仪器

有机化学实验常用的普通玻璃仪器如图1所示。

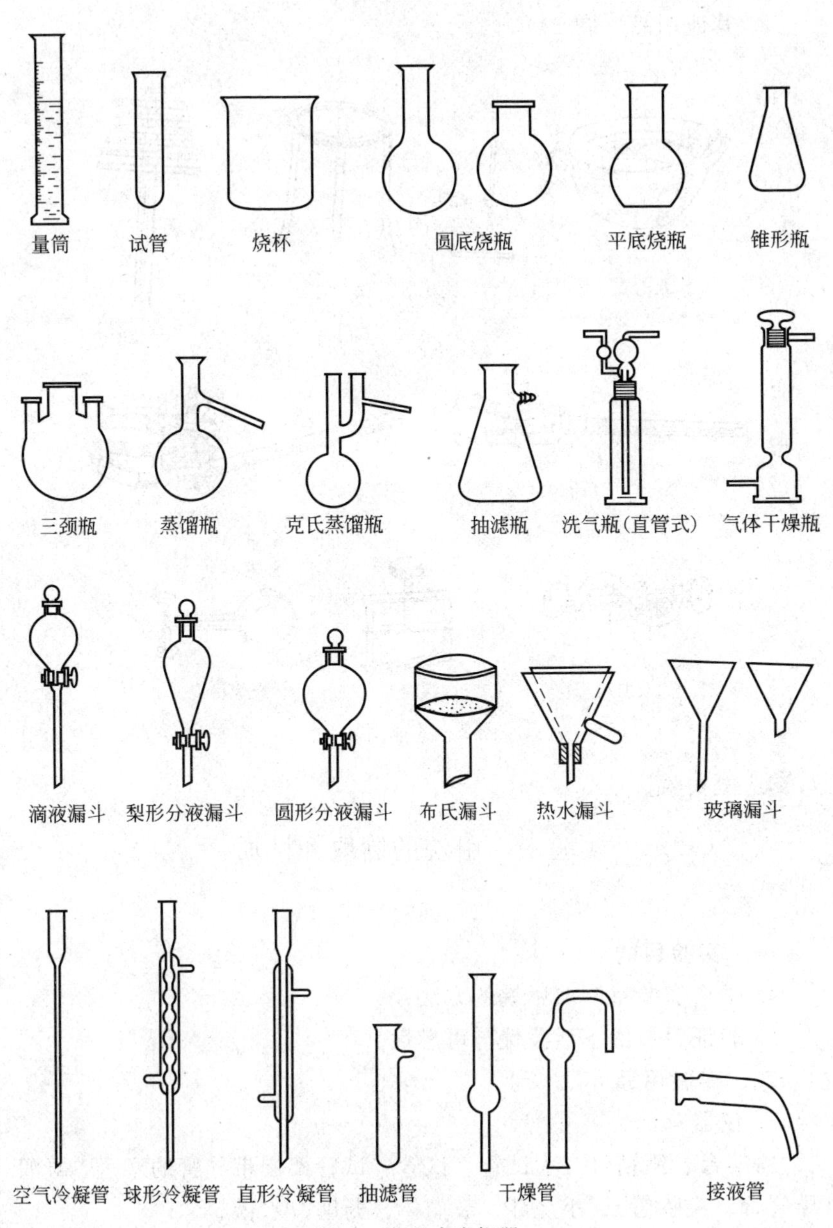
量筒
试管
烧杯
圆底烧瓶
平底烧瓶
锥形瓶
三颈瓶
蒸馏瓶
克氏蒸馏瓶
抽滤瓶
洗气瓶(直管式)
气体干燥瓶
滴液漏斗
梨形分液漏斗
圆形分液漏斗
布氏漏斗
热水漏斗
玻璃漏斗
空气冷凝管
球形冷凝管
直形冷凝管
抽滤管
干燥管
接液管

图 1　普通玻璃仪器

2. 其他用品（图 2）

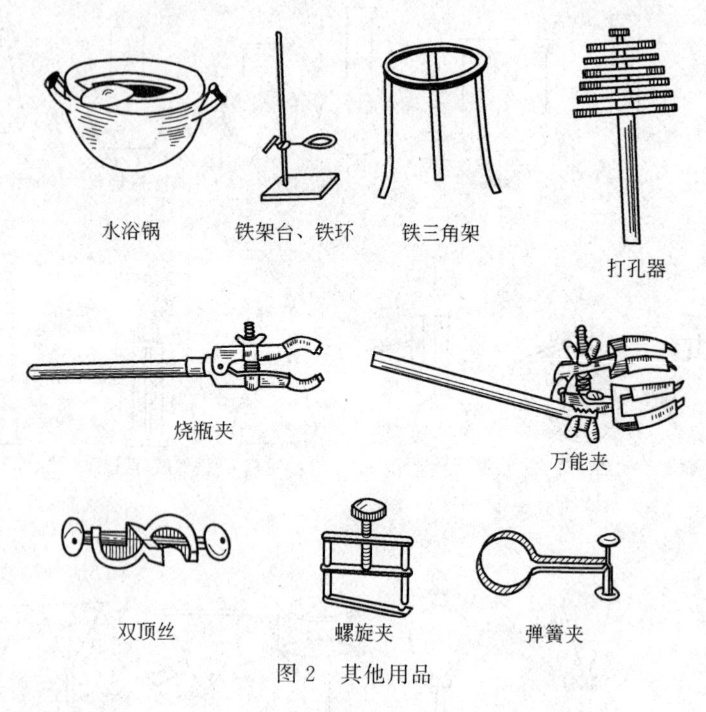

图 2　其他用品

[选做实验]

实验一　甲烷的制取和性质

一、实验目的

1. 学会实验室制取甲烷的方法；

2. 验证甲烷的不活泼性与可燃性。

二、实验用品

1. 仪器

铁架台、酒精灯、大试管、试管、试管架、带导管的塞子、导管（导气管、尖嘴管）、小烧杯、玻璃棒、药匙、水槽。

2. 药品

干燥的无水乙酸钠[注1]、干燥的碱石灰[注2]、2%（质量分数）溴水（淡黄色）、0.1%（质量分数）$KMnO_4$ 酸性溶液、石灰水、火柴。

三、实验步骤

1. 甲烷的制取

① 按图 3 将仪器安装好，并检查装置的气密性。

② 取 3g 研细了的无水乙酸钠和 6g 研细了的碱石灰，放在纸上用玻璃棒混合均匀，然后装入上述装置中干燥洁净的大试管里，使药品疏松地平铺在试管底部。试管固定在铁架台上时，试管口应略微向下倾斜。再检查装置是否漏气。

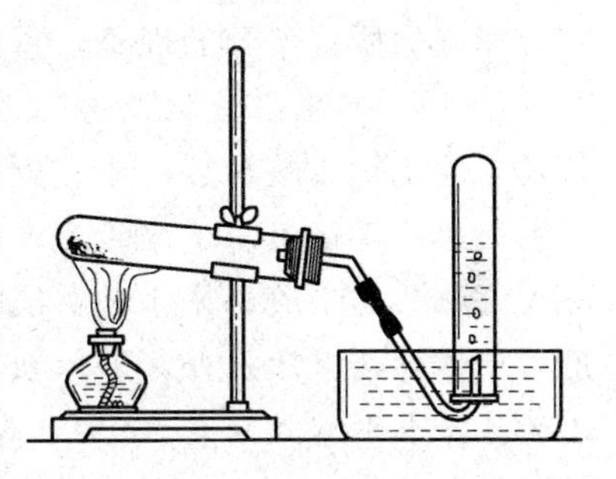

图 3　甲烷的制取

准备 3 支试管，分别加入下列试剂。

第 1 支：2mL 稀溴水。

第 2 支：2mL 0.1%（质量分数）$KMnO_4$ 酸性溶液。

第 3 支：装满水并倒立在盛水的容器中，供排水集气用。

准备 1 个干燥的小烧杯。

③ 小心地加热盛有混合物的试管。先使酒精灯在试管下方来回移动，微热整个试管，使其均匀受热，然后在药品所在部位缓缓加热，使火焰由试管前部逐渐移向底部[注3]。待试管里的空气排尽后，用排水取气法收集一试管甲烷，写出反应的化学方程式。立即做下列性质实验。

2. 甲烷的性质

① 观察甲烷的颜色和状态，并闻它的气味。

② 迅速将导管下端的弯曲玻璃管取下，换上一根直的下端有尖嘴的玻璃管。

将导管插入盛溴水的试管中，观察溶液是否褪色[注4]。

从溴水中取出导管，迅速用水洗净（避免试剂互相污染，影响实验效果)，然后插入盛 $KMnO_4$ 酸性溶液的试管中，观察溶液是否褪色。

③ 在导管口点燃纯净的甲烷，观察火焰的颜色[注5]。在甲烷火焰的上方倒放一个干燥的小烧杯，注意烧杯内壁出现什么现象？再换一个内壁用石灰水润湿了的小烧杯，罩在甲烷火焰上，又观察到什么现象？

解释你所观察到的现象，写出有关反应的化学方程式。

[注1] 市售乙酸钠是普通乙酸钠晶体 ($CH_3COONa \cdot 3H_2O$)，必须制成无水乙酸钠后，才能使用，即使新购得的无水乙酸钠也需经熔融处理后再使用。干燥的无水乙酸钠是由普通乙酸钠晶体加热脱水而成，把普通乙酸钠晶体放在铁或瓷蒸发皿中用酒精灯加热，并不断用玻璃棒搅拌（防止外溅和结块)。不久乙酸钠晶体熔化，溶解在自己的结晶水中（58℃左右)，随着温度的升高，水分逐渐蒸发而凝固，得到白色固体（120℃左右)。继续加热，固体又熔融，呈深灰色的液体，离开火焰充分搅拌几分钟，放置稍冷后，转移到研钵中研细，立即装入密塞容器，并存放在干燥器中备用，这样就制得干燥的无水乙酸钠。

无水乙酸钠极易吸收水分，最好在临用前一天制备。贮存过久的无水乙酸钠最好在使用前重新加热，以除去可能含有的水分。乙酸钠在实验前去水，这是实验成功的关键。

[注2] 碱石灰是氢氧化钠和生石灰的混合物，成块状，可购得。使用时需在铁研钵中敲碎，再在瓷研钵中研碎。碱石灰在使用前也应煅烧去水，烘干后再与无水乙酸钠混合。碱石灰中的生石灰并不参加反应，但它的存在可以使反应物变得疏松，有利于生成的甲烷气体逸出。同时，生石灰具有强吸湿性，可以吸收加热反应物时所释出的水分。

如果没有碱石灰，可用下法自制：在铁或瓷蒸发皿中放入两份磨碎的生石灰，然后加入 1 份饱和氢氧化钠溶液，将混合物蒸干、煅烧、磨碎、即得。

[注3] 甲烷的制备需要加强热，但不能灼热，加热过猛时，会

发生副反应，产生丙酮等，影响后面实验效果。气体发生装置中，试管口略微向下倾斜就是为了防止副产物丙酮的冷凝液倒流回试管底，引起试管炸裂，同时也减少丙酮蒸气混入甲烷中。

若先加热试管底部，因开始生成的甲烷气体，常易冲散固体混合物，甚至造成导管口的堵塞，故采用由前到后的加热方法。

[注4] 在本实验条件下，甲烷与溴不起反应，但通入甲烷的时间过长，会使易挥发的溴被甲烷气流带走，可使溴水褪色，造成错误的实验结果。

[注5] 纯净的甲烷燃烧时火焰呈淡蓝色，由于含有少量丙酮和钠玻璃的原因，火焰可能微带黄色。

实验二 乙烯和乙炔的制备及性质 苯和甲苯的性质

一、实验目的

1. 学会乙烯和乙炔的实验室制法；

2. 加深对乙烯和乙炔性质的认识，掌握鉴别它们的方法；

3. 加深对苯和甲苯性质的认识。

二、实验用品

1. 仪器

铁架台、酒精灯、大试管、试管、试管架、带导管的塞子、导管、尖嘴管、棉花、碎瓷片。

2. 药品

电石（碳化钙）、95%（质量分数）酒精、96%～98%（质量分数）浓硫酸、溴水、0.05%（质量分数）$KMnO_4$ 酸性溶液、苯、甲苯、植物油。

三、实验步骤

1. 乙烯的制取和性质

① 用一个大试管按照图 4 把仪器安装好，并检查这一装置是否漏气。

② 从铁架上取下大试管，向其中加入 2mL 95%（质量分数）的

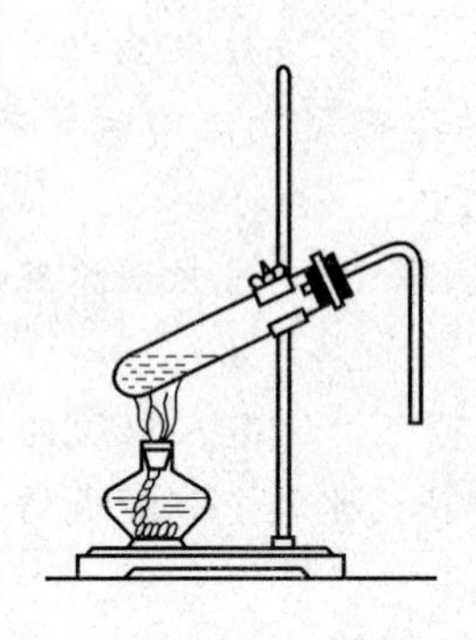

图 4　制取乙烯的装置

酒精，在振摇和不断用冷水冷却下慢慢地滴入 6mL 浓硫酸（小心）[注1]，并向试管中放入少量碎瓷片，以防混合液受热时爆沸。然后，用带导管的塞子塞住试管，将试管固定在铁架台上（铁夹应夹在离试管口约 1/3 处，试管跟台面成 45°角），并检查仪器安装是否严密。

准备 2 支试管，分别加入下列试剂。

第 1 支：2mL 稀溴水。

第 2 支：0.05%（质量分数）$KMnO_4$ 酸性溶液。

用酒精灯给试管里的液体加热。先使试管均匀受热，然后小心地在试管里液体的中下部加热（切不可使试管口对着自己或别人），并且不时地上下移动酒精灯的火焰，使混合物的温度迅速上升到 170℃ 左右，这时便有乙烯生成[注2]。写出反应的化学方程式。立即进行下列性质实验（与甲烷的性质对比）。

③ 将乙烯通入盛溴水的试管，观察溶液颜色的变化。写出反应的化学方程式。

④ 将乙烯通入盛 0.05%（质量分数）$KMnO_4$ 酸性溶液[注3]的试管中，观察溶液颜色的变化。

⑤ 立即给导管下端连接一段尖嘴玻璃管，并将尖嘴口向上，点燃乙烯气体，观察乙烯燃烧时火焰的明亮程度。写出反应的化学方程式。

2. 乙炔的制取和性质

① 实验装置如图 5 所示，检查这一装置是否漏气。

② 在干燥的 100mL 烧瓶中，沿瓶壁小心地放人几小块电石（约 6g 左右），把饱和食盐水倒入 50mL 滴液漏斗[注4]中，并检查仪器安装是否严密。

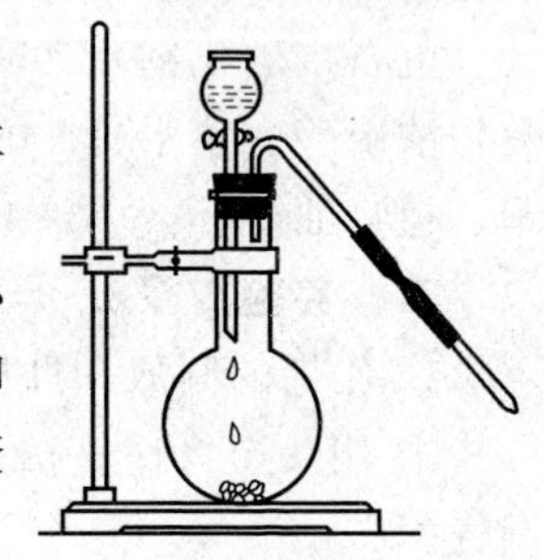

图 5　制取乙炔的装置

准备 4 支试管，分别加入下列试剂。

第 1 支：2mL 稀溴水。

第 2 支：2mL 0.05%（质量分数）$KMnO_4$ 酸性溶液。

第 3 支：2mL 银氨溶液[注5]。

第 4 支：2mL 氯化亚铜的氨溶液[注6]。

旋开滴液漏斗的活塞，将饱和食盐水慢慢地滴入烧瓶中，不要一次滴入太多，以控制乙炔气体均匀地发生。写出反应的化学方程式。立即进行下列性质实验（与甲烷、乙烯的性质对比）。

③ 将乙炔通入盛溴水的试管中，观察溶液颜色的变化。写出反应的化学方程式。

④ 将乙炔通入盛 $KMnO_4$ 酸性溶液的试管中，观察溶液颜色的变化。

⑤ 将乙炔通入盛银氨溶液的试管中，观察发生的现象。

⑥ 立即用水洗净尖嘴导管，再插入盛氯化亚铜的氨溶液的试管中，观察发生的现象。

⑦ 向烧瓶中滴加较多的食盐水，使乙炔大量发生，并将尖嘴管擦净，管口向上，点燃纯净的乙炔（注意气流充分，且点燃时间不宜过长，以免火焰延烧入烧瓶中而引起爆炸），观察乙炔燃烧的火焰。写出反应的化学方程式。

3. 苯和甲苯的性质

① 向一支试管中加入 1mL 苯，向另一支试管中加入 1mL 水。然后向这两支试管中各加入几滴植物油。振荡两试管，观察油脂在苯和水中的溶解情况。

② 在两支试管中分别加入 1mL 苯。然后向一支试管中滴入少量溴水，向另一支试管中滴入少量 $KMnO_4$ 酸性溶液。振荡两试管，观察到什么现象？并加以解释。

③ 在两支试管中分别加入 1mL 甲苯。再向一支试管中滴入少量溴水，向另一支试管中滴入少量 $KMnO_4$ 酸性溶液。振荡两试管，观察到什么现象？并解释这种现象。

[注1] 也可以直接向大试管中加入酒精与浓硫酸的混合液 8mL。混合液是由 1 体积酒精［含量不得低于 95%（质量分数）］和 3 体积浓

硫酸混合而成。教师可在实验课前配好混合液，供学生实验时使用。

实验证明，乙醇与硫酸的物质的量为 1∶3 时，效果最好。

[注2] 乙醇在浓硫酸存在时，加热到约 140℃，主要生成乙醚，高于 140℃时产生乙烯，在 170℃时主要生成乙烯。因此实验开始时要强火加热迅速超过 140℃，达到 160℃后要控制在 170℃左右。

在上述反应中，浓硫酸不但是脱水剂，也是氧化剂，在反应过程中易将乙醇等有机物氧化，最后便生成一部分 CO_2、CO、C（因此试管中液体变黑）和 SO_2。要制取纯净乙烯，还必须进行洗涤，使气体通过浓硫酸除去乙醇、乙醚蒸气；通过 10%（质量分数）氢氧化钠溶液，除去 CO_2 和 SO_2 气体。

[注3] $KMnO_4$ 酸性溶液是在配制的 $KMnO_4$ 溶液中事先滴入几滴稀硫酸。

实验证明，若 $KMnO_4$ 溶液的含量大于 0.05%（质量分数），通入乙烯气流时，则生成 MnO_2 沉淀，使溶液呈棕褐色浑浊；若 $KMnO_4$ 溶液含量小于 0.05%（质量分数）时，通入乙烯则生成 $MnSO_4$ 无色溶液。因此稀 $KMnO_4$ 溶液与乙烯作用，能使 $KMnO_4$ 溶液的紫色褪去。

[注4] 滴液漏斗外形和分液漏斗相似，其使用方法与注意事项也大致相同。滴液漏斗主要用于滴加料液，滴加速度易于控制，并能进行观察与调节。

[注5] 在 2%（质量分数）的 $AgNO_3$ 溶液中，逐渐滴入 2%（质量分数）的稀氨水，边滴边振摇，直到最初产生的沉淀恰好溶解为止。这时得到澄清的硝酸银的氨水溶液，通常叫做银氨溶液。

[注6] 氯化亚铜的氨水溶液的配制：取 1g 氯化亚铜，加 1～2mL 浓氨水和 10mL 水用力振摇后，静置片刻，倾出溶液并投入一块铜片（或铜丝），贮存备用。

实验完毕，生成的乙炔银和乙炔亚铜沉淀不得随便弃置，必须加酸分解，其方法是先将沉淀上面的清液倒掉，然后加入 2mL 稀硝酸（或稀盐酸），加热煮沸使之分解后再将溶液倒入废液缸中。

实验三　乙醇和苯酚的性质

一、实验目的

加深对乙醇和苯酚重要性质的认识。

二、实验用品

1. 仪器

试管、试管架、试管夹、酒精灯、药匙、烧杯、玻璃棒。

2. 药品

无水乙醇、95%（质量分数）乙醇、铜丝、金属钠、10%（质量分数）NaOH 溶液、苯酚晶体、稀盐酸、饱和溴水、1%（质量分数）$FeCl_3$ 溶液、饱和 Na_2CO_3 溶液、2%（质量分数）苯酚溶液。

三、实验步骤

1. 乙醇的重要性质

（1）乙醇与金属钠的反应　在干燥的大试管中，加入 5mL 无水乙醇，再放进一小块（像绿豆粒那样大）金属钠[注1]，观察发生的现象。用大拇指按住试管口片刻，然后用点燃的火柴接近试管口，检验反应后有何气体产生？写出反应的化学方程式。

（2）乙醇氧化生成乙醛的反应　在试管中加入 2mL 95%（质量分数）的乙醇，再取一根铜丝，在玻璃棒的一端绕成螺旋状。把一端弯成螺旋状的铜丝放在酒精灯火焰上加热，使铜丝表面生成一薄层黑色的氧化铜后，立即把它插入盛有乙醇的试管中，这样反复操作几次，注意闻生成的乙醛的气味，并注意观察铜丝表面的变化。写出反应的化学方程式。

2. 苯酚的性质

（1）苯酚在水中的溶解性　在试管中加入少量苯酚晶粒，再加入 1～2mL 水，振荡试管，结果水变浑浊。随后加热苯酚和水的混合物，浑浊液逐渐变得透明。再使透明液体冷却，观察所起的变化。解释这些现象。

（2）苯酚的弱酸性　向（1）中苯酚和水的混合物里加入少量

10%（质量分数）NaOH 溶液，轻轻振荡试管，观察有什么现象发生？并加以解释。写出反应的化学方程式。

向上述溶液中注入少量稀盐酸[注2]，溶液又变浑浊。解释发生这一现象的原因，并写出反应的化学方程式。

（3）苯酚的卤代反应　向试管中加入 2 滴 2%苯酚稀溶液，再加入约 4mL 水，然后在振荡下逐滴加入饱和溴水[注3]，直到有白色浑浊现象出现为止。解释发生的现象，并写出反应的化学方程式。

（4）苯酚与氯化铁的显色反应　在试管中滴入几滴 2%（质量分数）的苯酚稀溶液，再加入约 3mL 水，振荡后再逐滴滴入 $FeCl_3$ 溶液[注4]。观察有什么现象发生？

[注1]　金属钠从煤油中取出后，放在玻璃片上，用小刀切去外皮，将有金属光泽的钠再切成所需要的大小，用滤纸吸干表面上的煤油，供实验用。切下的外皮和用剩下的钠仍放回原瓶中，切勿抛在水槽或废液缸中。

乙醇与钠起反应后，反应速率逐渐变慢，这是因为金属钠表面包上了一层乙醇钠的缘故，这时稍微加热，可使反应进行完全，直到钠粒完全消失。

[注2]　在室温条件下，苯酚微溶于水，如果稀酸加得过量，则苯酚全部溶解。

[注3]　苯酚与溴水起反应，既不需要加热，也不需用催化剂，很快生成2,4,6-三溴苯酚白色沉淀，反应极为灵敏，极稀的苯酚溶液也可以看出明显的浑浊现象。但应注意溴水不能过量，若滴加过量溴水，则白色沉淀会转化为淡黄色难溶于水的四溴化物沉淀。

[注4]　向苯酚溶液中滴入 $FeCl_3$ 溶液，不要多加，否则生成的颜色易被 $FeCl_3$ 溶液的深黄色所掩盖，观察不到正确的结果。

实验四　乙醛、乙酸和乙酸乙酯的性质

一、实验目的

1. 加深对乙醛、乙酸和乙酸乙酯重要性质的认识；

2. 学习乙酸乙酯的制备方法；

3. 掌握醛和酮的鉴别方法。

二、实验用品

1. 仪器

试管、试管架、试管夹、酒精灯、烧杯、铁架台、单孔橡皮塞、导管、pH 试纸。

2. 药品❶

10%NaOH 溶液、2% $AgNO_3$ 溶液、2%氨水、40%甲醛溶液、乙醛稀溶液、乙醇、乙酸、饱和 Na_2CO_3 溶液、2%$CuSO_4$ 溶液、浓硫酸、10%硫酸、品红试剂。

三、实验步骤

1. 醛的氧化反应与醛酮的鉴别

（1）银镜反应　向两支试管中分别加入少量 10%（质量分数）NaOH 溶液，加热煮沸，把碱液倒去后，再用蒸馏水冲洗干净。准备做下面实验。

在上面洗净的一支试管中加入 1mL 2%的 $AgNO_3$ 溶液，再逐滴滴入 2%氨水，边滴边振荡，直到最初生成的沉淀恰好溶解为止，这样就配成银氨溶液[注1]。把配制好的银氨溶液分装到两支洁净的试管中（即将制得的银氨溶液的 1/2 倒入另一洗净的试管中）。然后沿试管壁向一支试管中滴入 3 滴乙醛稀溶液，向另一支试管中滴入丙酮 2～3滴，混合均匀后，将两支试管放在 50～60℃的水浴中[注2]静置，温热几分钟，观察有无银镜形成[注3]。解释原因，并写出反应的化学方程式。

（2）乙醛被氢氧化铜[注4]氧化　在两支洁净的试管中，分别加入 10% NaOH 溶液 2mL，再分别滴入 2% $CuSO_4$ 溶液 4～5 滴，振荡。然后向一支试管中加入 0.5mL 乙醛稀溶液，向另一支试管中加入 0.5mL 丙酮。在酒精灯火焰上加热到沸腾，观察有无红色沉淀[注5]生成。解释原因，并写出反应的化学方程式。

---

❶ 溶液的浓度均为溶质的质量分数。

(3) 醛与品红试剂的反应　在三支试管中分别加入 1mL 品红试剂[注6]，再分别滴入 3～4 滴 40％甲醛溶液、40％乙醛溶液和丙酮，摇匀后静置几分钟，观察溶液颜色的变化。

然后在加入甲醛、乙醛的试管中分别滴入 0.5mL 浓硫酸、振荡后观察溶液的颜色有无变化。

2. 乙酸的重要性质

(1) 乙酸的酸性　用干燥的细玻璃棒蘸取乙酸溶液，在 pH 试纸上测定它的 pH。

(2) 酯化反应——乙酸乙酯的制取　向一支试管中注入乙酸和乙醇各 2mL，再慢慢地滴入 0.5mL 浓硫酸，在另一支试管中加入 3mL Na_2CO_3 饱和溶液，按图 6 装置把仪器连接好。

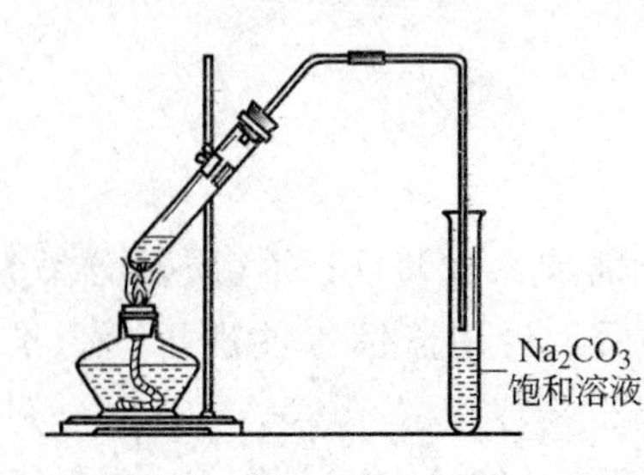

图 6　乙酸乙酯的制取

用小火加热试管里的混合物，把产生的蒸气经导管通到另一试管（盛有 3mL 饱和 Na_2CO_3 溶液）中的液面上方 0.5cm 处，注意观察有透明的油状液体浮在液面上。小心取下盛有 Na_2CO_3 溶液的试管，并停止加热。振荡盛有 Na_2CO_3 溶液的试管后静置，待溶液分成两层，上层的油状液体就是乙酸乙酯，并可闻到果香气味。写出反应的化学方程式。

3. 乙酸乙酯的水解

取 3 支试管，分别加入下列试剂。

第 1 支：0.5mL 乙酸乙酯和 0.5mL 水。

第 2 支：0.5mL 乙酸乙酯、0.5mL 水和 1mL 10％的硫酸。

第 3 支：0.5mL 乙酸乙酯、0.5mL 水和 1mL 10％NaOH 溶液。

把上述 3 支试管同时放入 70～80℃的水浴中，不断地振荡试管，比较三支试管中酯层消失的速率。

[注1]　配制银氨溶液时，应防止加入过量的氨水，否则能生成雷酸银（ Ag—O—N≡C ），它受热或撞击时会引起爆炸，试剂本身

也失去灵敏性。

银氨溶液必须随配随用，不可久置，否则会析出黑色叠氮化银（AgN_3）沉淀，这种沉淀哪怕是用玻璃棒刮擦也会分解而发生猛烈的爆炸。

银氨溶液能在皮肤上留下黑色斑痕，应防止沾着。

[注2] 反应时需要加热，但必须在水浴中进行，不可用灯焰直接加热，否则可能产生易爆炸的雷酸银。

[注3] 如果要使反应现象明显，生成的银镜洁净明亮，反应中所用的试管必须洗涤得非常洁净，否则只要有极少的污秽都会使金属银不能附着在管壁上形成银镜，而以黑色粉状金属银沉淀析出。

反应完毕，应在试管中加入1mL稀硝酸，即刻煮沸并洗去银镜，并用水洗净，以免生成物产生雷酸银。反应混合液要及时处理，不可久置，防止久置后生成叠氮化银沉淀。

[注4] $Cu(OH)_2$ 的缺点是容易分解失效，必须新制。因此常用的是费林试剂。费林试剂通常分为A、B两种溶液，具体配法如下。

费林A：34.6g硫酸铜晶体（$CuSO_4 \cdot 5H_2O$）溶于500mL水中。

费林B：173g酒石酸钾钠晶体和71g粒状NaOH固体溶在400mL水中，再稀释成500mL溶液。

使用时将A、B两溶液等体积混合后立即使用。

[注5] 若得到的沉淀是红里带黑，则可能是由于氢氧化铜沉淀受热分解为氧化铜的缘故。

丙酮不被氧化，则无红色氧化亚铜沉淀。

[注6] 配制品红溶液最快的方法是在品红溶液中通入 SO_2 气体，使品红溶液的桃红色褪去，即制得品红试剂。

配制品红试剂的另一种方法是：称取2g品红盐酸盐研细，溶于含2mL浓盐酸的200mL蒸馏水中（为加速溶解可加热），冷却后加入2g亚硫酸氢钠（$NaHSO_3$），搅拌后静置直到红色褪去（若溶液最后仍是黄色，可加入0.5g活性炭搅拌后过滤），得到无色透明的溶液，即品红试剂。此试剂应保存在密闭的棕色瓶中。

实验五　糖类和蛋白质的性质

一、实验目的

1. 加深对糖类、蛋白质的重要性质的认识；

2. 熟悉某些糖类的鉴别方法和蛋白质的检验方法。

二、实验用品

1. 仪器

酒精灯、试管、试管架、试管夹、烧杯、玻璃棒、滴管、小刀、火柴。

2. 药品

10 葡萄糖溶液、2%蔗糖溶液、10%NaOH 溶液、5%$CuSO_4$ 溶液、10%$CuSO_4$ 溶液、2%氨水、2%$AgNO_3$ 溶液、30%硫酸、浓硫酸、2% 淀粉溶液、40% 甲醛溶液、95% 乙醇溶液、浓硝酸、$(NH_4)_2SO_4$ 饱和溶液、鸡蛋白溶液、蒸馏水、棉布和毛料各一小条（或棉纱线和羊毛线）、热水、浓硫酸、稀碘酒溶液、脱脂棉（或滤纸）、马铃薯。

三、实验步骤

1. 葡萄糖、蔗糖、淀粉和纤维素的重要性质

（1）葡萄糖的还原反应　准备 2 支试管，做下面实验。

在第 1 支试管中加 1mL 10%NaOH 溶液，加热煮沸后把碱液倒去，用蒸馏水冲洗，使试管十分洁净。然后在洁净的试管中加入新制的银氨溶液，再加入 1～2mL 10%葡萄糖溶液，使其充分混合均匀后，放入 60～70℃的水浴中，静置加热 3～5min，观察发生的现象。

在第 2 支洗涤干净的试管中，注入 2～3mL 10%NaOH 溶液，再加入 3～4 滴 5%$CuSO_4$ 溶液，观察淡蓝色 $Cu(OH)_2$ 沉淀的生成。在生成的 $Cu(OH)_2$ 沉淀里立即加入 2mL 10%葡萄糖溶液。用酒精灯火焰加热后，可以观察到有红色的氧化亚铜沉淀生成。

由上述实验证明，葡萄糖分子里含有什么官能团？

（2）蔗糖的水解反应　准备 3 支试管，并洗涤干净，做下面

实验。

在第 1 支试管中，注入 2～3mL 10％NaOH 溶液，再加入 3～4 滴 5％$CuSO_4$ 溶液，制得 $Cu(OH)_2$ 沉淀，然后向其中加入约 2mL 蔗糖溶液，加热。观察有没有氧化亚铜沉淀生成[注1]。

在第 2 支试管中，加入少量蔗糖溶液，再加入 3～5 滴 30％硫酸，然后把混合液煮沸几分钟，使蔗糖发生水解反应。放置冷却后加入 10％NaOH 溶液来中和其中剩余的 H_2SO_4。

在第 3 支试管中，注入 2～3mL 10％NaOH 溶液，再加入 3～4 滴 5％$CuSO_4$ 溶液，制备好 $Cu(OH)_2$ 沉淀，然后再向其中逐滴加入上面第 2 支试管已经水解的蔗糖溶液，边加边振动试管。将试管里的混合物用酒精灯火焰加热，观察有没有氧化亚铜沉淀生成。

写出上述实验里各步反应的化学方程式。

（3）淀粉的水解　准备 3 支洗涤干净的试管，做下面实验。

在第 1 支试管中，注入 2～3mL 10％ NaOH 溶液，再加入 3～4 滴 5％ $CuSO_4$ 溶液，制备好 $Cu(OH)_2$ 沉淀。

在第 2 支试管中加入 1～2mL 2％淀粉溶液，再加入少量新制的 $Cu(OH)_2$ 沉淀，加热。观察有没有红色氧化亚铜生成。

在第 3 支试管中加入 1～2mL 2％淀粉溶液，再加入 3～5 滴 30％硫酸，煮沸 5min。放置冷却后用 10％ NaOH 溶液中和剩余 H_2SO_4。然后加入新制的 $Cu(OH)_2$ 沉淀，加热后，观察有没有红色氧化亚铜生成。

（4）食物中淀粉的检验　用小刀切一片马铃薯，在上面滴一滴碘酒溶液，观察发生的现象。

（5）纤维素的水解　将一小团（蚕豆大）蓬松脱脂棉（或一小块滤纸）放入试管，小心地滴入 3 滴浓硫酸，用玻璃棒搅动使脱脂棉变成糊状，再加入 2mL 水，用酒精灯加热，边加热边摇动试管，直到溶液呈亮棕色为止，然后加入 10％ NaOH 溶液来中和剩余的硫酸。最后在亮棕色溶液里加入新制的 $Cu(OH)_2$ 沉淀，加热到沸腾，观察有无氧化亚铜红色沉淀生成。

解释这些现象，并写出反应的化学方程式。

2. 蛋白质的重要性质

(1) 盐析　在试管中加入1～2mL鸡蛋白溶液[注2]，再缓慢地加入少量饱和（$(NH_4)_2SO_4$）（或Na_2SO_4）溶液，可以观察到蛋白质立即沉淀[注3]出来。把该少量有沉淀的液体倒入另一盛有蒸馏水的试管中，可以看到沉淀的蛋白质重新溶解。

(2) 变性　准备3支试管，做下面实验。

在第1支试管中，加入3mL鸡蛋白溶液，加热，可以看到蛋白质凝成絮状。再把絮状蛋白质取出一些放入盛有蒸馏水的试管中，可以观察到絮状沉淀不再溶解。

在第2支试管中，加入3mL鸡蛋白溶液，随即加入1mL 10% $CuSO_4$溶液，可以看到，蛋白质凝结成沉淀析出。将少量该沉淀放入盛有蒸馏水的试管中，可以观察到沉淀不再溶解。

在第3支试管中，加入2mL鸡蛋白溶液，再向其中加入2mL甲醛溶液。可以看到，蛋白质凝结成沉淀析出。将少量该沉淀放入盛有蒸馏水的试管里，可以看到沉淀不再溶解。

(3) 颜色反应　向试管中加入2mL鸡蛋白溶液，再滴入几滴浓硝酸，微热，可以观察到，即有黄色沉淀析出。这就是黄蛋白反应。

(4) 蛋白质的灼烧　取棉线和毛线分别在酒精灯火焰上灼烧，可以闻到不同的气味。根据它们烧焦时的气味可以辨别棉线和毛线。

[注1]　没有氧化亚铜生成。做此实验时，应注意市售白糖常混有少量葡萄糖，所以也会发生醛基反应，使实验失败。因此实验前要检验糖的纯度。最好用结晶砂糖或冰糖。采用冰糖时，应该用刀子刮掉冰糖的表层或用水洗去冰糖表层附着的杂质，用内层为好。

[注2]　蛋白质溶液的配制方法是：取鸡蛋一个，用镊子在蛋的两端各截一个小孔，小心地把卵清蛋白滴入烧杯中，加100mL蒸馏水搅拌，然后用湿润的纱布过滤，滤去卵球蛋白和一些凝块及薄膜，滤下的澄清溶液就是鸡蛋白溶液。

[注3]　实验时如蛋白质沉淀不明显，可滴入少量的乙酸，沉淀

生成快而明显。发生盐析作用的原因，是因为蛋白质为高分子化合物，与胶体有很多相似之处，粒子上带有电荷，所带电荷被吸附在粒子上面的盐的离子所中和，因而发生沉淀。但一般轻金属盐需要在蛋白质溶液中滴入1～2滴酸，使蛋白质溶液呈酸性后才能盐析完全，容易生成沉淀，而且加水后沉淀易溶解。

选做实验

硝基苯和酚醛树脂的制取

一、实验目的

1. 加深对硝化反应和缩聚反应的认识；

2. 学习硝基苯和酚醛树脂的制法，初步掌握制取它们的实验操作技能。

二、实验用品

1. 仪器

大试管、试管架、试管夹、烧杯、酒精灯、带长玻璃导管（约30cm）的橡皮塞、量筒。

2. 药品

浓硫酸（密度 1.84g/cm^3）、浓硝酸（密度 1.42g/cm^3）、苯、苯酚、40%甲醛溶液、浓盐酸、乙醇。

三、实验步骤

1. 硝基苯的制取

在一支干燥的大试管中，加入 1.5mL 浓硝酸，再加入 2mL 浓硫酸，充分混合，用冷水浴将混合酸冷却到室温。然后向混合酸中逐滴滴入 1mL 苯，同时振荡试管，使其混合均匀后，放在 60℃ 的水浴（图 7）中加热，10min 后，将试管里的物质全部倒入盛有大量水的烧杯里。硝酸和硫酸就溶解在水里。生成的硝基苯呈黄色液体[注1]，聚集在烧杯底部，同时可以闻到一股苦杏仁的气味。

硝基苯有毒，实验完毕后，应把得到的硝基苯倒在指定的容器中。

2. 酚醛树脂的制取

在一支大试管中加入 2.5g 苯酚，再用量筒量取 2.5mL 40%甲醛溶液，倒入大试管中，然后加入 1mL 浓盐酸作催化剂。把试管放在

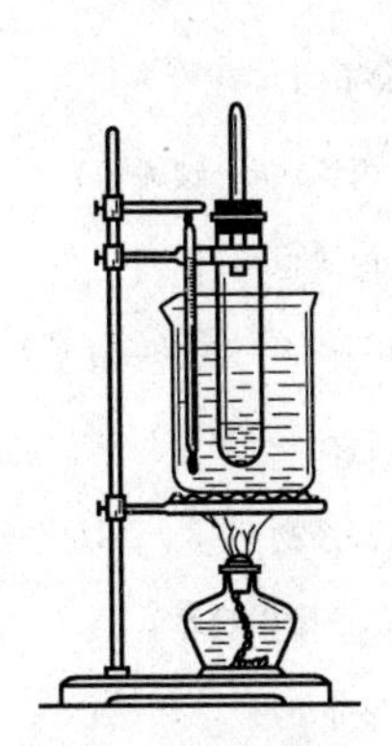

图 7　硝基苯的制取

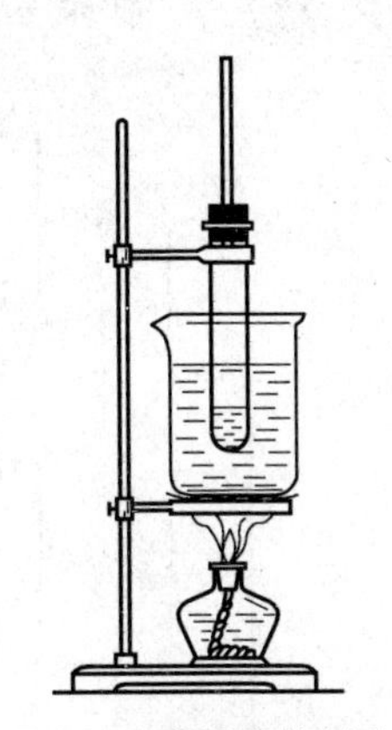

图 8　酚醛树脂的制取

沸水浴加热（图 8）。过一会儿，可以看到试管里的混合物开始沸腾。等到反应不再剧烈进行时，继续加热一会儿。从水浴中取出试管，观察生成树脂的颜色和状态。

实验完毕后，应及时清洗试管。若试管不易洗净，可加入少量乙醇，浸泡几分钟后清洗。

[注1]　此实验控制适当的温度是十分重要的，如果温度过高，则生成二硝基物，呈黄色固体沉于烧杯底部。

附录一　常见有机物的分类

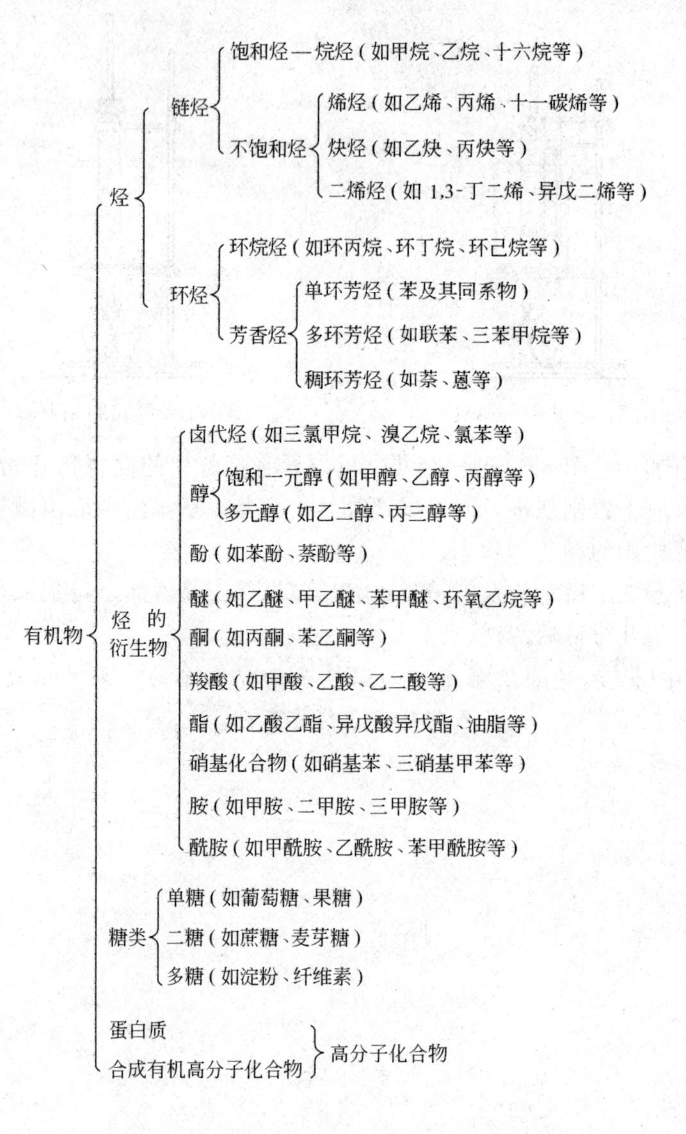

附录二　常见各类有机物的通式、官能团、分子结构特点和主要化学性质

类别	通　式	官能团	代表性物质	分子结构特点	主要化学性质
烷烃	C_nH_{2n+2} ($n\geqslant1$)		甲烷 CH_4	链烃，碳原子间以单键相结合，键牢固，不易断裂	(1)通常情况下，化学性质稳定，与强酸、强碱和氧化剂(如 $KMnO_4$)都不起反应，也难于与其他物质化合 (2)能起取代反应 (3)能起氧化反应 (4)加热分解
烯烃	C_nH_{2n} ($n\geqslant2$)	碳碳双键 $>C=C<$	乙烯 $CH_2=CH_2$	链烃，分子里含有一个碳碳双键，双键中一个键较弱，不牢固，易断裂	(1)化学性质活泼，易被氧化剂氧化，所以能使 $KMnO_4$ 酸性溶液褪色 (2)容易发生加成反应 (3)能发生加聚反应
二烯烃	C_nH_{2n-2} ($n\geqslant3$)	碳碳双键 $>C=C<$	1,3-丁二烯 $CH_2=CH-CH=CH_2$	链烃，分子里含有两个碳碳双键。双键中一个键易断裂	与烯烃相似
炔烃	C_nH_{2n-2} ($n\geqslant2$)	碳碳三键 $-C\equiv C-$	乙炔 $CH\equiv CH$	链烃，分子里含有一个碳碳三键，三键中有两个键较弱，不牢固，易断裂	与烯烃相似
环烷烃	C_nH_{2n} ($n\geqslant3$)		环己烷 (环状结构：CH_2 六元环)	环烃，碳原子间以单键相结合	(1)能燃烧 (2)能起取代反应

续表

类别	通　式	官能团	代表性物质	分子结构特点	主要化学性质
芳香烃	C_nH_{2n-6} ($n\geqslant6$)		苯 甲苯 CH_3	环烃，分子中含有一个或几个苯环，苯环是平面正六边形结构，碳碳间的键是一种介于单键和双键之间的独特的键，牢固，不易断裂。 苯的同系物含有侧链	(1)氧化反应 ①能燃烧 ②苯不能被 $KMnO_4$ 氧化，而苯的同系物因含有侧链，侧链可被氧化 (2)在一定条件下能起取代反应(如卤代、硝化、磺化反应等) (3)在特殊条件下能起加成反应，不能与溴水起加成反应
卤代烃	R—X	卤素原子 —X	卤乙烷 C_2H_5X	碳卤键(C—X)有极性	(1)取代反应：与 NaOH 水溶液起反应，生成醇 (2)消去反应：与强碱的醇溶液共热，发生反应，生成烯烃
醇	R—OH	羟基 —OH	乙醇 C_2H_5OH	—OH 直接与链烃基相连。 O—H 键和 C—O 键有极性	(1)与金属钠起反应，生成醇钠和氢气 (2)与氢卤酸起反应，生成卤代烃 (3)脱水反应 ①140℃时分子间脱水，生成乙醚 ②170℃时分子内脱水，生成乙烯(消去反应) (4)氧化反应 ①在空气中能燃烧 ②被氧化剂氧化为乙醛 (5)与酸发生酯化反应，生成酯和水
酚		羟基 —OH	苯酚 OH	—OH 基直接与苯环相连	(1)弱酸性：与 NaOH 起反应生成苯酚钠和水 (2)取代反应：与溴水起反应，生成三溴苯酚白色沉淀 (3)显色反应：与铁盐($FeCl_3$)起反应，生成紫色物质。可用来检验酚

续表

类别	通　式	官能团	代表性物质	分子结构特点	主要化学性质
醛	$R-\overset{\overset{O}{\|}}{C}-H$ 或 RCHO	醛基 $-\overset{\overset{O}{\|}}{C}-H$ 或—CHO	乙醛 $CH_3-\overset{\overset{O}{\|}}{C}-H$ 或 CH_3CHO	羰基 $\left(-\overset{\overset{O}{\|}}{C}-\right)$中双键有极性，具有不饱和性	(1)加成反应：加氢(Ni 作催化剂)生成乙醇 (2)具有还原性：能被弱氧化剂氧化成羧酸(如银镜反应) (3)与品红试剂反应，溶液即显紫红色
酮	$R-\overset{\overset{O}{\|}}{C}-R'$	酮基 $-\overset{\overset{O}{\|}}{C}-$	丙酮 $CH_3-\overset{\overset{O}{\|}}{C}-CH_3$	$>C=O$ 双键有极性，具有不饱和性。没有与 $>C=O$ 相连的氢原子	(1)加成反应：加氢(Ni 作催化剂)生成仲醇 (2)不能被弱氧化剂(银氨溶液或氯化亚铜的氨溶液)氧化 (3)不能使品红试剂变色
羧酸	$R-\overset{\overset{O}{\|}}{C}-OH$ 或 RCOOH	羧基 $-\overset{\overset{O}{\|}}{C}-OH$ 或—COOH	乙酸 $CH_3-\overset{\overset{O}{\|}}{C}-OH$ 或 CH_3COOH	受羰基的影响，O—H 键能部分电离，产生 H^+	(1)具有酸类的通性 (2)与醇起酯化反应，生成酯和水
酯	$R-\overset{\overset{O}{\|}}{C}-OR'$		乙酸乙酯 $CH_3-\overset{\overset{O}{\|}}{C}-OC_2H_5$	分子中羰基和 OR′之间的键易断裂	发生水解反应，生成羧酸和醇
硝基化合物	$R-NO_2$ $Ar-NO_2$	硝基 $-NO_2$	硝基苯 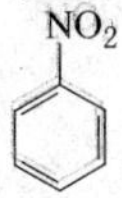 NO_2	硝基直接与烃基里的碳原子相连	(1)能发生还原反应 (2)能发生苯环上的取代反应
胺	$R-NH_2$ $Ar-NH_2$	氨基 $-NH_2$	苯胺 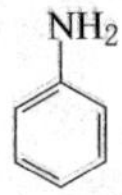 NH_2	氨基直接与烃基里的碳原子相连	(1)弱碱性：与强酸起反应生成盐 (2)能发生苯环上的取代反应 (3)芳胺容易被氧化

续表

类别	通式	官能团	代表性物质	分子结构特点	主要化学性质
酰胺	$R-\overset{\overset{O}{\parallel}}{C}-NH_2$	酰基 $R-\overset{\overset{O}{\parallel}}{C}-$	乙酰胺 $CH_3-\overset{\overset{O}{\parallel}}{C}-NH_2$	氨基直接与酰基里的碳原子相连	(1)酸碱性;一般显中性,当与强酸或强碱反应时,才显弱碱性或弱酸性 (2)水解反应:与酸或碱共同加热煮沸,发生反应,生成羧酸和氨
氨基酸		氨基—NH_2 羧基 $-\overset{\overset{O}{\parallel}}{C}-OH$	氨基乙酸 $\underset{\underset{NH_2}{\mid}}{CH_2}-COOH$ α-氨基丙酸 $CH_3-\underset{\underset{NH_2}{\mid}}{CH}-COOH$	分子里既含氨基,又含羧基	既显酸性,又显碱性
单糖			葡萄糖 果糖 $C_6H_{12}O_6$	葡萄糖分子中含5个羟基,1个醛基 果糖分子中含5个羟基,1个羰基	(1)能与酸发生酯化反应 (2)能发生氧化反应,具有还原性 (3)能发生加成反应
二糖			蔗糖 麦芽糖 $C_{12}H_{22}O_{11}$	蔗糖分子中不含醛基 麦芽糖分子中含有醛基	(1)能发生水解反应,生成两分子单糖 (2)蔗糖没有还原性,麦芽糖具有还原性
多糖			淀粉 纤维素 $(C_6H_{10}O_5)_n$	淀粉是由直链淀粉和支链淀粉组成,分子中分别含葡萄糖单元($C_6H_{10}O_5$)约几百个和几千个。 纤维素分子中n的值比淀粉的大,无支链结构	(1)能发生水解反应,生成多分子葡萄糖 (2)淀粉遇单质碘变蓝色 (3)纤维素能与酸起酯化反应

附录三　有机化学的基本反应类型

一、取代反应

有机物分子中的某些原子或原子团被其他原子或原子团所代替的反应，叫做取代反应。

1. 卤代反应

有机物分子中的原子或原子团被卤素原子取代的反应，叫做卤代反应。如

$$CH_4 + Cl_2 \xrightarrow{\text{光}} CH_3Cl + HCl$$

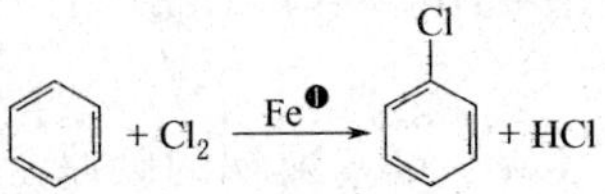

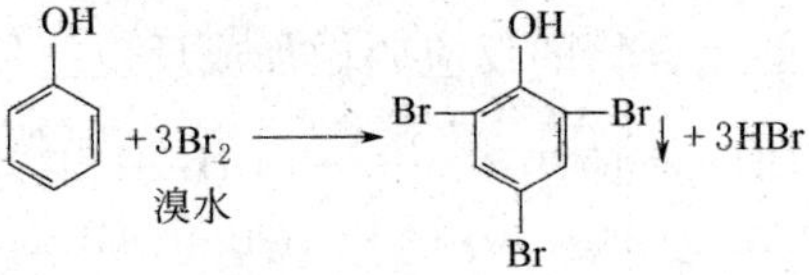

$$C_6H_6 + Cl_2 \xrightarrow{Fe[1]} C_6H_5Cl + HCl$$

$$C_6H_5OH + 3Br_2\ (\text{溴水}) \longrightarrow C_6H_2Br_3OH \downarrow + 3HBr$$

2. 硝化反应

有机物分子中的氢原子被硝基取代的反应，叫做硝化反应。如

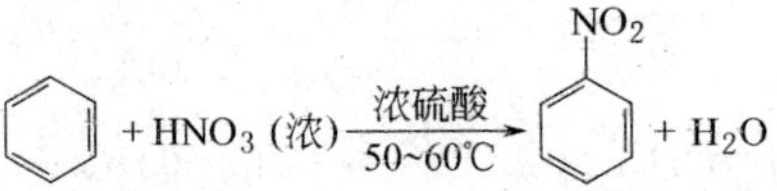

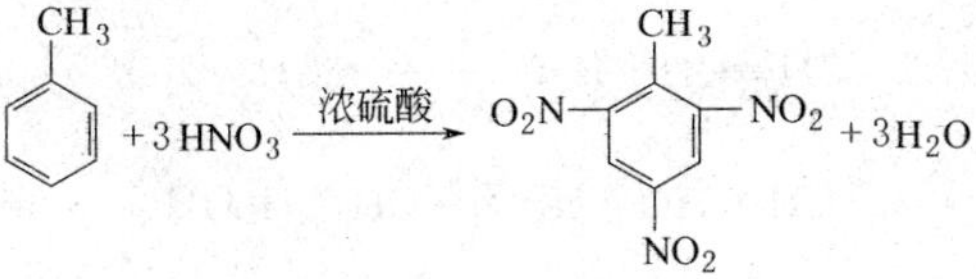

$$C_6H_6 + HNO_3(\text{浓}) \xrightarrow[50\sim60^{\circ}C]{\text{浓硫酸}} C_6H_5NO_2 + H_2O$$

$$C_6H_5CH_3 + 3HNO_3 \xrightarrow{\text{浓硫酸}} CH_3C_6H_2(NO_2)_3 + 3H_2O$$

3. 磺化反应

有机物分子中的氢原子被磺酸基取代的反应，叫做磺化反应。如

---

[1] 实质是 $FeCl_3$。

$$C_6H_6 + H_2SO_4(浓) \xrightarrow{70\sim80℃} C_6H_5SO_3H + H_2O$$

4. 卤代烃水解[1]

卤代烷的水解反应，是卤代烷分子中的卤原子被羟基所取代的反应。如

$$C_2H_5Cl + H_2O \xrightarrow[\triangle]{NaOH} C_2H_5OH + HCl$$

5. 醇与活泼金属和氢卤酸的反应

醇与活泼金属和氢卤酸的反应，是醇分子里羟基的氢原子和羟基被取代的反应，如

$$2C_2H_5OH + 2Na \longrightarrow 2C_2H_5ONa + H_2\uparrow$$

$$C_2H_5OH + HBr \xrightarrow{\triangle} C_2H_5Br + H_2O$$

二、加成反应

有机物分子里双键（或三键）两端的碳原子与其他原子或原子团直接结合，生成新的化合物的反应叫做加成反应。例如

$$CH_2{=}CH_2 + H_2 \xrightarrow{催化剂} CH_3{-}CH_3$$

$$CH_2{=}CH_2 + Br_2 \longrightarrow CH_2Br{-}CH_2Br$$

$$CH_2{=}CH_2 + H_2O \xrightarrow[\triangle]{催化剂} CH_3CH_2OH$$

$$CH_3{-}CH{=}CH_2 + HBr \longrightarrow CH_3{-}\underset{\displaystyle Br}{\underset{|}{CH}}{-}CH_3$$

$$CH{\equiv}CH + HCl \xrightarrow[\triangle]{催化剂} CH_2{=}CHCl$$

$$CH{\equiv}CH + H_2O \xrightarrow[\triangle]{催化剂} CH_3CHO$$

$$CH_3CHO + H_2 \xrightarrow[\triangle]{Ni} CH_3CH_2OH$$

$$CH_3{-}\overset{\displaystyle O}{\overset{\|}{C}}{-}CH_3 + H_2 \xrightarrow[\triangle]{Ni} CH_3{-}\overset{\displaystyle OH}{\overset{|}{CH}}{-}CH_3$$

---

[1] 酯化反应、酯的水解反应、醇分子间脱水反应实质上都是取代反应。

$$(C_{17}H_{33})_3C_3H_5 + 3H_2 \xrightarrow[\triangle]{Ni} (C_{17}H_{35})_3C_3H_5$$

$$\underset{\text{苯}}{C_6H_6} + 3H_2 \xrightarrow[\triangle]{Ni} \underset{\text{环己烷}}{C_6H_{12}}$$

$$(C_{17}H_{33}COO)_3C_3H_5 + 3H_2 \xrightarrow[\text{加热、加压}]{\text{催化剂}} (C_{17}H_{35}COO)_3C_3H_5$$

三、加聚反应

在一定条件下，由相对分子质量小的不饱和化合物分子互相结合成为相对分子质量很大的化合物分子的反应，叫做聚合反应。这种聚合反应又属于加成聚合反应，简称加聚反应。例如

$$3C_2H_2 \xrightarrow[120\sim160℃]{\text{催化剂}} C_6H_6$$

$$nCH_2{=}CH_2 \xrightarrow[\text{加热，加压}]{\text{催化剂}} {+\!\!\!\!\!\{}CH_2{-}CH_2{\}\!\!\!\!\!+}_n$$

$$n\underset{\displaystyle\overset{|}{CH_3}}{CH}{=}CH_2 \xrightarrow[\text{加热，加压}]{\text{催化剂}} {+\!\!\!\!\!\{}\underset{\displaystyle\overset{|}{CH_3}}{CH}{-}CH_2{\}\!\!\!\!\!+}_n$$

$$n\underset{\displaystyle\overset{|}{CH_3}}{CH}{=}CH_2 \xrightarrow[33\sim38℃]{\text{引发剂}} {+\!\!\!\!\!\{}\underset{\displaystyle\overset{|}{Cl}}{CH}{-}CH_2{\}\!\!\!\!\!+}_n$$

$$nCH_2{=}\underset{\displaystyle\overset{|}{C_6H_5}}{CH} \xrightarrow[\text{或100℃左右}]{\text{引发剂}} {+\!\!\!\!\!\{}CH_2{-}\underset{\displaystyle\overset{|}{C_6H_5}}{CH}{\}\!\!\!\!\!+}_n$$

$$nCH_2{=}\underset{\displaystyle\overset{|}{CN}}{CH} \xrightarrow[29\sim40℃]{\text{引发剂}} {+\!\!\!\!\!\{}CH_2{-}\underset{\displaystyle\overset{|}{CN}}{CH}{\}\!\!\!\!\!+}_n$$

$$nCH_2{=}CH{-}CH{=}CH_2 \xrightarrow[40\sim60℃]{\text{催化剂，汽油}} {+\!\!\!\!\!\{}CH_2{-}CH{=}CH{-}CH_2{\}\!\!\!\!\!+}_n$$

$$nCH_2{=}\underset{\displaystyle\overset{|}{CH_3}}{C}{-}CH{=}CH_2 \xrightarrow{\text{催化剂}} {+\!\!\!\!\!\{}CH_2{-}\underset{\displaystyle\overset{|}{CH_3}}{C}{=}CH{-}CH_2{\}\!\!\!\!\!+}_n$$

$$n\mathrm{CH_2{=}CH{-}CH{=}CH_2} + \mathrm{CH_2{=}CH(C_6H_5)} \longrightarrow \mathrm{{-}\!\!\!\!\left[CH_2{-}CH{=}CH{-}CH_2{-}CH_2{-}CH(C_6H_5)\right]\!\!\!\!{-}_n}$$

四、缩聚反应

许多相同或不相同的单体，相互反应而生成高分子，同时还生成小分子（如水、氨、氯化氢等）的反应，叫做缩合聚合反应，简称缩聚反应。例如

$$n\,\mathrm{C_6H_5OH} + n\mathrm{HCHO} \xrightarrow{\text{催化剂}} \mathrm{{-}\!\!\!\!\left[C_6H_3(OH){-}CH_2\right]\!\!\!\!{-}_n} + n\mathrm{H_2O}$$

$$n\mathrm{HOOC{-}C_6H_4{-}COOH} + n\mathrm{HOCH_2CH_2OH} \longrightarrow \mathrm{{-}\!\!\!\!\left[\overset{O}{\overset{\|}{C}}{-}C_6H_4{-}\overset{O}{\overset{\|}{C}}{-}O{-}CH_2{-}CH_2{-}O\right]\!\!\!\!{-}_n} + 2n\mathrm{H_2O}$$

五、消去反应

有机化合物在适当条件下，从一个分子中脱去一个小分子（如 H_2O、HX 等），而生成不饱和化合物的反应，叫做消去反应。例如

$$\mathrm{CH_3{-}CH_2{-}CH_2Br} + \mathrm{NaOH} \xrightarrow[\triangle]{\text{醇}} \mathrm{CH_3{-}CH{=}CH_2} + \mathrm{NaBr} + \mathrm{H_2O}$$

$$\mathrm{CH_3{-}CH_2{-}\underset{\underset{Br}{|}}{CH}{-}CH_3} \xrightarrow{\text{浓 KOH、乙醇溶液}} \mathrm{CH_3{-}CH{=}CH{-}CH_3} + \mathrm{HBr}$$

$$\mathrm{C_2H_5OH} \xrightarrow[170^\circ\mathrm{C}]{\text{浓 }\mathrm{H_2SO_4}} \mathrm{CH_2{=}CH_2}\uparrow + \mathrm{H_2O}$$

$$\mathrm{CH_3{-}CH_2{-}\underset{\underset{OH}{|}}{CH}{-}CH_3} \longrightarrow \mathrm{CH_3{-}CH{=}CH{-}CH_3} + \mathrm{H_2O}$$

六、氧化反应

在有机化学反应中，通常把有机物分子中引入氧或失去氢的反应，或同时引入氧也失去氢的反应，叫做氧化反应。

1. 燃烧

烃和只含有碳、氢、氧元素的有机物完全燃烧时，有机物分子里各个键全部裂开，碳原子和氢原子分别跟氧原子结合，生成二氧化碳和水。如

$$CH_4+2O_2\xrightarrow{点燃}CO_2+2H_2O$$

$$C_2H_4+3O_2\xrightarrow{点燃}2CO_2+2H_2O$$

$$2C_6H_6+15O_2\xrightarrow{点燃}12CO_2\uparrow+6H_2O$$

$$C_2H_5OH+3O_2\xrightarrow{点燃}12CO_2\uparrow+3H_2O$$

烃的燃烧，可表示为

$$C_xH_y+\left(x+\frac{y}{4}\right)O_2\xrightarrow{点燃}xCO_2+\frac{y}{2}H_2O$$

醇、醛、酚、酯等烃的含氧衍生物的燃烧，可写成

$$C_xH_yO_z+\left(x+\frac{y}{4}-\frac{z}{2}\right)O_2\xrightarrow{点燃}xCO_2+\frac{y}{2}H_2O$$

2. 葡萄糖在人体组织中进行的氧化反应

$$C_6H_{12}O_6+6O_2\longrightarrow 6CO_2+6H_2O$$

3. 被氧化

烯烃、炔烃分子中的不饱和碳原子、醇类、醛类等都可以被氧化。如

$$2CH_2{=}CH_2+O_2\xrightarrow[加热、加压]{催化剂}2CH_3-\overset{\overset{\displaystyle O}{\|}}{C}-H$$

$$2CH_3CH_2OH+O_2\xrightarrow[\triangle]{催化剂}2CH_3CHO+2H_2O$$

$$2CH_3\overset{\overset{\displaystyle O}{\|}}{C}-H+O_2\xrightarrow[加热、加压]{催化剂}2CH_3\overset{\overset{\displaystyle O}{\|}}{C}-OH$$

$$CH_3CHO+2Ag[(NH_3)_2]OH\xrightarrow{\triangle}CH_3COONH_4+2Ag\downarrow+3NH_3+H_2O$$

$$CH_3CHO + 2Cu(OH)_2 \xrightarrow{\triangle} CH_3COOH + Cu_2O\downarrow + 2H_2O$$

其他含醛基的物质，如甲酸、甲酸盐、甲酸酯、甲酰胺、葡萄糖等，分子中的醛基也易结合氧而被氧化成羧基。如

$$CH_2OH—(CHOH)_4—CHO + 2[Ag(NH_3)_2]OH \longrightarrow CH_2OH—(CHOH)_4—COOH + 2Ag\downarrow + H_2O + 4NH_3$$

$$CH_2OH—(CHOH)_4—CHO + 2Cu(OH)_2 \longrightarrow CH_2OH—(CHOH)_4—COOH + Cu_2O\downarrow + 2H_2O$$

苯酚分子中的羟基、苯胺分子中的胺基、苯的同系物分子中苯环上的侧链都易发生氧化反应。例如：苯酚在空气中会被氧化而显粉红色；苯胺在空气中很容易被氧化而颜色变深；苯的同系物能使高锰酸钾酸性溶液褪色。

不饱和链烃能使高锰酸钾溶液褪色的反应也是氧化反应。

有机物的氧化反应，实质上是碳元素化合价的升高。

七、还原反应

在有机化学反应中，通常把有机物分子中引入氢或失去氧的反应，或同时引入氢也失去氧的反应，叫做还原反应。例如

(1) 分子中含有羰基（$—\overset{\overset{\large O}{\|}}{C}—$）的物质跟氢气发生的加成反应，也称还原反应。如

$$CH_3—\overset{\overset{\large O}{\|}}{C}—H + H_2 \xrightarrow[\triangle]{Ni} CH_3CH_2OH$$

$$CH_3—\overset{\overset{\large O}{\|}}{C}—CH_3 + H_2 \xrightarrow{Ni 或 Pt} CH_3—\overset{\overset{\large OH}{|}}{C}H—CH_3$$

$$CHOH—(CHOH)_4—\overset{\overset{\large O}{\|}}{C}—H + H_2 \xrightarrow[\triangle]{Ni} CH_2OH—(CHOH)_4—CH_2OH$$

以上还原反应是与氢气的加成，因此又属加成反应。

(2) 硝基化合物的还原反应

硝基化合物中的硝基（$—NO_2$）被还原成氨基（$—NH_2$），如

$$C_6H_5NO_2 + 3H_2 \xrightarrow[250\sim300℃]{Cu-SiO_2} C_6H_5NH_2 + 2H_2O$$

$$C_6H_5NO_2 + 3Fe + 6HCl \longrightarrow C_6H_5NH_2 + 3FeCl_2 + 2H_2O$$

$$4C_6H_5NO_2 + 9Fe + 4H_2O \xrightarrow{HCl} 4C_6H_5NH_2 + 3Fe_3O_4$$

有机物的还原反应，实质是碳元素化合价的降低。

八、酯化反应

酸与醇作用，生成酯和水的反应叫做酯化反应。例如

$$C_2H_5OH + HNO_3 \rightleftharpoons C_2H_5ONO_2 + H_2O$$

$$CH_3OH + HO-SO_2OH \rightleftharpoons CH_3OSO_2OH + H_2O$$

硫酸氢甲酯

$$\begin{matrix} CH_2OH \\ | \\ CHOH \\ | \\ CH_2OH \end{matrix} + 3HO-NO_2 \xrightarrow[\triangle]{浓硫酸} \begin{matrix} CH_2ONO_2 \\ | \\ CHONO_2 \\ | \\ CH_2ONO_2 \end{matrix} + 3H_2O$$

$$CH_3-\overset{\overset{O}{\|}}{C}-OH + HOC_2H_5 \xrightarrow[\triangle]{浓硫酸} CH_3\overset{\overset{O}{\|}}{C}-OC_2H_5 + H_2O$$

$$C_6H_5COOH + HO-CH_3 \xrightarrow[\triangle]{浓H_2SO_4} C_6H_5\overset{\overset{O}{\|}}{C}-OCH_3 + H_2O$$

苯甲酸甲酯

$$\left[(C_6H_7O_2)\begin{matrix} -OH \\ -OH \\ -OH \end{matrix}\right]_n + 3nHO-NO_2 \xrightarrow{浓\ H_2SO_4} \left[(C_6H_7O_2)\begin{matrix} -ONO_2 \\ -ONO_2 \\ -ONO_2 \end{matrix}\right]_n + 3nH_2O$$

纤维素三硝酸酯

九、水解反应

有机物在一定条件下与水的反应统称为水解反应。

1. 卤代烃水解

$$R-X + H_2O \underset{酸}{\overset{碱}{\rightleftharpoons}} ROH + HX$$

如：

$$C_2H_5Cl + H-OH \xrightarrow[\triangle]{NaOH} CH_3CH_2OH + HCl$$

$$C_6H_5Cl + H_2O \xrightarrow[\text{高温、高压}]{\text{催化剂}} C_6H_5OH + HCl$$

2. 酯的水解

$$R-\overset{O}{\overset{\|}{C}}-OR' + H-OH \underset{\text{浓硫酸}}{\overset{\text{无机酸或碱}}{\rightleftharpoons}} R-\overset{O}{\overset{\|}{C}}-OH + R'OH$$

如 $$CH_3\overset{O}{\overset{\|}{C}}-OC_2H_5 + H_2O \xrightarrow{\text{无机酸或碱}} CH_3COOH + C_2H_5OH$$

$$(C_{17}H_{35}COO)_3C_3H_5 + 3H_2O \underset{\triangle}{\overset{H_2SO_4}{\rightleftharpoons}} 3C_{17}H_{35}COOH + C_3H_5(OH)_3$$

高级脂肪酸甘油酯（油脂）在碱性条件下水解后，可制得肥皂。

$$(C_{17}H_{35}COO)_3C_3H_5 + 3NaOH \xrightarrow{\triangle} 3C_{17}H_{35}COONa + C_3H_5(OH)_3$$

油脂在碱性条件下的水解反应也叫皂化反应。

3. 酰胺、酰卤和酸酐的水解

酰胺、酰卤和酸酐的水解和酯的水解相似，都能生成羧酸。

(1) 酰胺的水解

$$R-\overset{O}{\overset{\|}{C}}-NH_2 + H_2O \longrightarrow R-\overset{O}{\overset{\|}{C}}-OH + NH_3$$

水解时加碱（如 NaOH）

$$R-\overset{O}{\overset{\|}{C}}-NH_2 + NaOH \xrightarrow{\triangle} R-\overset{O}{\overset{\|}{C}}-ONa + NH_3\uparrow$$

水解时加酸（如盐酸）

$$R-\overset{O}{\overset{\|}{C}}-NH_2 + HCl + H_2O \xrightarrow{\triangle} R-\overset{O}{\overset{\|}{C}}-OH + NH_4Cl$$

尿素在酸、碱或尿素酶的存在下，也能发生水解。

$$CO(NH_2)_2 + 2HCl + H_2O \xrightarrow{\triangle} 2NH_4Cl + CO_2\uparrow$$

$$CO(NH_2)_2 + 2NaOH \longrightarrow Na_2CO_3 + NH_3\uparrow$$

$$CO(NH_2)_2 + H_2O \xrightarrow{\text{尿素酶}} CO_2\uparrow + 2NH_3\uparrow$$

(2) 酰卤的水解

$$R-\overset{O}{\overset{\|}{C}}-X+H_2O \longrightarrow R-\overset{O}{\overset{\|}{C}}-OH+HCl$$

如

$$CH_3-\overset{O}{\overset{\|}{C}}-Cl+H_2O \longrightarrow CH_3-\overset{O}{\overset{\|}{C}}-OH+HCl$$

(3) 酸酐的水解，如

$$CH_3-\overset{O}{\overset{\|}{C}}-O-\overset{O}{\overset{\|}{C}}-CH_3+H_2O \xrightarrow{\triangle} 2CH_3-\overset{O}{\overset{\|}{C}}-OH$$

4. 糖类的水解

单糖不能水解，低聚糖和多糖都能水解。例如

$$\underset{\text{蔗糖}}{C_{12}H_{22}O_{11}}+H_2O \xrightarrow{H^+\text{或酶}} \underset{\text{葡萄糖}}{C_6H_{12}O_6}+\underset{\text{果糖}}{C_6H_{12}O_6}$$

$$\underset{\text{麦芽糖}}{C_{12}H_{22}O_{11}}+H_2O \xrightarrow{H^+\text{或酶}} \underset{\text{葡萄糖}}{2C_6H_{12}O_6}$$

$$\underset{\text{淀粉}}{2(C_6H_{10}O_5)_n}+nH_2O \xrightarrow{H^+\text{或酶}} \underset{\text{麦芽糖}}{nC_{12}H_{22}O_{11}}$$

$$\underset{\text{淀粉}}{(C_6H_{10}O_5)_n}+nH_2O \xrightarrow{H^+\text{或酶}} \underset{\text{葡萄糖}}{nC_6H_{12}O_6}$$

$$\underset{\text{纤维素}}{(C_6H_{10}O_5)_n}+nH_2O \xrightarrow[\text{高温、高压}]{\text{稀酸}} \underset{\text{葡萄糖}}{nC_6H_{12}O_6}$$

十、脱水反应

有机物分子脱去相当于水的组成的反应叫脱水反应。例如

$$C_2H_5OH \xrightarrow[170℃]{\text{浓硫酸}} CH_2=CH_2\uparrow+H_2O$$

上述脱水反应也叫消去反应。

$$2C_2H_5OH \xrightarrow[140℃]{\text{浓硫酸}} C_2H_5-O-C_2H_5+H_2O$$

$$H-\overset{\overset{\displaystyle O}{\|}}{C}-OH \xrightarrow[\triangle]{\text{浓硫酸}} CO\uparrow + H_2O$$

十一、裂化反应

在一定条件下，把相对分子质量大、沸点高的烃断裂成相对分子质量小、沸点低的烃的反应叫裂化反应。例如

$$C_{16}H_{34} \xrightarrow{\triangle} C_8H_{18} + C_8H_{16}$$

$$C_8H_{18} \xrightarrow{\triangle} C_4H_{10} + C_4H_8$$

$$C_4H_{10} \xrightarrow{\triangle} CH_4 + C_3H_6$$

$$C_4H_{10} \xrightarrow{\triangle} C_2H_6 + C_2H_4$$

十二、增链反应

卤代烃与金属起反应，使碳链增长的反应叫增链反应。例如

$$CH_3CH_2-Cl + 2Na + Cl-CH_2CH_3 \longrightarrow CH_3CH_2CH_2CH_3 + 2NaCl$$

$$C_6H_5-Br + 2Na + Br-CH_3 \longrightarrow C_6H_5-CH_3 + 2NaBr$$

十三、置换反应

含羟基的有机物，在遇到活泼金属（如 K、Ca、Na、Mg）时，O—H 键断裂，活泼金属能置换出氢。例如

$$2C_6H_5OH + 2Na \longrightarrow 2C_6H_5ONa + H_2\uparrow$$

$$2CH_3COOH + Mg \longrightarrow (CH_3COO)_2Mg + H_2\uparrow$$

十四、中和反应

$$CH_3COOH + NaOH \longrightarrow CH_3COONa + H_2O$$

$$C_6H_5OH + NaOH \longrightarrow C_6H_5ONa + H_2O$$

$$\underset{\underset{\displaystyle NH_2}{|}}{CH_2}COOH + NaOH \longrightarrow \underset{\underset{\displaystyle NH_2}{|}}{CH_2}COONa + H_2O$$

2-氨基乙酸钠

附录四　烃及其衍生物的相互关系

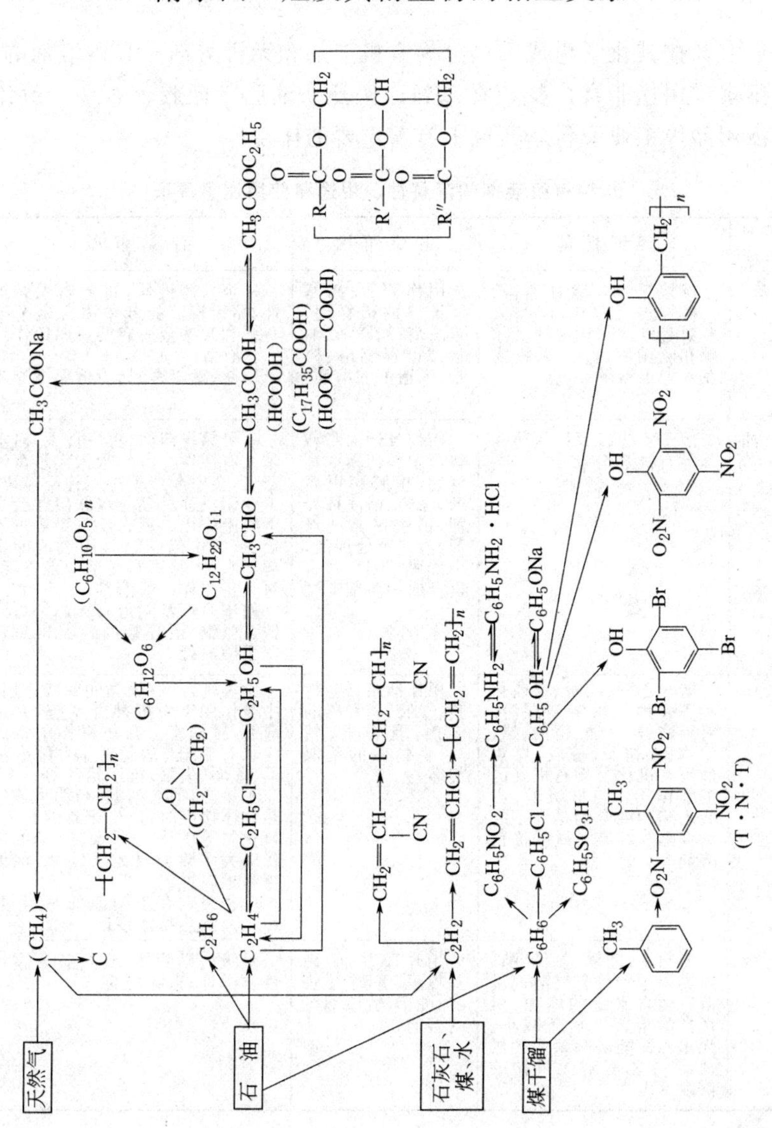

附录五　几种有机溶剂的溶解性、用途和使用注意事项

溶剂按其化学组成可以分为有机溶剂和无机溶剂。有机溶剂的种类很多，用途非常广泛，在涂料、医药、油脂、橡胶、石油、纤维、洗涤用品等工业及科学研究上有着重要的作用。

几种有机溶剂的溶解性、用途和使用注意事项

溶剂名称	溶解性能	主要用途	注意事项
苯	难溶于水。除甘油、乙二醇等多元醇外，能与大多数有机溶剂相混溶。除碘和硫稍溶解外，无机物在苯中不溶解	用作清漆、硝基纤维漆的稀释剂、脱漆剂；润滑油、油脂、蜡、赛璐珞、树脂、人造革的溶剂	一级易燃液体，对金属无腐蚀性，品级较低的苯中因含硫杂质对铜和某些金属有明显腐蚀作用 苯有毒 用瓶、罐等密封，于低温下避光贮存
汽油	溶于乙醇、乙醚、氯仿和苯等有机溶剂中	用作各种油脂和香花香料的萃取用溶剂，橡胶糊用溶剂，涂料、清漆稀释剂，精密仪器洗涤剂，人造革处理剂，干洗用溶剂以及有机合成用溶剂	一级易燃液体，挥发性大，对金属无腐蚀性。人体吸入大量汽油蒸气，会引起严重中枢神经障碍，工业用汽油长期与皮肤接触会发生脱脂作用。混有烷基铅等抗爆剂、抗氧化剂的燃料用汽油能引起肺水肿、肺癌和血液中毒等，绝对禁止用作一般溶剂 使用时严禁附近有火源。可用铁、钢、铜、铝等金属容器密封贮存于阴凉处
氯仿	能与乙醇、乙醚、二硫化碳等多种有机溶剂混溶。对脂肪、矿物油、精油、蜡、生物碱、树脂、橡胶、煤焦油等有机化合物有很好的溶解作用。与低级醇、乙酸乙酯的混合物是许多纤维素酯和纤维素醚的优良溶剂	用作油脂、蜡、树脂、橡胶、磷和碘的溶剂，青霉素、精油、生物碱的萃取剂等	中等毒性，有很强的麻醉作用，主要作用于中枢神经系统，并造成肝、肾损害。氯仿慢性中毒的症状有呕吐、消化不良、食欲减退、虚弱、失眠、神经错乱等 不易燃，但在高温、与明火或红热物体接触时，产生剧毒的光气、氯化氢等气体。干燥、纯净的氯仿对大多数金属无腐蚀性，但能缓慢地腐蚀铜 应密封贮存于阴凉处，防止与明火及红热物体接近
乙醇	能与水、乙醚、氯仿、酯、烃类衍生物等有机溶剂混溶。随含水量的增加，对烃类的溶解度显著减小。无水乙醇能溶解某些无机盐，含水乙醇对无机盐的溶解度增大	用作胶黏剂、硝基喷漆、清漆、化妆品、油墨、脱漆剂等的溶剂	一级易燃液体，对金属无腐蚀性。微毒，为麻醉剂

中等职业学校教材

劳动和社会保障部培训就业司认定

有机化学练习册

王秀芳　编

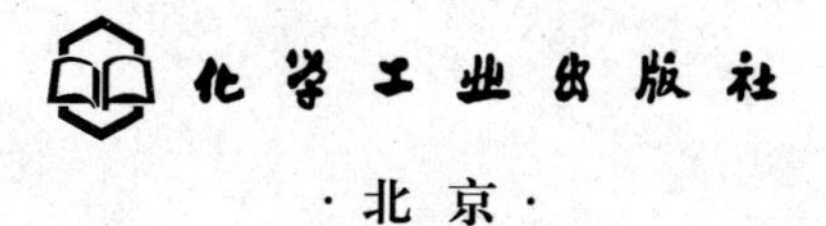

·北京·

前　言

《有机化学练习册》是中等职业学校教材《有机化学》的配套练习册，可直接作为作业本与教材配套使用。

该练习册保留了第一版的编排形式、风格和特点。另外，对有些内容做了适当的修改，并增加了少量新内容，以满足学生更好地巩固基础知识、理论联系实际以及进一步提高分析问题和解决问题的能力的需要。

练习册中的习题，一部分可穿插在课堂教学中完成，一部分可作为课外作业完成。有关有机物计算问题，教师应作为教学任务讲解，学生还可参考各章后的课外辅导相关内容解答有关习题。

该练习册由陕西工业技术学院高级讲师王秀芳编写，由陕西师范大学化学与材料科学学院周鸿顺教授任主审，参加审稿的有高级讲师周士超、杨苗和宁粉英。

编写本练习册时，参考了中学《化学》课本以及技校、中专等一些化学教材的有关内容，在此一并表示感谢。

由于编者水平有限，练习册中不妥之处在所难免，敬请广大师生在使用中提出宝贵的意见。

编　者

2006 年 10 月

第一版前言

《有机化学练习册》是全国化工技工学校教材《有机化学》的配套练习册，可直接作为作业本使用。

该练习册按照教材的章节顺序编排。各节都配有填空题、选择题、判断题和计算题，使学生对每节课的知识融会贯通，熟练运用。每章后配有自测题，供学生综合练习。习题内容都是由简到难，逐渐加深，既注意了知识的覆盖面，又注意了针对性和科学性以及题型的灵活性。通过练习启发学生的思维，培养学生分析问题和解决问题的能力，巩固所学知识，起到指导督促学生学习，检查学生学习效果的作用，进而达到帮助学生掌握本学科的基础知识和基本技能的目的。每章后还配有课外辅导内容，根据教材各章节的内容，重点介绍了有机化学基本计算和综合性习题解答的思路、方法、规律和技巧，精选了富有代表性、启发性的例题，进行了详细分析并做了简要规范的解法，例题由浅入深，循序渐进，文字通俗，容易理解，学习后可引人深思，给人启迪，达到举一反三的效果。

练习册中的习题，一部分可穿插在课堂教学中完成，一部分可作为课外作业完成。

该练习册由陕西省石油化工高级技工学校王秀芳编写，上海化工厂技工学校曹福民任主审，参加审稿的还有吉林化工技校陈性永、杨洪英和上海化工厂技工学校邱芳伟。

由于编者水平有限，练习册中的不妥之处，恳请广大师生在使用中提出宝贵意见。

编　者

1997 年 11 月

目　录

绪 言

一、填空题

1. 现在把含________的化合物叫做有机化合物，简称________。像一氧化碳、二氧化碳、碳酸、碳酸盐、金属碳化合物、氰化物等少数物质，虽然含有________元素，但它们的组成和性质与________相似，因此属于________。

2. 有机化学是研究____。

二、判断题（下列说法正确的在题后括号内画“√”，错误的画“×”）

1. 有机物只含碳和氢两种元素。（ ）

2. 有机物的种类繁多，远远超过了无机物的数量。（ ）

3. 衣服织物上玷污的油脂，用水不易洗涤，用汽油却容易洗涤。（ ）

4. 大多数有机物分子聚集时形成的晶体是离子晶体。（ ）

三、选择题（每小题只有一个选项符合题意，将其序号填在题后括号内）

1. 大多数有机物分子中，碳原子与其他原子之间以及碳原子与碳原子之间的化学键是（ ）。

A. 离子键　B. 共价键　C. 金属键　D. 配位键

2. 在有机物分子中，碳原子能与相邻原子形成的共价键是（ ）。

A. 2个　B. 3个　C. 4个　D. 2个或4个

3. 下列含碳化合物属于有机物的是（ ）。

A. CO_2　B. H_2CO_3　C. Na_2CO_3　D. CH_4

4. 下列物质属于非电解质的是（　　）。

A. 烧碱　　B. 硫酸铜　　C. 盐酸　　D. 酒精

四、计算题

计算甲烷（CH_4）、乙烯（C_2H_4）和乙炔（C_2H_2）中碳元素的质量分数是多少？

第一章　烃

第一节　甲烷　烷烃

一、填空题

1. 甲烷的分子式是____________，结构式是____________。甲烷分子里的 1 个碳原子是和 4 个氢原子不在同一个____________上，而是形成了一个______________________结构。

2. 甲烷的俗名叫____________，也叫____________，天然气的主要成分也是____________。

3. 实验室制取甲烷的化学方程式是______________________。

4. 把左边甲烷的性质和右边相关的甲烷的用途用短线连起来。

A. 可燃性　　　　　　(1) 作气体燃料

B. 与氯气发生反应　　(2) 制取氢气

C. 受热分解　　　　　(3) 制取高效灭火剂

　　　　　　　　　　(4) 制取某些有机溶剂

　　　　　　　　　　(5) 产生炭黑

5. 完成下表，比较甲烷、氢气和一氧化碳的燃烧情况，以便用此实验鉴别这三种气体。

气体	把干燥的烧杯罩在火焰上方	把内壁用澄清石灰水润湿的烧杯罩在火焰上方
CH_4		
H_2		
CO		

6. 在标准状况下，5mol 甲烷完全燃烧后能生成 CO_2 ______ L，需 O_2 ______ L。

7. 在烷烃分子里，碳原子与碳原子都以共价____键结合成____状，碳原子剩余的价键全部与____原子相结合。烷烃也叫____烃，通式是______________________。

8. 将下列烷烃的分子式填在横线上。

(1) 甲烷________________　(2) 乙烷________________

(3) 丁烷________________　(4) 己烷________________

(5) 十一烷________________　(6) 十七烷________________

9. 写出下列物质的名称。

(1) C_3H_8 ______　(2) C_5H_{12}______　(3) C_7H_{16}______

(4) $C_{10}H_{22}$______　(5) $C_{12}H_{26}$______　(6) $C_{16}H_{34}$______

10. 在常温、常压下，烷烃同系物的状态由____态、____态到____态；熔点、沸点逐渐____________；相对密度逐渐__________。它们在分子组成上相差一个或若干个____________原子团，结构与甲烷____________，因此化学性质也____________。

11. 烷基的通式是______________，甲基的结构简式是____________，$—CH_2CH_3$ 的名称是____________。

12. 化合物具有____________的分子式，但具有____________结构的现象叫做同分异构现象。具有同分异构现象的化合物互称为________________________。

13. 写出戊烷的同分异构体的结构简式，并用习惯命名法命名。

14. 按照碳原子 4 价的要求，写出下列化合物的结构式。

(1) $CH_3CH(CH_3)_2$　　(2) $(CH_3)_2CHCH(CH_3)_2$

15. 试写出己烷同分异构体的结构简式，并用系统命名法命名。

16. 用系统命名法命名下列化合物。

（1）$CH_3-\underset{\displaystyle CH_3}{\underset{|}{CH}}-CH_2-CH_2-\underset{\displaystyle CH_3}{\underset{|}{CH}}-CH_2-CH_3$ ____________________

（2）$CH_3-\overset{\displaystyle CH_3}{\overset{|}{\underset{\displaystyle CH_3}{\underset{|}{C}}}}-CH_2-\underset{\displaystyle CH_3}{\underset{|}{CH}}-CH_3$ ____________________

（3）$CH_3-CH_2-\overset{\displaystyle CH_3}{\overset{|}{\overset{\displaystyle CH_2}{\overset{|}{CH}}}}-\underset{\displaystyle CH_3}{\underset{|}{CH}}-CH_3$ ____________________

（4）$CH_3C(CH_3)_2CH(CH_3)_2$ ____________________

（5）$(CH_3CH_2)_2CHCH(CH_3)CH_2CH_3$ ____________________

17. 写出下列化合物的结构简式。

（1）2,2,4-三甲基己烷　　（2）2-甲基-5-乙基庚烷

18. 在环烃分子中，碳原子之间以________键相结合的叫做环烷烃。环烷烃的通式是________，环丙烷、环戊烷和环己烷的分子式分别是________、________和________。

19. 1mol 某烃完全燃烧，生成 2mol CO_2 和 3mol H_2O，它的分

子式是____________。

20. 下列结构简式代表了________种不同的烷烃。

$$CH_3-\underset{\displaystyle CH_3}{\underset{|}{CH}}-\underset{\displaystyle CH_3}{\underset{|}{CH_2}} \qquad CH_3-CH_2-\underset{\displaystyle CH_3-CH_2}{\underset{|}{CH_2}} \qquad CH_3-CH_2-\underset{\displaystyle CH_3}{\underset{|}{CH}}-CH_3$$

$$\underset{\displaystyle CH_3}{\underset{|}{CH_2}}-CH_2-\underset{\displaystyle CH_3}{\underset{|}{CH_2}} \qquad \overset{\displaystyle CH_3}{\overset{|}{\underset{\displaystyle CH_3}{\underset{|}{CH}}}}-\overset{\displaystyle CH_3}{\overset{|}{\underset{\displaystyle CH_3}{\underset{|}{CH}}}}$$

二、判断题（下列说法正确的在题后括号内画“√”，错误的画“×”）

1. 实验室用乙酸钠晶体（含结晶水）和干燥的碱石灰混合加热制取甲烷。（　　）

2. 实验室制取甲烷，用排水法收集时，当导管口刚有气泡逸出，立即收集，就可收集到纯净的甲烷。（　　）

3. 甲烷不能使高锰酸钾酸性溶液褪色。（　　）

4. 把等体积的 CH_4 和 Cl_2 混合于集气瓶中，加盖后置于光亮处，可以观察到混合气体的黄绿色会逐渐变淡，瓶内有油状液滴形成。（　　）

5. 在烃分子里，如果碳原子与碳原子都以单键相结合，碳原子剩余的价键全部与氢原子相结合，这类烃叫做饱和烃，或称烷烃。（　　）

6. 含有 30 个氢原子的烷叫十四烷。（　　）

7. 烷烃不能使紫色 $KMnO_4$ 酸性溶液褪色。（　　）

8. 烷烃同系物具有相同的分子通式。（　　）

9. 乙烷在空气里可以点燃，在光照条件下也能与氯气发生取代反应。（　　）

10. 一种分子式只能代表一种物质。（　　）

11. 同分异构现象是造成有机物种类繁多、数目庞大的重要原因之一。（　　）

12. 烷烃 $CH_3-\underset{\displaystyle CH_3}{\underset{|}{CH}}-CH_3$ 的系统命名法名称是异丁烷。（　　）

13. 烷烃 $\begin{array}{ccc} & CH_3 & \\ & | & \\ CH_3- & C & -CH_3 \\ & | & \\ & CH_3 & \end{array}$ 的习惯命名法名称是2,2-二甲基丙烷。（　　）

14. 烷烃 $\begin{array}{ccc} & CH_3 & \\ & | & \\ CH_3-CH_2- & C & -CH_3 \\ & | & \\ & CH_3 & \end{array}$ 的习惯命名法名称是辛己烷，系统命名法名称是2,2-二甲基丁烷。（　　）

15. 某烷烃的结构简式如下。

$\begin{array}{ccccc} & CH_3 & & CH_3 & \\ & | & & | & \\ CH_3- & C & -CH_2- & C & -CH_3 \\ & | & & | & \\ & CH_2 & & CH_3 & \\ & | & & & \\ & CH_3 & & & \end{array}$ 用系统命名法命名时，该烃的名称是2,2,4-三甲基-4-乙基戊烷。（　　）

16. 烃分子里碳原子互相连接成环状的，叫做环烷烃。（　　）

三、选择题（每小题只有一个选择项符合题意，将其序号填在题后括号内）

1. 下列化学方程式正确的是（　　）。

A. $CH_4+Cl_2 \xrightarrow{光} CH_3Cl+HCl$　　B. $CH_3Cl+Cl_2 \xrightarrow{\triangle} CH_2Cl_2+HCl$

C. $CH_2Cl_2+2Cl \xrightarrow{光} CHCl_3+HCl$　　D. $CHCl_3+Cl_2 \xrightarrow{光} CCl_4+HCl$

2. 关于取代反应的概念，下列说法正确的是（　　）。

A. 有机物分子中的氢原子被氯原子所代替

B. 有机物分子中的氢原子被其他原子或原子团所取代

C. 有机物分子中某些原子或原子团被其他原子所取代

D. 有机物分子中某些原子或原子团被其他原子或原子团所取代

3. 实验室制取甲烷，在组装好整个装置并检查气密性后的一系列步骤有①检验纯度，②加热，③撤导管，④熄灭酒精灯，⑤收集气体。这五个步骤的先后顺序是（　　）。

A. ①②③④⑤　　B. ②①⑤③④

C. ②⑤①④③　　D. ①②⑤④③

4. 实验室制取下列各组气体的气体发生装置和收集装置都相同的是（　　）。

A. CH_4 和 HCl　　B. CH_4 和 H_2

C. CH_4 和 O_2　　D. CH_4 和 HF

5. 分子式为 C_7H_m 的烷烃，下列说法正确的是（　　）。

A. $m=14$，叫庚烷　　B. $m=12$，叫庚烷

C. $m=16$，叫庚烷　　D. $m=16$，叫辛烷

6. 相对分子质量为 58 的烷烃，名称是（　　）。

A. 甲烷　B. 乙烷　C. 丙烷　D. 丁烷

7. 下列物质常温时呈气态的是（　　）。

A. 戊烷　B. 丁烷　C. 氯仿　D. 十七烷

8. 下列烷烃同分异构体的数目最多的是（　　）。

A. C_4H_{10}　B. C_6H_{14}　C. $C_{10}H_{22}$　D. C_8H_{18}

9. 下列各组物质属于同系物的是（　　）。

A. O_2 和 O_3

B. $CH_3-CH_2-CH_2-CH_3$ 和 $\begin{array}{ccc}CH_2 & - & CH_2\\ | & & | \\ CH_3 & & CH_3\end{array}$

C. $CH_3-CH_2-CH_2-CH_3$ 和 $\begin{array}{ccccc}CH_3 & - & CH & - & CH_3\\ & & | & & \\ & & CH_3 & & \end{array}$

D. CH_3-CH_3 和 $CH_3-(CH_2)_3-CH_3$

10. 具有下列结构的烷烃，主链上有两个甲基的是（　　）。

A. $\begin{array}{ccccc} & & & & CH_3\\ & & & & |\\ CH_3 & - & CH_2 & - & CH\\ & & & & |\\ & & & & CH_3\end{array}$　　B. $\begin{array}{ccccc}CH_2 & - & CH_2 & - & CH_2\\ | & & & & |\\ CH_3 & & & & CH_3\end{array}$

C. $\begin{array}{ccccc} & & CH_3 & & \\ & & | & & \\ CH_3 & - & C & - & CH_3\\ & & | & & \\ & & CH_3 & & \end{array}$　　D. $\begin{array}{ccccc}CH_3 & - & CH & - & CH_3\\ & & | & & \\ & & CH_2 & - & CH_3\end{array}$

11. 在烷烃的系统命名法中，下列对碳链编号正确的是（　　）。

A.
```
 1       2       3      4
 CH2—CH2—CH—CH3
 |               |
 CH3            CH2
                 |
                CH3
```

B.
```
 2      3      4      5
 CH2—CH2—CH—CH3
1|               |
 CH3            CH2
                 |
                CH3
```

C.
```
 5      4      3
 CH2—CH2—CH—CH3
6|              2|
 CH3            CH2
               1|
                CH3
```

D.
```
 2      3      4
 CH2—CH2—CH—CH3
1|              5|
 CH3            CH2
               6|
                CH3
```

12. 下列烷烃的名称违反系统命名法原则的是（　　）。

A. 2,2,3-三甲基戊烷　　B. 2-甲基-3-乙基戊烷

C. 3,3,4-三甲基己烷　　D. 2,3-二甲基-3-乙基丁烷

13. 下列烃不属于环烷烃的是（　　）。

A. 丙烷　　B. 环丙烷　　C. 环丁烷　　D. 环己烷

14. 将作物秸秆、垃圾、粪便等“废物”在隔绝空气的条件下发酵，会产生大量的可燃性气体，这项措施既减少了“废物”对环境的污染，又开发了一种能作生活燃料的能源。“可燃冰”是深藏在海底的新能源，贮藏量很大，具有开发应用前景。可燃冰是含上述可燃性气体主要成分的冰，其化学式是（　　）。

A. H_2　　B. CO_2　　C. CH_4　　D. CO

四、计算题[1]

1. 某气态烃在标准状况下的密度是2.5g/L，求这种烃的相对分子质量。

2. 已知空气的平均相对分子质量为29，计算同温同压下，丙烷

[1] 计算题均参考每章后的学习辅导，教师可课堂讲解此内容。

对空气的相对密度是多少?

3. 实验测得某气态烃含碳 75%、含氢 25%，该烃对氢气的相对密度为 8，求这种的相对分子质量和分子式。

第二节　乙烯　烯烃

一、填空题

1. 乙烯的分子式是________，结构简式是________。乙烯分子里的双键中两个价键____同，其中有____个键较弱，不牢固，容易______。乙烯分子里的 2 个碳原子和 4 个氢原子都处在________平面上，它们彼此间的键角约为________。

2. 实验室制取乙烯的化学方程式是________________，浓硫酸在反应中起______和______的作用。烧瓶中加入少量的______是为了防止液体受热时________。停止加热时应先撤______后撤______，以防止水沿导管回流到试管中。

3. 写出下列反应的化学方程式，注明反应类型。

(1) 乙烯在空气中燃烧；________________________

(2) 乙烯通入溴水中；________________________

(3) 乙烯生成聚乙烯（适当温度，压力和催化剂存在）。

____

4. 丙烯的分子式是________，它与溴化氢发生加成反应的化学方程式是____________________________。

5. 某链烃室温下为气体，对氮气的相对密度是2，它既能使溴水褪色，也能使 $KMnO_4$ 酸性溶液褪色，该烃的分子式是________________。写出该烃的同分异构体的结构简式，并用系统命名法命名。

6. 分子里含____个碳碳________键的____烃叫二烯烃。二烯烃的通式是________________，丁二烯和己二烯的分子式分别是____________和____________。1,3-丁二烯与溴发生1,4-加成反应的化学方程式是____________________________。

7. 0.5mol某烃完全燃烧后生成1mol CO_2 和1mol H_2O，它的分子式是____________。

二、判断题（下列说法正确的在题后括号内画“√”，错误的画“×”）

1. 乙烯分子里碳碳双键的键能是碳碳单键键能的2倍。（　　）

2. 乙烯对氮气的相对密度是1。（　　）

3. 乙烯既能使紫色的溴水褪色，也能使 $KMnO_4$ 酸性溶液褪色。（　　）

4. 乙烯在空气里燃烧时，火焰比甲烷燃烧时的火焰明亮，而且有黑烟生成。（　　）

5. 分子里含有碳碳双键的不饱和烃叫烯烃。（　　）

6. 分子组成符合通式 C_nH_{2n} 的物质都是同系物。（　　）

7. $CH_2{=}CH_2$ 和 $CH_3{-}CH_2{-}CH{=}CH_2$ 两种烃一定是同系物。（　　）

8. 实验证明，丙烯与溴化氢起加成反应时，1-溴丙烷是主要产物。（　　）

9. 分子式为 C_3H_4 的链烃，分子中有 2 个双键，它的名称叫丙二烯，属于二烯烃。（ ）

10. 烷烃属于饱和链烃，烯烃和二烯烃属于不饱和链烃。（ ）

三、选择题（每小题有一个选项符合题意，将其序号填在题后括号内）

1. 下列物质属于烯烃的是（ ）。

A. CH_4　B. $\begin{array}{l} H_2C—CH_2 \\ \ \ | \quad\quad | \\ H_2C—CH_2 \end{array}$　C. $CH_2=CH_2$　D. CH_3Cl

2. 乙烯不具有的性质是（ ）。

A. 比空气轻　B. 能燃烧并有黑烟

C. 能使溴水和高锰酸钾酸性溶液褪色　D. 易发生取代反应

3. 实验室制取乙烯的操作程序及注意事项正确的是（ ）。

① 将烧瓶固定在铁架台上并在其中加入乙醇和浓硫酸（体积比 1∶3）的混合液，选用双孔橡皮塞，一孔插温度计，一孔插入导气管，塞紧后温度计下端要插入液体中，导气管则只要刚伸出橡皮塞下面即可；

② 向烧瓶里放入几片碎瓷片；

③ 铁架台上放置酒精灯，在酒精灯上方适当高度固定铁圈并加石棉网；

④ 加热，使温度迅速升到 170℃；

⑤ 检查装置的气密性；

⑥ 实验完毕，先将导管撤出水槽，再撤酒精灯；

⑦ 将导管插入水槽，待气泡连续大量放出后，将导管移入倒置的盛满水的集气瓶，收集乙烯。

A. ③②①⑤④⑦⑥　B. ②③⑤①④⑦⑥

C. ③②①⑤⑦④⑥　D. ③①②⑤④⑦⑥

4. 下列各组气体不能用排水法收集的是（ ）。

A. CH_4 和 C_2H_4　B. C_2H_4 和 O_2

C. C_2H_4 和 HCl　D. C_2H_4 和 H_2

5. 分别用 CH_4 和 C_2H_4 进行下列实验，现象相同的是（ ）。

A. 燃烧时的火焰　　B. 燃烧产物通入澄清的石灰水

C. 通入溴水　　　　D. 通入高锰酸钾酸性溶液

6. 下列反应属于加聚反应的是（　　）。

A. $CH_4+Cl_2 \xrightarrow{光} CH_3Cl+HCl$

B. $C_2H_4+3O_2 \xrightarrow{点燃} 2CO_2+2H_2O$

C. $nCH_2=CH_2 \xrightarrow[加热、加压]{催化剂} \text{[}CH_2-CH_2\text{]}_n$

D. $CH_2=CH_2+Br_2 \longrightarrow CH_2Br-CH_2Br$

7. 按照系统命名法，下列物质名称错误的是（　　）。

A. $CH_3-CH_2-CH=CH_2$　1-丁烯

B. $CH_3-CH_2=CH-CH_3$　2-丁烯

C. $CH_3-\underset{\displaystyle CH_3}{\underset{|}{C}}=CH_2$　2-甲基-1-丙烯

D. $CH_3-\overset{\displaystyle CH_3}{\overset{|}{\underset{\displaystyle CH_3}{\underset{|}{C}}}}-CH=CH_2$　2,2-二甲基-3-丁烯

8. 下列各组物质属于同系物的是（　　）。

A. $\underset{\displaystyle CH_3}{\underset{|}{CH}}=\underset{\displaystyle CH_3}{\underset{|}{CH}}$ 和 $CH_3-CH=CH-CH_3$

B. $CH_3-CH=CH_2$ 和 $CH_2=CH-\underset{\displaystyle CH_3}{\underset{|}{CH}}-CH_3$

C. $CH_3-\overset{\displaystyle CH_3}{\overset{|}{CH}}-CH=CH_2$ 和 $CH_3-CH_2-CH_2-CH=CH_2$

D. $CH_3-CH=CH_2$ 和 $CH_2=C=CH_2$

9. 下列物质属于二烯烃的是（　　）。

A. 丁烷　　B. 1,3-丁二烯　　C. 2-丁烯　　D. 环丁烷

10. 二烯烃不具有的是（　　）。

A. 常温下与氯水起取代反应

B. 能燃烧

C. 能使溴水褪色，也能使 $KMnO_4$ 酸性溶液褪色

D. 分子里含有两个碳碳双键

11. 除去乙烷中混有的少量乙烯，正确的方法是（　　）。

A. 通过澄清的石灰水　　B. 点燃

C. 混入氯气进行光照　　D. 通过溴水

12. 二烯烃的通式是（　　）。

A. C_nH_{2n} （$n\geqslant2$）　　B. C_nH_{2n+2} （$n\geqslant1$）

C. C_nH_{2n-2} （$n\geqslant3$）　　D. C_nH_{2n-2} （$n\geqslant2$）

四、计算题

1. 某气态烃 1.4g 完全燃烧后生成 4.4g 二氧化碳，已知该烃在标准状况下的密度是 1.25g/L，求该烃的分子式。

2. 当乙烯烃通过盛有溴的试剂瓶时，试剂瓶的质量增加了 14g。参加反应的乙烯是多少升（标准状况下）？生成二溴乙烷多少克？

第三节　乙炔　炔烃

一、填空题

1. 乙炔的俗名叫____________，分子式是____________，电子式是____________，结构简式是____________。乙炔分子里碳碳三键中有____个键较弱，容易断裂，C≡C 键与 C—H 键间的夹角为____________。

2. 纯净的乙炔是____色________味的气体，____溶于水，易溶于________。乙炔燃烧时发出____________________火焰，反应的化学方程式是____________________。乙炔在氧气里燃烧时产生的火焰叫________焰，温度可达________以上，可用来________和________金属。

3. 完成下列各步反应的化学方程式：

$$\mathrm{CaCO_3 \xrightarrow{(1)} CaO \xrightarrow{(2)} CaC_2 \xrightarrow{(3)} CH \equiv CH \xrightarrow{(4)} CH_2 = CH(Cl) \xrightarrow{(5)} {+}CH_2{-}CH(Cl){+}_n}$$

$$\mathrm{CH \equiv CH \xrightarrow{(6)} CHBr = CHBr}$$

4. 写出相对分子质量为 68 的炔烃的同分异构体，并用系统命名法命名。

5. 2mol 某烃完全燃烧后生成 4mol CO_2 和 2mol H_2O，它的分子式是____________。

二、判断题（下列说法正确的在题后括号内画“√”，错误的画“×”）

1. 乙炔分子里 C≡C 三键的键能并不等于三个单键键能之和，而是一个单键和一个双键键能之和。（　　）

2. 乙炔分子里两个碳原子和两个氢原子处在一条直线上。（　　）

3. 乙炔和空气的混合物遇火会发生爆炸，液态乙炔不易发生爆炸，常贮存在钢瓶中，可安全地运输和使用。（　　）

4. 用电石和食盐水制取乙炔的实验，不能用启普发生器，因为电石遇水立即会变成粉末状。（　　）

5. 乙烯基乙炔是合成橡胶的重要原料，它是由两分子乙炔聚合生成的。（　　）

6. 分子里含有一个碳碳三键的不饱和链烃叫炔烃。（　　）

7. 炔烃的通式是 C_nH_{2n-2}（$n \geqslant 2$），因此只要分子组成符合这一通式的链烃，一定属于炔烃。（　　）

8. $CH_3{-}C{\equiv}CH$ 和 $CH_2{=}C{=}CH_2$ 是同分异构体，但它们不是同系物。（　　）

三、选择题（每小题只有一个选项符合题意，将其序号填在题后括号内）

1. 下列物质在空气里燃烧时，火焰明亮并有浓烟的是（　　）。

A. CH_4　　B. C_2H_4　　C. C_2H_2　　D. H_2

2. 下列物质既不能使溴水褪色，也不能使 $KMnO_4$ 酸性溶液褪色的是（　　）。

A. $CH_2{=}CH_2$　　B. $CH{\equiv}CH$

C. $CH_2{=}CH{-}CH{=}CH_2$　　D. $CH_3{-}CH_3$

3. 下列物质能与硝酸银的氨溶液或氯化亚铜的氨溶液起反应生成灰白色或棕红色沉淀的是（　　）。

A. 乙烷　　B. 乙炔　　C. 乙烯　　D. 丙二烯

4. 下列物质不能与硝酸银的氨溶液或氯化亚铜的氨溶液起反应的是（　　）。

A. $CH_3{-}C{\equiv}C{-}CH_3$　　B. $CH_3{-}C{\equiv}CH$

C. $CH{\equiv}CH$　　D. $CH_3{-}CH_2{-}C{\equiv}CH$

5. 乙炔基的结构简式是（　　）。

A. $-CH_2CH_3$　　B. $-CH{=}CH_2$

C. $-CH_3$　　D. $-C{\equiv}CH$

四、计算题

含杂质10％的电石100g，与水完全起反应，在标准状况下能制得乙炔多少升？

第四节　苯　芳香烃

一、填空题

1. 苯的分子式是________，结构式是________，苯分子具有________的________形结构，苯环上碳碳间的键既不是一般的________键，也不是一般的________键，而是一种介于____键和____键之间的独特的键。

2. 苯是____色有________气味的____体，____溶于水，密度比水的密度____，若用冰来冷却，苯就可以结成________。苯在空气里能燃烧，发出________，并带有________的火焰，这是因为苯分子里含________很大的缘故。

3. 把分子里含有____个或________的烃，叫做芳香烃，简称________。________是芳香族化合物的母体。

4. 写出下列基的名称。

(1) $—NO_2$ ________　　(2) $—SO_3H$ ________

(3) $—C_6H_5$ ________

5. 完成下列取代反应的化学方程式，并注明反应类型（卤化、磺化或硝化）。

(1) 苯＋浓硝酸$\xrightarrow[50\sim60℃]{浓硫酸}$

(2) 苯＋浓硫酸$\xrightarrow{70\sim80℃}$

(3) 苯＋溴$\xrightarrow{催化剂}$

6. 某烃的蒸气3.9g在标准状况下所占的体积是1.12L，该烃的相对分子质量是________。

二、判断题（下列说法正确的在题后括号内画“√”，错误的画“×”）

1. 由苯的凯库勒式可知，苯分子是由单键和双键交替组成的环状结构。（　　）

2. 苯能与溴发生取代反应，因此能使溴水褪色。(　　)

3. 苯是一种重要的化工原料，大量的苯可以从石油工业获得。(　　)

4. C_7H_8、C_8H_{10}、C_9H_{12}等化合物的分子里都含有一个苯环结构，它们都是苯的同系物。(　　)

5. 芳香族化合物都具有芳香气味。(　　)

三、选择题（每小题只有一个选项符合题意，将其序号填在题后括号内）

1. 下列物质既不能使溴水褪色，也不能使 $KMnO_4$ 酸性溶液褪色的是（　　）。

A. 乙苯　　B. 甲苯　　C. 苯　　D. 二甲苯

2. 下列物质不能使溴水褪色，但能使高锰酸钾酸性溶液褪色的是（　　）。

A. 苯　　B. 甲苯　　C. 乙烯　　D. 乙炔

3. 苯和苯的同系物中分别滴入高锰酸钾酸性溶液，出现不同现象的原因是（　　）。

A. 分子中碳原子数不同　　B. 分子中氢原子数不同

C. 侧链影响苯环　　D. 苯环影响侧链

4. 下列物质属于稠环芳烃的是（　　）。

A. 萘　　B. 苯　　C. 甲苯　　D. 联苯

5. 下列对于甲苯的说法，不正确的是（　　）。

A. 甲苯属于芳香烃

B. 甲苯燃烧时火焰明亮并有浓烟

C. 甲苯可用于制造 TNT 炸药

D. 甲苯分子中含有 6 个碳原子

6. 下列对于苯的说法正确的是（　　）。

A. 苯和乙苯可用溴水鉴别

B. 苯和己烯可用溴水或高锰酸钾酸性溶液鉴别

C. 苯在任何条件下都不能发生加成反应

D. 苯有毒，不能用作有机溶剂

四、计算题

某烃 2.65g 完全燃烧后，可得到 8.8g 二氧化碳，该烃对氢气的相对密度为 53，根据计算求该烃的分子式并写出它的所有同分异构体的结构简式和名称。

第五节 石油 煤的综合利用

一、填空题

1. 石油是一种________的液体，通常显____色或________色，有________色或____色荧光，有________的气味，人们把石油称为工业的________。

2. 石油主要含____和____两种元素，同时还含有少量的____、____、____等元素。石油主要是由各种________、________和________所组成的混合物，没有________的熔点和沸点。

3. 石油的炼制方法主要有分馏、裂化、裂解和重整。分馏是用加热的方法把石油分成不同____________的蒸馏产物。人们把在______下进行的分馏叫常压分馏，在低于常压下进行的分馏叫______分馏。裂化是在一定条件下，把相对分子质量____沸点____的烃______为相对分子质量______沸点____的烃的过程，在加热的情况下进行的裂化叫________，在催化剂的作用下进行的裂化叫________裂化。石油的裂解是石油的______裂化，重整就是把____油里____链烃类分子的结构“重新进行调整”，使它们转化为______或具有________________________等。

4. 煤是由____________和____________所组成的复杂混合物，把煤____________________，叫做煤的干馏，工业上叫______。煤经过干馏可生产出____________、____________、____________

和____________。

5. 煤通过高温干馏所得的煤焦油是含____________________物，可通过____________方法使其中的主要成分分离出来。

二、判断题（下列说法正确的在题后括号内画“√”，错误的画“×”）

1. 石油不溶于水，密度比水大。(　　)

2. 石油的大部分是液态烃，同时在液态烃里溶有气态烃和固态烃。(　　)

3. 石油分馏出来的每一种馏分仍然是多种烃的混合物。(　　)

4. 在常压分馏塔里得到的馏分中，煤油的沸点范围最高；在减压分馏塔里得的馏分中，重柴油的沸点范围最低。(　　)

5. 石油的分馏，现代炼油厂一般都采用常、减压分馏。(　　)

6. 石油裂化所生成的裂解气里，烷烃的含量比较高，因此常把乙烷的产量作为衡量石油工业发展水平的标志。(　　)

7. 煤不是单质，它是由有机物和无机物所组成的复杂的混合物。(　　)

8. 煤是工业上获得芳香烃的一种重要来源。(　　)

9. 石油的分馏和煤的干馏都是物理变化。(　　)

10. 焦炉气和裂解气的主要成分相同。(　　)

三、选择题（每小题只有一个选项符合题意，将其序号填在题后括号内）

1. 石油属于(　　)。

A. 化合物　　B. 单质　　C. 混合物　　D. 纯物质

2. 石油分馏中，常压分馏后还要进行减压分馏，其原因是(　　)。

A. 常压分馏时轻质液体燃料各馏分分离得不精细

B. 可以得到更多的轻质液体燃料

C. 常压分馏无法分离重油中各成分

D. 可以提高分馏速度

3. 石油分馏中，降低分馏塔内的压力是为了（　　）。

A. 使重油的沸点范围随压力的降低而升高

B. 使重油的沸点范围随压力的降低而降低

C. 在低温下分馏轻质液体燃料，以节约能源

D. 提高分馏塔的分馏效率

4. 下列说法不正确的是（　　）。

A. 常压分馏的原料是加工处理过的原油

B. 减压分馏的原料是重油

C. 常压分馏和减压分馏的原理相同

D. 常压分馏目的是分馏出沸点范围不同的各种馏分，减压分馏目的是得到重柴油及各种润滑油

5. 下列说法正确的是（　　）。

A. 裂解和重整所用的原料都是原油

B. 裂化、裂解和重整都发生化学变化

C. 裂解的目的是为了得到气态不饱和的烃用作石油化工原料，裂化是深度裂解，目的是提高轻油的产量

D. 裂化、裂解和重整的目的都是为了得到苯、甲苯等芳香烃

6. 石油裂解生成的裂解气是一种复杂的混合气体，其中主要含有（　　）。

A. 乙烯、丙烯、异丁烯等不饱和烃

B. 甲烷、乙烷、氢气和硫化氢

C. 甲烷、硫化氢、乙烯和氢气

D. 甲烷、乙烯、乙炔和氢气

7. 下列物质具有固定沸点的是（　　）。

A. 汽油　　B. 重油　　C. 煤油　　D. 苯

8. 下列煤碳含量最高的是（　　）。

A. 烟煤　　B. 泥煤　　C. 无烟煤　　D. 褐煤

9. 下列变化属于物理变化的是（　　）。

A. 石油的裂化　　B. 石油的裂解

C. 煤的干馏　　D. 石油的分馏

10. 煤高温干馏得到的煤焦油分馏时，在 170℃下以下蒸馏出来的馏出物里主要含（　　）。

A. 沥青　　B. 苯、甲苯、二甲苯和其他的苯的同系物

C. 蒽　　D. 酚类和萘

四、计算题

1. 某烃含碳 85.7%，氢 14.3%，它在气态时的密度是同体积氧气密度的 1.75 倍，求该烃的分子式。

2. 在标准状况下，2mol CH_4 和 11L C_2H_6 混合气体完全燃烧时，需要多少升空气？（空气中 O_2 的体积分数为 21%）

自测题（120 分钟）

一、填空题（共 30 分，每空 1 分）

1. 写出下列基的结构简式。

（1）甲基____________（2）乙基____________（3）苯基____________（4）硝基____________（5）磺基____________（6）乙烯基____________。

2. 写出下列物质的结构简式，并指出各属于哪一类物质（烷烃、环烷烃、烯烃、二烯烃、炔烃、芳香烃）。

（1）甲烷________________________（2）乙烯________________________（3）电石气________________________（4）环丙烷

______________ ______________ （5）苯______________ ______________

（6）萘______________ ______________ （7）甲苯______________ ______________

（8）1,3-丁二烯______________________。

3. 用系统命名法命名下列物质。

（1） 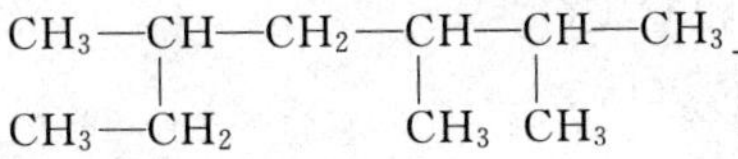 $CH_3—CH—CH_2—CH—CH—CH_3$ ______________

$\quad\quad\quad\quad |\quad\quad\quad\quad\quad\quad |\quad\quad |$

$CH_3—CH_2 \quad\quad\quad CH_3 \quad CH_3$

（2） $CH_2=CH—CH=CH_2$ ______________

（3） $CH_3—C—CH=CH_2$ ______________

$\quad\quad\quad |$

$\quad\quad CH_3$

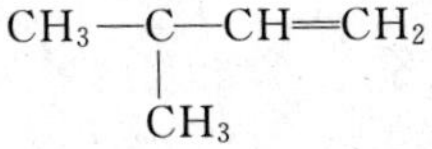

（4） $CH_3—C\equiv C—CH_3$ ______________

（5） $CH_2=CH—C\equiv CH$ ______________

（6） 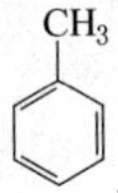 CH_3（苯环） ______________ （7） 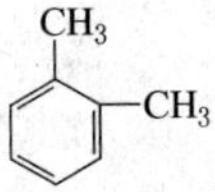 CH_3, CH_3（苯环） ______________

（8） 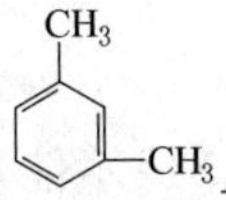 CH_3, CH_3（苯环） ______________

二、判断题（下列说法正确的在题后括号内画“√”，错误的画“×”）（共 10 分，每小题 2 分）

1. 凡是分子组成符合 C_nH_{2n-2} 的烃，一定是炔烃。（　　）

2. 分子组成相差一个或几个 CH_2 原子团的物质是同系物。（　　）

3. 烷烃和环烷烃属于饱和烃，烯烃、二烯烃和炔烃属于不饱和烃，苯及其同系物，稠环芳烃和多环芳烃属于芳香烃。（　　）

4. 分子式相同，结构不同的化合物互称为同分异构体。（　　）

5. 石油分馏出来的每一种馏分都是由不同元素组成的化合物，因此具有固定的沸点。（　　）

三、选择题（每小题有一至二个选项符合题意，将其序号填在题后括号内）（共 20 分，每小题 2 分）

1. 下列烃的分子中，碳原子和氢原子不在同一平面上的是

( )。

A. CH_4 B. C_2H_4 C. C_2H_2 D. C_6H_6

2. 下列各组物质属于有机物的是（ ）。

A. C_2H_6、C_3H_6 和 C_3H_4

B. CO、CO_2、H_2CO_3 和 $CaCO_3$

C. HCN、NaCN 和 CaC_2

D. C_6H_6、C_7H_8 和 $C_{10}H_8$

3. 有机物种类繁多的重要原因之一是（ ）。

A. 同素异形现象 B. 同分异构现象

C. 碳是 4 价 D. 都含碳元素

4. 下列各组物质既不是同系物，又不是同分异构体的是（ ）。

A. 甲苯和二甲苯 B. 1-丁烯和 2-甲基-1-丙烯

C. 苯和萘 D. 乙炔和电石气

5. 下列物质属于混合物的是（ ）。

A. 二甲苯 B. 煤 C. 石油 D. 萘

6. 下列各组物质能使 $KMnO_4$ 酸性溶液褪色，但不能使溴水褪色的是（ ）。

A. 己烷和环己烷 B. 苯和甲苯

C. 己烯和己炔 D. 甲苯和二甲苯

7. 下列物质能与硝酸银的氨溶液起反应生成白色沉淀，也能与氯化亚铜的氨溶液起反应生成红棕色沉淀的是（ ）。

A. $CH{\equiv}CH$ B. $CH_3{-}C{\equiv}CH$

C. $CH_3{-}C{\equiv}C{-}CH_3$ D. $CH_2{=}CH_2$

8. 下列变化属于物理变化的是（ ）。

A. 石油的分馏 B. 煤的干馏

C. 分离煤焦油中的重要成分 D. 石油的裂化、裂解和重整

9. 下列说法中错误的是（ ）。

A. 石油的裂化可以提高汽油的产量和质量

B. 石油主要是由各种烷烃、烯烃和芳香烃所组成的混合物，大

部分是液态烃，同时在液态烃里溶有气态烃和固态烃

C. 石油的裂解是深度裂化，是为了得到气态烃和少量液态烃，以提供有机化工原料

D. 烟煤的含碳量比无烟煤低，比褐煤和泥煤高

10. 下列加成反应错误的是（　　）。

A. $CH_3—CH═CH_2 + HBr \longrightarrow CH_3—CHBr—CH_3$

B. $CH_3—CH═CH_2 + HBr \longrightarrow CH_3—CH_2—CH_2Br$

C. $CH_2═CH—CH═CH_2 + Br \longrightarrow CH_2Br—CH═CH—CH_2Br$

D. $C_6H_6 + Br_2 \longrightarrow C_6H_5Br + HBr$

四、写出下列反应的化学方程式，并注明反应类型。（共 10 分，每小题 2 分）

1. 甲烷与氯气混合后见光（只写第一步反应）；

2. 乙烯通入溴水中：

________________________　　____________

3. $nCH_2═CH_2 \xrightarrow[\text{加热、加压}]{\text{催化剂}}$

4. 苯与浓硫酸和浓硝酸共热：

________________________　　____________

5. 乙炔燃烧：________________________　　____________

五、有 A、B、C、D 四种无色气体，其中（共 15 分，每空 1 分）

1. A 能使紫色石蕊试液变红，并能与硝酸银溶液起反应，生成不溶于稀硝酸的白色沉淀。

2. B 是最简单的有机物。

3. C 和 D 是两种烃，它们既能使溴水褪色，也能使高锰酸钾酸性溶液褪色，燃烧 1mol C 和 1mol D 后，在标准状况下都能生成 44.8L 的 CO_2 气体，D 燃烧时的火焰比 C 燃烧时的火焰明亮。

根据以上事实回答下列问题：

（1）A、B、C、D 的名称分别为 A ________________，B ____________，C ____________，D ____________。

（2）下列四套装置中，可以用甲装置来制取____________，乙装

置来制取__________，丙装置来制取__________，丁装置来制取__________。

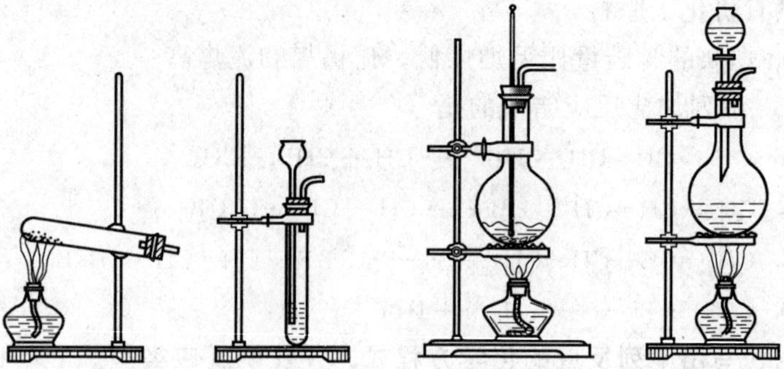

甲　　乙　　丙　　丁

(3) 在上述四种气体中，可以用向上排空气法收集的是__________，可用排水法收集的是__________。

(4) 实验室制取 B、C、D 的化学方程式分别是_______________、_______________、_______________。

(5) D和 A 发生加成反应的化学方程式（可不注明反应条件）是__________________________。

(6) A、B、C、D 四种物质中，属于饱和烃的是________。

六、某烃 4.3g 完全燃烧后生成 13.2g 二氧化碳，该烃的蒸气对氢气的相对密度是 43。求这种烃的分子式，并写出该烃所有同分异构体的结构简式。(共 15 分)

学 习 辅 导

一、求有机物的相对分子质量（M_r）

1. 气体密度法

气体的密度是指在标准状况下 1L 气体的质量。因此气体的摩尔质量等于气体在标准状况下的密度（g/L）乘以气体摩尔体积，摩尔质量的数值就是气体的相对分子质量。

【例题 1】 某气态烃在标准状况下的密度是 0.717g/L，求该烃的相对分子质量。

【解】 $M_r=0.717\text{g/L}\times22.4\text{L/mol}=16\text{g/mol}$

答：该烃的相对分子质量是 16。

可直接用公式计算如下：

$$M_r=22.4\rho=22.4\times0.717=16$$

【例题 2】 在标准状况下，某气态烃 11.2L 的质量为 14g，求该烃的相对分子质量。

$$\rho=\frac{m}{V}=\frac{14\text{g}}{11.2\text{L}}$$

【解】 $M_r=22.4\rho=22.4\times\frac{14}{11.2}=28$

答：该烃的相对分子质量是为 28。

2. 相对密度法

相对密度是指在相同状况下两种气体密度的比值，也就是在同温、同压的状况下，等体积的任何两种气体的质量之比值。相对密度用符号 d 表示，如已知在同温、同压下，体积相同的两种气体 A 和 B 的密度分别为 $\rho(\text{A})$ 和 $\rho(\text{B})$（单位为 g/L），质量分别为 $m(\text{A})$ 和 $m(\text{B})$（单位为 g），则气体 A 对气体 B 的相对密度可用下式表示：$d=\frac{\rho(\text{A})}{\rho(\text{B})}$

根据阿伏加德罗定律：在同温、同压下，同体积的任何气体都含有相同数目的分子。因此上述两种气体的物质的量（n）相同，它的摩尔质量 $M(\text{A})$、$M(\text{B})$ 与相对密度 d 有如下关系。

$$d=\frac{\rho(\text{A})}{\rho(\text{B})}=\frac{\frac{m(\text{A})}{V}}{\frac{m(\text{B})}{V}}=\frac{m(\text{A})}{m(\text{B})}=\frac{n(\text{A})\cdot M(\text{A})}{n(\text{B})\cdot M(\text{B})}=\frac{M(\text{A})}{M(\text{B})}$$

所以 $$M(\text{A})=d\cdot M(\text{B})$$

摩尔质量 $M(\mathrm{A})$ 的数值就是气体 A 的相对分子质量。

由上式推出：$M_r(\mathrm{A})=d \cdot M_r(\mathrm{B})$

【例题 3】 某气态烃对氢气的相对密度为 8，求该烃的相对分子质量。

【解】 $M_r(\text{烃})=d \cdot M(H_2)=8\times2=16$

答：该烃的相对分子质量为 16。

【例题 4】 某气态烃对空气的相对密度为 2，求该烃的相对分子质量。（空气的平均相对分子质量为 29）

【解】 $M_r(\text{烃})=d \cdot M_r(\text{空气})=2\times29=58$

答：该烃的相对分子质量是 58。

【例题 5】 已知 1L 某气态烃的质量是 1L 氢气质量的 15 倍，求该烃的相对分子质量。

【解】 $M_r(\text{烃})=d \cdot M_r(H_2)=15\times2=30$

答：该烃的相对分子质量为 30。

二、求有机物的分子式

要正确地写出某物质的分子式，需要知道该物质分子中所含元素原子的种类和数目。可以利用实验测出有些物质分子的元素组成和相对分子质量，并通过分析和计算得出分子式。

确定有机物的分子式应具备两个数据：一个是组成物质的各元素的质量分数；另一个是物质的相对分子质量。

1. 由分子中各元素的原子个数（N）确定分子式

这种确定分子式的方法，是根据气体的密度或相对密度等计算出物质的相对分子质量，再根据相对分子质量和各元素的质量分数，求出分子中各元素的原子个数，从而求出分子式。

【例题 6】 某烃含碳 85.7%，氢 14.3%，该烃的蒸气对氧气的相对密度为 1.75，求这种烃的分子式。

【解】 该烃的相对分子质量为 $M_r=1.75\times32=56$

烃分子中

$$N(\mathrm{C})=\frac{56\times85.7\%}{12}=4$$

$$N(H)=\frac{56\times14.3\%}{1}=8$$

该烃的分子式为C_4H_8。

答：这种烃的分子式为C_4H_8。

【例题7】 某气态烃5g经分析得知含碳4g、氢1g，该烃在标准状况下的密度是1.34g/L，求它的分子式。

【解】 烃的相对分子质量为 $M_r=22.4\rho=22.4\times1.34=30$

烃分子中

$$N(C)=\frac{30\times\frac{4}{5}}{12}=2$$

$$N(H)=\frac{30\times\frac{1}{5}}{1}=6$$

该烃的分子式为C_2H_6。

答：这种烃的分子式是C_2H_6。

2. 由最简式求分子式

用元素符号来表示物质分子组成的式子叫化学式。化学式包括最简式、分子式、电子式、结构式、结构简式（有些情况下也叫示性式）。

最简式（也叫实验式）是用元素符号表示化合物分子中元素的种类和各元素原子个数最简单整数比的式子。如乙烷（C_2H_6）分子中碳、氢原子最简单个数比是1∶3，它的最简式为CH_3；乙炔（C_2H_2）和苯（C_6H_6）分子中，碳、氢原子最简单个数比是1∶1，它们的最简式为CH。

【例题8】 某烃7g中含碳6g，求它的最简式。

【解】 7g某烃中含氢的质量 $m(H)=7g-1g=6g$

烃分子中碳和氢的原子个数比为

$$N(C):N(H)=\frac{6}{12}:\frac{1}{1}=0.5:1=1:2$$

答：该烃的最简式为CH_2。

【例题 9】 某烃含碳 85.71%、氢 14.29%，求该烃的最简式。

【解】 烃分子中各元素的原子个数比为

$$N(C):N(H)=\frac{85.71}{12}:\frac{14.29}{1}=7.14:14.29$$

原子个数不是整数，不能只取整数，方法是用原子数最小的数值去除各原子个数。

$$N(C):N(H)=\frac{7.14}{7.14}:\frac{14.29}{7.14}=1:2$$

该烃的最简式为 CH_2。

答：该烃的最简式为 CH_2。

【例题 10】 某芳香烃含碳 91.3%、氢 8.7%，求它的最简式。

【解】 烃分子中各元素的原子个数比为

$$N(C):N(H)=\frac{91.3}{12}:\frac{8.7}{1}=7.6:8.7$$

$$N(C):N(H)=\frac{7.6}{7.6}:\frac{8.7}{7.6}=1:1.145$$

最小数为 1，用 1 除各原子个数，不能得整数。这时不能四舍五入为 1∶1，首先应检查是否有计算错误。如果计算无误，再给两数试乘以最小整数，使 1.145 接近整数，此最小整数为 7，给 1 和 1.145 分别乘以 7 得

$$N(C):N(H)=1\times7:1.145\times7=7:8.015=7:8$$

该芳香烃的最简式为 C_7H_8。

答：该芳香烃的最简式为 C_7H_8。

【例题 11】 某气态烃 A 含碳 92.3%、含氢 7.7%，它在标准状况下的密度是 1.16g/L，求该烃的分子式。

【解 1】 气态烃分子中碳、氢原子个数比为

$$N(C):N(H)=\frac{92.3}{12}:\frac{7.7}{1}=7.7:7.7=1:1$$

该烃的最简式为 CH，$M_r(CH)=13$

该烃的相对分子质量为 $M_r(A)=22.4\rho=22.4\times1.16=26$

设该化合物分子中含有 n 个 CH，则

$$n=\frac{M_r(A)}{M_r(CH)}=\frac{26}{13}=2$$

该烃的分子式为 C_2H_2。

【解 2】 气态烃的相对分子质量为 $M_r(A)=22.4\times1.16=26$

烃分子中含碳原子个数 $N(C)=\frac{26\times92.3\%}{12}=2$

烃分子中含氢原子个数 $N(H)=\frac{26\times7.7\%}{1}=2$

气态烃的分子式为 C_2H_2。

答：该烃的分子式为 C_2H_2。

【例题 12】 某气态烃 A 2.32g 完全燃烧生成 7.04g 二氧化碳和 3.6g 水，该烃对空气的相对密度为 2，求这种烃的分子式。

【解 1】 气态烃的相对分子质量为

$$M_r(A)=d\cdot M(\text{空气})=2\times29=58$$

2.32g 烃中碳的质量 $m(C)=7.04g\times\frac{12}{44}=1.92g$

2.32g 烃中氢的质量 $m(H)=2.32g-1.92g=0.4g$

或 $$m(H)=3.6g\times\frac{2}{18}=0.4g$$

烃分子中碳原子个数 $N(C)=58\times\frac{1.92g}{2.32g}\div12=4$

烃分子中氢原子个数 $N(H)=58\times\frac{0.4g}{2.32g}\div1=10$

气态烃的分子式为 C_4H_{10}。

答：这种烃的分子式为 C_4H_{10}。

【解 2】 气态烃的相对分子质量为 $M_r(A)=29\times2=58$

2.32g 烃中碳的质量 $7.04g\times\frac{12}{44}=1.92g$

2.32g 烃中氢的质量 $2.32g-1.92g=0.4g$

根据 $N(C):N(H)=n(C):n(H)$

碳、氢的原子个数比为

$$N(C):N(H)=\frac{1.92g}{12g/mol}:\frac{0.4g}{1g/mol}=0.16:0.4=2:5$$

最简式为 C_2H_5，$M_r(C_2H_5)=29$

设烃 A 分子中含有 n 个 C_2H_5，则

$$n=\frac{M_r(A)}{M_r(C_2H_5)}=\frac{58}{29}=2$$

该气态烃的分子式为 C_4H_{10}。

答：该烃的分子式为 C_4H_{10}。

【解 3】 烃的相对分子质量为 $M_r(A)=29\times2=58$

2.32g 烃的物质的量为 $n(A)=\frac{2.32g}{58g/mol}=0.04mol$

2.32g 烃中含 C、H 原子的物质的量为

$$n(C)=\frac{7.04g}{44g/mol}=0.16mol \quad n(H)=\frac{3.6g}{18g/mol}\times2=0.4mol$$

0.04mol 烃中含碳 0.16mol、氢 0.4mol，则 1mol 烃中含碳 4mol，氢 10mol，所以，烃的分子式为 C_4H_{10}。

答：这种烃的分子式为 C_4H_{10}。

【例题 13】 2.3g 有机物 A 完全燃烧后，生成 0.1mol CO_2 和 2.7g H_2O，实验测得该化合物的蒸气对空气的相对密度是 1.6，求该有机物 A 的分子式。

分析：由题意知，该有机物燃烧的产物只有 CO_2 和 H_2O，因此，该有机物中一定含有 C 和 H；是否含 O，还需要通过计算反应物中 C、H 质量之和并与该有机物质量进行比较后，才能作出判断。

【解】 (1) 求 2.3g 有机物 A 中组成元素的质量

C

$$\begin{array}{ll} C \longrightarrow & CO_2 \\ 12g & 44g \\ m(C) & 44g/mol\times0.1mol \end{array}$$

$$m(C)=\frac{12\times44g/mol\times0.1mol}{44}=1.2g$$

H

$$\begin{array}{ll} 2H \longrightarrow & H_2O \\ 2g & 18g \\ m(H) & 2.7g \end{array}$$

$$m(H)=\frac{2\times 2.7g}{18}=0.3g$$

$$m(C)+m(H)=1.2g+0.3g=1.5g<2.3g$$

因此，该有机物 A 中还含有 O，其质量为

$$m(O)=m(A)-[m(C)+m(H)]$$
$$=2.3g-1.5g$$
$$=0.8g$$

（2）求有机物 A 的相对分子质量

$$M_r(A)=d\cdot M_r(空气)=1.6\times 29=46$$

（3）求有机物 A 分子中各元素原子的数目

$$N(C)=\frac{M_r(A)\times w(C)}{M_r(C)}=\frac{46\times \frac{1.2g}{2.3g}}{12}=2$$

$$N(H)=\frac{M_r(A)\times w(H)}{M_r(H)}=\frac{46\times 0.3g}{1\times 2.3g}=6$$

$$N(O)=\frac{M_r(A)\times w(O)}{M_r(O)}=\frac{46\times 0.8g}{16\times 2.3g}=1$$

有机物 A 的分子式是 C_2H_6O。

答：该有机物的分子式是 C_2H_6O。

【例题 14】 某烷烃的相对分子质量是 156，求该烷烃的分子式。

【解】 可利用通式法求出。

烷烃的通式是 C_nH_{2n+2}，$M_r(C_nH_{2n+2})=156$

即

$$14n+2=156，n=11$$

该烷烃的分子式是 $C_{11}H_{24}$。

答：该烷烃的分子式是 $C_{11}H_{24}$。

【例题 15】 已知 A、B 两种烃，相对分子质量分别为 78 和 142，求它们的分子式。

分析：若烃（C_xH_y）的类别不确定，可用商余法求出分子式。商余法是

$$\frac{M_r(C_xH_y)}{12}=x\cdots\cdots余\ y$$

然后采用减去 1C 加 12H 的方法直到 H 的个数不能大于 C 的个数的 2 倍加 2。

【解】（1）　$$\frac{M_r(C_xH_y)}{12}=\frac{78}{12}=6\cdots\cdots余 6$$

烃 A 的分子式为 C_6H_6。

（2）　$$\frac{M_r(C_xH_y)}{12}=\frac{142}{12}=11\cdots\cdots余 10$$

分子式为 $C_{11}H_{10}$ 时，不符合任何一类烃的通式，应再减去 1C 加 12H 变为 $C_{10}H_{22}$ 即可。

烃 B 的分子式是 $C_{10}H_{22}$

答：烃 A 的分子式是 C_6H_6，烃 B 的分子式是 $C_{10}H_{22}$。

第二章　烃的衍生物

第一节　卤代烃

一、填空题

1. 决定化合物化学特性的原子或原子团叫______，卤素原子（—X）是卤代烃的______，一元卤烷的通式是__________。

2. 写出下列物质的分子式。

（1）氯仿____________（2）四氯化碳____________（3）氯乙烯____________（4）二氟二氯甲烷____________（5）四氟乙烯____________。

3. 写出下列变化的化学方程式，并注明反应类型。

$$乙烯 \underset{(3)}{\overset{(1)}{\rightleftarrows}} 氯乙烷 \xrightarrow{(2)} 乙醇$$

（1）______________________________　__________

（2）______________________________　__________

（3）______________________________　__________

4. 将 $AgNO_3$ 溶液滴入 1-溴丙烷中，不能产生______色沉淀，因为无______离子。把 1-溴丙烷与 NaOH 溶液一起煮沸几分钟，用硝酸酸化后滴入 $AgNO_3$ 溶液，______产生（填能或不能）______色沉淀，因为 1-溴丙烷发生了______反应，生成了______使溶液中产生了______离子，该离子和 Ag^+ 离子结合生成沉淀的分子式是______。

二、判断题（下列说法正确的在题后括号内画“√”，错误的画“×”）

1. 烯烃的官能团是碳碳双键，炔烃的官能团是碳碳三键。（　　）

2. 二溴乙烷既是多元卤烃，又是不饱和卤烃。（　　）

3. 一元卤烃的沸点和密度一般随着烷基中碳原子数目的增加而减小。（　　）

4. CCl_4 可作灭火剂，用于扑灭油类着火和电源附近的火灾，不能用于扑灭金属钠着火。（　　）

三、选择题（每小题只有一个选项符合题意，将其序号填在题后括号内）

1. 下列物质不属于卤代烃的是（　　）。

A. CH_3Cl　　B. C_2H_5Br　　C. $C_6H_5NO_2$　　D. C_6H_5Cl

2. 下列物质既属于一元卤代烃，又属于芳香卤代烃的是（　　）。

A. 氯乙烯　　B. 氯苯　　C. 四氯甲烷　　D. 氯乙烷

3. 卤代烃的官能团是（　　）。

A. $-NO_2$　　B. $-C\equiv C-$　　C. $-X$　　D. $>C=C<$

4. 下列物质可作冷冻剂的是（　　）。

A. 氯仿　　B. 四氯化碳　　C. 氯乙烯　　D. 二氟二氯甲烷

5. 下列物质能使 $KMnO_4$ 酸性溶液和溴水都褪色的是（　　）。

A. 二溴乙烯　　B. 溴乙烷　　C. 溴苯　　D. 甲苯

四、计算题

某卤代烃含碳 24.26%、氢 4.07%、氯 71.67%，它的相对分子质量约为氢气的 49.5 倍，求这种卤代烃的分子式，并指出名称。

第二节　乙醇　醇类

一、填空题

1. 乙醇的俗名叫______，结构简式是__________，分子中的

______决定乙醇的主要化学性质。

2. 写出下列反应的化学方程式，并注明反应类型。

（1）乙醇与金属钠起反应；

____ __________

（2）乙醇与氢溴酸混合加热；

____ __________

（3）乙醇燃烧；______________________________ __________

（4）实验室用乙醇制取乙烯；______________________________
____

（5）乙醇和浓硫酸共热到140℃；__________________________
____

（6）乙醇被氧化成乙醛。__________________________________
____

3. ______烃分子中的氢原子或芳香烃______的氢原子被______取代后生成的化合物叫做醇。饱和一元醇的通式是____________，可简写为__________。羟基是醇的______，它决定着醇的主要______性质。

4. 根据通式 $C_nH_{2n+1}OH$，写出 n 等于4的饱和一元醇的所有同分异构体，并用系统命名法命名。

5. 写出下列物质的结构简式

（1）酒精____________　　（2）木精____________

（3）乙二醇____________　　（4）甘油____________

6. 检验酒精中是否含水，可加入少量____________，若由______色变成______色，则证明酒精中含水分。工业上制取无水酒精，可用______蒸馏的方法也可以用______来吸收其中的水分，近年来广泛使用________________来制取无水酒精。

二、判断题（下列说法正确的在题后括号内画“√”，错误的画“×”）

1. 由乙醇与钠起反应的现象可得出，乙醇分子里羟基中的氢原子比水分子中的氢原子活泼。（　　）

2. 乙醇与活泼金属起反应时，分子里羟基的氢氧键断裂，氢原子被取代；与氢卤酸起反应时，分子里羟基与烃基相连的碳氧键断裂，整个羟基被卤素原子取代。（　　）

3. 吸入一定量的乙醚蒸气，会引起全身麻醉，因此乙醚在医疗上可用作外科手术时的麻醉剂。（　　）

4. 羟基与烃基相连结的有机物叫做醇，因此化合物（苯环—OH）既是一元醇，也属于芳香醇。（　　）

5. 丙三醇属于脂肪醇，也是一种多元醇。（　　）

6. 饱和一元醇（$C_nH_{2n+1}OH$）出现同分异构体的最小 n 值应为3。（　　）

7. 某饱和一元醇完全燃烧生成 n mol CO_2 时，就能生成（n+1）mol H_2O。（　　）

8. 甲醇和乙醇的密度、气味等性质几乎相同，它们都可作饮料酒的成分。（　　）

9. 乙醇是重要的有机合成原料，乙二醇在工业上用作内燃机的抗冻剂，乙醇和乙二醇是同系物。（　　）

10. 氯仿、四氯化碳、酒精、乙醚是常用的有机溶剂。（　　）

三、选择题（每小题只有一个选项符合题意，将其序号填在题后括号内）

1. 关于乙醇的下列说法正确的是（　　）。

A. 比水的密度大　　B. 分子是由乙基和氢氧根离子组成

C. 是无色、透明、有特殊香味的液体

D. 能与水以任意比例互溶

2. 下列物质在医疗上可用作麻醉剂的是（　　）。

A. C_2H_5OH　　B. $C_2H_5—O—C_2H_5$　　C. CH_3COONa

D. C_2H_5Br

3. 1mol 某有机物完全燃烧后生成 1mol 二氧化碳，该有机物分子中含有的碳原子个数是（　　）。

A. 1　B. 2　C. 3　D. 4

4. 下列物质不属于醇的是（　　）。

A. C_6H_5—OH（苯环—OH）　　B. C_6H_5—CH_2OH（苯环—CH_2OH）

C. CH_3OH　　D. CH_3CH_2OH

5. 醇的官能团是（　　）。

A. —X　B. $>C=C<$　C. —OH　D. —C≡C—

6. 下列物质既是饱和一元醇，又属于脂肪醇的是（　　）。

A. CH_2═CH—OH　B. C_3H_7OH　C. C_6H_5—C_2H_4OH（苯环—C_2H_4OH）

D. HO—CH_2—CH_2—OH

7. 下列命名错误的是（　　）。

A. HO—CH_2—CH_2—CH_3　1-丙醇

B. CH_3—CH_2—CH_3（中间碳上连 OH）　2-丙醇

C. CH_3—CH(CH_3)—CH_2—OH　2-甲基-1-丙醇

D. CH_3—C(CH_3)(CH_3)—OH　1,1-二甲基-1-乙醇

8. 1mol 某饱和一元醇完全燃烧生成 2mol 二氧化碳，它的结构简式是（　　）。

A. CH_3OH　B. C_2H_5OH　C. C_3H_7OH　D. C_4H_9OH

9. 1mol 某饱和一元醇完全燃烧，需要 4.5mol 氧气，它的结构简式是（　　）。

A. CH_3OH　B. C_2H_5OH　C. C_3H_7OH　D. C_4H_9OH

10. 下列各组物质为同系物的是（　　）。

A. 甲醇和乙醇　B. 乙醇和乙醚　C. 丙醇和丙三醇

D. 乙醇和酒精

11. 某有机物有甜味，大量用于制造烈性炸药，66.7%（质量分数）的该有机物溶液可用作防冻剂和制冷剂，这种有机物是（　　）。

A. 木精　B. 酒精　C. 乙二醇　D. 甘油

12. 下列物质少量饮用（10mL）会使人眼睛失明，多量饮用会使人致死的是（　　）。

A. 葡萄酒　B. 白酒　C. 甲醇　D. 啤酒

四、计算题

1. 某饱和一元醇的蒸气对氢气的相对密度为 23，求它的结构简式。

2. 23g 某饱和一元醇与金属钠完全反应后生成 5.6L 氢气（标准状况），求该醇的结构简式。

第三节　苯　酚

一、填空题

1. 羟基直接与______相连的化合叫做酚，最简单的酚叫______，俗名称做______，分子式是__________，结构简式是__________。

2. 有机物 A 的分子式是 C_6H_6O，其水溶液显弱酸性，但不能使石蕊试液变色，它能与氢氧化钠起反应生成B，在B的溶液中通入CO_2后，又得到A。在A溶液中滴入溴水，立即有白色沉淀C生成。A还能与浓硝酸起反应生成黄色晶体D，D溶液的酸性比A强。根据这些性质，推断出A、B、C、D的名称和各反应的化学方程式。

A ____________ B ____________

C ____________ D ____________

3. 现有苯、甲苯、乙烯、乙醇、溴乙烷、苯酚六种物质，其中，常温下能与NaOH溶液反应的是______；常温下能与溴水反应的是__________；能与金属钠反应放出氢气的是________________；能与$FeCl_3$溶液反应使溶液呈现紫色的是______。

二、判断题（下列说法正确的在题后括号内画“√”，错误的画“×”）

1. 芳香烃分子中的氢原子被羟基取代后所生成的化合物叫酚。(　　)

2. 苯酚显弱酸性，其酸性比碳酸弱，能使紫色石蕊试液（或蓝石蕊试纸）变红色，但不能与$NaHCO_3$溶液起反应。(　　)

3. 在苯酚分子中，羟基受苯环的影响，使苯酚具有弱酸性；苯环受强基的影响，比苯更容易发生取代反应。(　　)

4. 用溴水或氯化铁溶液可以鉴别苯酚和苯。(　　)

5. 在澄清的苯酚钠溶液里通入二氧化碳，溶液会变浑浊，再加入氢氧化钠溶液，溶液又会变为澄清。(　　)

三、选择题（每小题只有一个选项符合题意，将其序号填在题后括号内）

1. 苯酚不具有的性质是（　　）。

A. 弱酸性　B. 有特殊气味，在空气中暴露易变质

C. 能与溴水或 $FeCl_3$ 溶液起反应

D. 常温下能与水以任意比互溶

2. 下列物质的溶液为强酸的是（　　）。

A. 石炭酸　B. 苦味酸　C. 酒精　D. 甘油

3. 下列物质可用于环境消毒的是（　　）。

A. 甲醇　B. 乙醚　C. 石炭酸　D. 氯仿

4. 能鉴别乙醇和苯酚溶液的试剂是（　　）。

A. $FeCl_3$ 溶液　　B. 盐酸

C. $KMnO_4$ 酸性溶液　　D. 紫色石蕊试液

5. 只用一种试剂鉴别己烯、苯和苯酚水溶液三瓶无色液体，这种试剂是（　　）。

A. $KMnO_4$ 酸性溶液　　B. 烧碱溶液

C. 溴水　　D. $FeCl_3$ 溶液

6. 要除去苯中混有的少量苯酚，下列操作步骤正确的是（　　）。

A. 在混合物中加入热水，再用分液漏斗分离

B. 在混合物中加入浓溴水，再过滤出白色沉淀，得到的滤液就是苯

C. 在混合物中加入 $FeCl_3$ 溶液，溶液出现紫色，再用分液漏斗分离可得到苯

D. 在混合物中加入足量烧碱溶液，充分振荡，使其完全反应，形成油层（苯）和水层（溶液），再通过分液漏斗分离

四、计算题

某有机物含碳 76.6%、氢 6.38%、氧 17.02%，它的相对分子质量是氢气的 47 倍，该有机物在常温下微溶于水，其水溶液中加入氯化铁溶液后呈紫色，求这种有机物的分子式和结构简式。

第四节 醛和酮

一、填空题

1. 乙醛的分子式是______，结构简式是__________，分子里—CHO的名称是______，它对乙醛的__________起决定作用。

2. 分子里由______和______相连而构成的化合物叫做醛。醛的通式是____________，________是醛的官能团。甲醛和苯甲醛的结构简式是________和________，甲醛的俗名是________，35%～40%（质量分数）的甲醛水溶液叫做________。

3. 丙酮的分子式是____________，结构简式是____________，分子中 $-\overset{\overset{\displaystyle O}{\|}}{C}-$ 的名称是______。分子里由______与两个______相连而构成的化合物叫酮，它的通式是______，羰基也叫______基，是酮的官能团。

4. 完成下列化学方程式，并注明反应条件。

(1) $CH_3CH_2OH + ? \longrightarrow CH_3CHO$　(2) $CH_3CHO + ? \longrightarrow CH_3CH_2OH$

(3) $CH_3CHO + [Ag(NH_3)_2]OH \longrightarrow$　(4) $CH_3CHO + Cu(OH)_2 \longrightarrow$

5. 写出已学过的分子中含有3个碳原子的烃的含氧衍生物（含C、H、O三种元素）的结构简式和名称。

二、判断题（下列说法正确的在题后括号内画"√"，错误的画"×"）

1. 分子里含有醛基的化合物都能发生银镜反应，因此能发生银

镜反应的物质都属于醛类。(　　)

2. 乙醛和新制的氢氧化铜在微热时即反应，生成红色的氧化亚铜。(　　)

3. 甲醛的水溶液具有杀菌、防腐能力，因此是一种良好的杀菌剂，如福尔马林用于浸制生物标本等。(　　)

4. 丙酮在常温下是无色、易挥发、易燃烧、有特殊气味的液体，它也是一种重要的有机溶剂。(　　)

5. 醛和酮分子中都含有羰基，因此它们具有许多相似的化学性质，如都能发生加成反应、容易被氧化等。(　　)

6. 丙醛和丙酮互为同分异构体。(　　)

三、选择题（每小题只有一个选项符合题意，将其序号填在题后括号内）

1. 下列结构简式错误的是（　　）。

A. 乙醇　CH_3CH_2OH　　　　B. 甲醛　CHO

C. 苯甲醛　C_6H_5—CHO（苯环结构式）　　　　D. 乙醛　CH_3CHO

2. 下列各组物质为同系物的是（　　）。

A. 甲醛和苯甲醛　　　　B. 丙醛和丙酮

C. 乙醛和丙醛　　　　D. 甲醛和甲醛

3. 下列物质互为同分异构体的是（　　）。

A. 甲醛和丙醛　　　　B. 丙醇和丙酮

C. 苯酚和石炭酸　　　　D. 丙醛和丙酮

4. 既能发生银镜反应，又能与新制的氢氧化铜反应生成红色沉淀的物质是（　　）。

A. 乙醛　B. 乙醇　C. 乙醚　D. 乙二醇

5. 下列物质能与品红试剂起反应，使溶液立即呈现紫红色，再加入几滴浓硫酸，紫红色仍不消失的是（　　）。

A. 乙醛　B. 苯酚　C. 甲醛　D. 丙酮

6. 有四瓶无色液体，分别是苯酚、甲醛、乙醛溶液和丙酮，能鉴别它们的试剂是（　　）。

A. $FeCl_3$ 溶液、品红试剂和浓硫酸

B. $FeCl_3$ 溶液和银氨溶液

C. 银氨溶液和新制的氢氧化铜

D. $FeCl_3$ 溶液和品红试剂

7. 下列试剂，可用来清洗作过银镜反应实验的试管的是（　　）。

A. 蒸馏水　B. 硝酸　C. 盐酸　D. 烧碱溶液

8. 近年来，建筑装潢装饰材料进入家庭，调查发现，经过装修的居室中，由于装饰材料缓慢释放出来的化学污染物浓度过高，从而影响人类的身体健康，这些污染物中最常见的是（　　）。

A. 一氧化碳　　B. 二氧化硫

C. 甲醛、甲苯等有机物蒸气　　D. 臭氧

9. 福尔马林是（　　）。

A. 苯酚稀溶液　　B. 75％酒精溶液

C. 35％～40％甲醛溶液　　D. 2％碘酒溶液

10. 将 1.8g 某醛与足量的银氨溶液反应，结果生成 5.4g 金属银，则该醛是（　　）。

A. 甲醛　B. 乙醛　C. 丙醛　D. 丁醛

11. 下列各组混合物中，能用分液漏斗分离的是（　　）。

A. 乙醛和苯　　B. 溴乙烷和水

C. 酒精和水　　D. 苯酚和乙醇

四、计算题

某有机物含碳 54.54％、氢 9.09％、氧 36.36％，它的蒸气对氢气的相对密度为 22，求这种有机物的分子式，并推断出结构简式，写出名称。

第五节　乙酸　羧酸

一、填空题

1. 乙酸俗称______，分子式为______，结构简式为________，分子中 $-\overset{\overset{\displaystyle O}{\|}}{C}-OH$ （或—COOH）的名称是______，乙酸是一种______酸（填强或弱），其酸性比碳酸______，无水乙酸又称______酸。

2. 写出乙酸与下列物质起反应的化学方程式，并注明反应类型。

（1）金属镁　（2）石灰水　（3）碳酸钾溶液　（4）乙醇

3. 写出下列物质的结构简式。

（1）甲酸________________　（2）乙酸________________

（3）草酸________________　（4）安息香酸____________

（5）硬脂酸______________　（6）软脂酸______________

（7）油酸________________

4. 写出鉴别乙醇、乙醛和乙酸三种物质的水溶液的方法。

二、判断题（下列说法正确的在题后括号内画“√”，错误的画“×”）

1. 乙酸是一种弱酸，能使紫色石蕊试液或蓝色石蕊试纸变红色。（　）

2. 食醋的主要成分是乙酸，当温度低于 0℃时，食醋就凝结成像冰一样的晶体，因此食醋也叫冰醋酸。（　）

3. 乙酸具有酸的通性，它能与金属、碱性氧化物和碱、盐分别

发生置换反应、中和反应和复分解反应。(　　)

4. 醇和酸发生酯化反应的过程，一般是：羧酸分子中羟基上的氢原子与醇分子中的羟基结合成水，其余部分互相结合成酯。(　　)

5. 一元羧酸的通式是 R—COOH，式中的 R 只能是烷基。(　　)

6. 饱和一元羧酸的分子式可用通式 $C_nH_{2n}O_2$ 表示，如甲酸、乙酸和丙酸的分子式分别为 CH_2O_2、$C_2H_4O_2$ 和 $C_3H_8O_2$。(　　)

7. 甲酸分子中既含羧基，又含醛基，因此它既具有羧酸的性质，又具有醛的性质。在饱和一元羧酸中，甲酸的 pH 最小。(　　)

8. 乙醛和乙酸两种无色溶液，不能用金属钠来鉴别，因为钠首先与水起反应，都有氢气产生。(　　)

9. 甲酸、乙酸、丙酸、软脂酸、硬脂酸、油酸都是同系物，属于饱和一元羧酸，其中软脂酸、硬脂酸、油酸是重要的高级脂肪酸。(　　)

10. 丁酸和乙酸乙酯是不同类物质的同分异构体，硬脂酸和十八酸是同一种物质。(　　)

11. 凡是能与银氨溶液发生银镜反应（或能与新制的氢氧化铜起反应生成红色氧化亚铜沉淀）的物质都含有醛基，都属于醛类。(　　)

12. 苯甲酸钠常用作食品、药剂等的防腐剂，草酸可除去墨水迹或铁锈。(　　)

三、选择题（每小题只有一个选项符合题意，将其序号填在题后括号内）

1. 下列物质属于不饱和脂肪酸的是（　　）。

A. 苯甲酸　　B. 丙烯酸　　C. 乙酸　　D. 对苯二甲酸

2. 下列鉴别乙醛和乙酸两种溶液的方法中，错误的是（　　）。

A. 加紫色石蕊试液（或用蓝色石蕊试纸），观察是否变红色

B. 与新制的氢氧化铜（加热至沸）反应后，观察是否有红色沉淀生成

C. 加银氨溶液（在热水浴中静置）反应后，观察是否有银镜生成

D. 加金属钠，观察有无气体产生

3. 关于乙酸的下列说法，错误的是（　　）。

A. 具有酸的通性　　B. 分子中含有羧基

C. 温度低于16.6℃时呈固态　　D. 能与氢气起加成反应

4. 下列物质属于多元羧酸的是（　　）。

A. 苯甲酸　B. 软脂酸　C. 乙二酸　D. 丙烯酸

5. 下列物质通常情况下呈液态的是（　　）。

A. 油酸　B. 乙二酸　C. 苯甲酸　D. 硬脂酸

6. 1mol某有机物分子中含1mol碳原子，其溶液显酸性，它能发生银镜反应，也能把新制的氢氧化铜还原成红色的氧化亚铜沉淀，这种有机物是（　　）。

A. 乙二酸　B. 甲酸　C. 苯甲酸　D. 乙酸

7. 下列物质为无臭无味的蜡状固体的是（　　）。

A. CH_3COOH　　B. $C_5H_{11}COOH$

C. $C_{16}H_{33}COOH$　　D. $C_{16}H_{31}COOH$

8. 下列物质的溶液酸性最强的是（　　）。

A. 甲酸　B. 乙酸　C. 丙酸　D. 丁酸

9. 下列物质的溶液，pH最大的是（　　）。

A. 甲酸　B. 乙酸　C. 乙二酸　D. 苯酚

10. 有A、B、C三种含碳、氢、氧元素的有机物，1mol A完全燃烧时，可生成2mol的CO_2和3mol的水，A在催化剂Cu或Ag存在并加热的条件下能被空气氧化成B；B能起银镜反应，被氧化成C，B在催化剂存在时能被还原成A，C溶液的pH小于7。A、B和C三种物质依次是（　　）。

A. 乙醇、乙醚和乙酸　　B. 乙醚、乙醛和乙酸

C. 乙醇、乙醛和乙酸　　D. 乙醛、乙酸和乙醇

11. 能鉴别甲醛、甲酸和乙酸三种溶液的试剂是（　　）。

A. 石蕊试液　　B. 石蕊试液和银氨溶液

C. 银氨溶液　　D. 银氨溶液和金属钠

12. 能鉴别甲醇、甲酸和乙酸的三种溶液的试剂是（　　）。

A. 蓝色石蕊试纸　　　　　　　B. 新制的氢氧化铜

C. 新制的氢氧化铜和金属钾

D. 新置的氢氧化铜和蓝色石蕊试纸

四、计算题

25g 乙酸溶液中含 CH_3COOH 20g，该溶液的密度是 1.07g/cm³，求该乙酸溶液的物质的量浓度。

第六节　酯　油脂

一、填空题

1. 写出下列物质的结构简式和分子式

（1）甲酸乙酯________________　____________

（2）乙酸甲酯________________　____________

（3）乙酸乙酯________________　____________

（4）丙酸丁酯________________　____________

2. 饱和一元脂肪羧酸与饱和一元醇形成的饱和一元酯，分子式可用通式________________表示，与碳原子个数相同的饱和一元______是不同类物质的同分异构体，如甲酸甲酯和______酸是同分异构体。

3. 在无机酸存在下，酯 A 水解后生成 B 和 C 两种物质，B 是中性的液体，相对分子质量为 46；1mol B 和 1mol C 分别燃烧时都生成 2mol CO_2。A 的结构简式是______，名称是____________，A 生成 B 和 C 的化学方程式是____________________反应类型是______________，该反应是______反应的逆反应。

4. 油脂是________________甘油酯的通称。在室温下呈______态的油脂叫做油；分子中含有______烃基（填饱和或不饱和），能使

溴水和 $KMnO_4$ 酸性溶液的颜色______；呈固态或半固态的油脂叫做______，分子中含有__________烃基，熔点较______。油脂属于______类物质，在碱存在的条件下能发生______反应，生成高级脂肪酸盐和______，油脂的这一反应也叫______反应，工业上利用该反应来制取______。

5. 有机物 A 的分子式为 $C_3H_6O_2$，将它与 NaOH 溶液共热蒸馏，得到含 B 的蒸馏物。将 B 和浓硫酸混合加热，控制温度，可以得到一种能使溴水褪色并可作果实催熟剂的无色气体 C。B 在有 Cu 作催化剂时加热可被空气氧化成 D，D 与新制的 $Cu(OH)_2$ 悬浊液加热煮沸，有红色沉淀和 E 生成。回答下列问题。

(1) 推断出 A、B、C、D、E 的名称。

A__________　B__________

C__________　D__________　E__________

(2) 写出下列变化的化学方程式。

A ⟶ B：____________________________________

B ⟶ C：____________________________________

B ⟶ D：____________________________________

D ⟶ E：____________________________________

二、判断题（下列说法正确的在题后括号内画“√”，错误的画“×”）

1. 凡是由羧酸和醇脱水生成的一类化合物叫做酯。可用通式 $R-\overset{\overset{\displaystyle O}{\|}}{C}-O-R'$ 或 RCOOR′表示。（　）

2. $C_3H_7COOC_8H_{17}$ 和 $C_6H_5-COOC_2H_5$ 的名称分别是丁酸辛酯和苯甲酸乙酯，它们属于一元羧酸酯。CH_3ONO_2 的名称叫硝酸甲酯，属于无机酸酯。（　）

3. 甲酸与醇发生酯化反应生成的酯，分子中含有醛基。（　）

4. 酯的水解反应是可逆反应，给平衡混合物中加入碱，可使平衡向生成酯的方向移动、有利于酯化反应的进行。（　）

5. 分子式为 $C_4H_8O_2$ 的饱和一元酯，水解后可得醇 X 和羧酸 Y，X 可氧化成 Y，则该酯是乙酸乙酯。（　　）

6. 酯易溶于水和乙醇、乙醚等有机溶剂中，也能溶解许多有机物，可用作有机溶剂。（　　）

7. 油脂是多种饱和高级脂肪酸甘油酯的通称。（　　）

8. 油脂的氢化反应，实质上就是液态油与氢气发生的加成反应。（　　）

9. 油脂的氢化，也叫油脂的硬化，目的是提高油脂的饱和程度，得到硬化油。硬化油性质稳定，便于贮藏和运输。（　　）

10. 工业上利用油脂的氢化反应来大量生产肥皂。（　　）

11. 皂化反应指的是酯类中的油脂在碱性条件下发生的水解反应，并不是泛指所有的酯类的水解反应。（　　）

12. 高级脂肪酸钠溶液是胶体溶液，因此制取肥皂时采用盐析的方法，实质上就是胶体的凝聚。（　　）

13. 醛、甲酸和甲酸酯分子中都含有醛基，甲酸盐（如甲酸钠）中也含有醛基。（　　）

三、选择题（每小题只有一个选项符合题意，将其序号填在括号内）

1. 下列化合物属于无机酸酯的是（　　）。

A. $HCOOC_2H_5$　　B. $C_2H_5ONO_2$

C. CH_3COOCH_3　　D. $CH_3COOC_2H_5$

2. 能发生银镜反应，也能与新制的氢氧化铜起反应生成红色氧化亚铜沉淀的物质是（　　）。

A. $H-\overset{\overset{C}{\|}}{C}-OCH_3$　　B. $CH_3-\overset{\overset{C}{\|}}{C}-OCH_3$

C. $C_2H_5-\overset{\overset{C}{\|}}{C}-OCH_3$　　D. $CH_3-\overset{\overset{C}{\|}}{C}-OC_2H_5$

3. 下列物质的名称正确的是（　　）。

A. $C_2H_5ONO_2$　硝酸乙烷　　B. $HCOOC_2H_5$　乙酸甲酯

C. CH_3COOCH_3　甲酸乙酯　D. 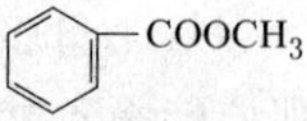 $C_6H_5-COOCH_3$　苯甲酸甲酯

4. 下列各组物质不属于同分异构体的是（　　）。

A. 丙醛和丙酮　　B. 乙醇和乙醚

C. 甲酸甲酯和乙酸　　D. 甲酸甲酯和甲酸丙酯

5. 饱和一元脂肪羧酸和饱和一元酯是不同类物质的同分异构体，它们的分子通式是（　　）。

A. $C_nH_{2n+2}O$　B. $C_nH_{2n}O$　C. $C_nH_{2n}O_2$　D. $C_nH_{2n+2}O_2$

6. 分子式不是 $C_3H_6O_2$ 的物质是（　　）。

A. 丙酸　B. 甲酸乙酯　C. 乙酸甲酯　D. 丙醇

7. 分子式为 $C_5H_{10}O_2$ 的饱和一元酯水解后可得乙醇，这种酯是（　　）。

A. 丁酸甲酯　B. 甲酸丁酯　C. 丙酸乙酯　D. 乙酸丙酯

8. 下列物质属于纯物质的是（　　）。

A. 油脂　B. 乙酸乙酯　C. 福尔马林　D. 食醋

9. 下列物质属于不饱和高级脂肪酸甘油酯的是（　　）。

A. 油酸甘油酯　　B. 丙烯酸甘油酯

C. 软脂酸甘油酯　　D. 硬脂酸甘油酯

10. 既能发生氢化反应，又能发生皂化反应的物质是（　　）。

A. 硬脂酸　B. 软脂酸甘油酯　C. 油酸甘油酯　D. 油酸

四、计算题

1. 用 60g 乙酸与 23g 乙醇反应，理论上可制得乙酸乙酯多少克？已知乙酸乙酯的产率是 85%，实际可以得到乙酸乙酯多少克？

2. 某饱和一元酯 2.2g 完全燃烧后生成 2.24L（标准状况下）二氧化碳和 1.8g 水，该酯的蒸气对氢气的相对密度为 44，求这种酯的分子式。

第七节　硝基化合物

一、填空题

1. 在硝基化合物分子中，硝基都是直接与________________相连接。在硝酸酯分子中，硝基是通过______原子与________________相连接。

2. 写出下列物质的结构简式或名称。

（1）硝基甲烷____________　（2）硝基苯____________

（3）硝酸乙酯____________　（4）三硝基甲苯____________

(5) OH; O_2N; NO_2; NO_2 ________________

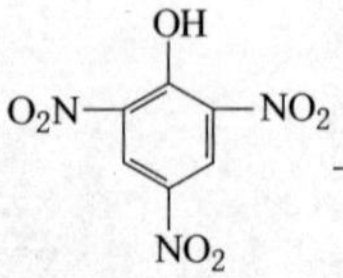

(6) $CH_2—ONO_2$
$CH—ONO_2$
$CH_2—ONO_2$ ________________

二、判断题（下列说法正确的在题后括号内画"√"，错误的画"×"）

1. 分子中含有硝基的化合物都属于硝基化合物。（　　）

2. 硝基化合物和硝酸酯都属于含氮化合物。（　　）

3. 三硝基甲苯和三硝酸甘油酯都可以用来制造烈性炸药。（　　）

4. TNT很不稳定，受热或撞击时就能发生猛烈的爆炸。（　　）

三、选择题（每小题只有一个选项符合题意，将其序号填在题后括号内）

1. 下列物质不属于硝基化合物的是（　　）。

A. 硝基乙烷　　B. 三硝基苯酚　　C. 硝基苯　　D. 硝酸乙酯

2. 下列物质属于芳香族多硝基化合物的是（　　）。

A. $C_3H_7NO_2$　　B. 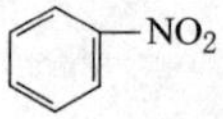 （苯环）$—NO_2$

C. 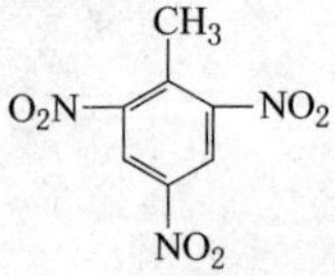 CH_3; O_2N; NO_2; NO_2（苯环）　　D. $CH_2—ONO_2$
$CH—ONO_2$
$CH_2—ONO_2$

3. 下列物质有苦杏仁气味、有毒性的是（　　）。

A. 硝基苯　　B. 三硝基甲苯　　C. 酒精　　D. 醋酸

4. 硝基苯发生还原反应生成苯胺时，下列说法正确的是（　　）。

A. 苯环上引入氧　　B. 苯环上失去氢

C. 苯环上引入氧，同时失去氢

D. 硝基中引入氢，同时也失去氧

四、在实验室里用 39g 苯完全与浓硝酸发生反应，实际得到了 55g 硝基苯，试计算硝基苯的产率。

第八节　胺　酰胺

一、填空题

1. 烃分子中的______原子被______取代后所生成的化合物叫做胺，它的官能团的名称是______，结构简式是______。胺也可以看作是______的烃基衍生物。写出下列胺的结构简式：

(1) 苯胺______________　(2) 甲胺______________

(3) 二甲胺______________　(4) 三甲胺______________

(5) 乙二胺______________

2. 在 A、B 两试管中，分别盛有 2mL 浑浊的水溶液，只知其中之一盛着苯酚溶液，另一试管盛着苯胺溶液。在 A 试管里加 NaOH 溶液，溶液变澄清，再加盐酸又变浑浊；在 B 试管里加盐酸，溶液变澄清，再加 NaOH 溶液，又变浑浊。试判断：______试管里含有苯胺，它______溶于水，其溶液具有______性，上述变化的化学方程式是________________和________________；______试管里含有苯酚，它______溶于水，其溶液显______性。

3. 酰胺的通式是______________或______________，其中 $\mathrm{R-\overset{\overset{O}{\|}}{C}-}$ 或 RCO—叫做______。乙酰基和苯甲酰基的结构简式分别是________________和________________，甲酰胺、丙烯酰胺

和尿素的结构简式分别是______________________、______________________和______________________。

二、判断题（下列说法正确的在题后括号内画“√”，错误的画“×”）

1. 苯胺具有弱碱性，它很容易被还原。（　　）

2. 用氢氧化钠溶液可以鉴别苯胺和苯酚，在酸性条件下，用重铬酸钾可鉴别硝基苯和苯胺。（　　）

3. 乙二胺简称 EDTA，是化学分析上常用的金属离子配合剂。（　　）

4. 羧酸分子中的氢原子被氨基取代后所生成的化合物叫做酰胺。（　　）

5. 尿素属于酰胺类化合物，它在酸、碱或尿素酶的存在下，能水解生成铵盐或氨，因此可用作氮肥，而且是一种高效固体氮肥。（　　）

6. 在通常情况下，胺类和酰胺类化合物都具有弱碱性。芳胺对氧化剂比较稳定，而脂肪胺则很容易被氧化。（　　）

三、选择题（每小题只有一个选项符合题意，将其序号填在题后括号内）

1. 下列物质属于芳胺的是（　　）。

A. 伯胺　　B. 苯胺　　C. 仲胺　　D. 叔胺

2. 下列物质属于一元脂肪胺的是（　　）。

A. 甲胺　　B. 乙二胺　　C. 苯胺　　D. 间苯二胺

3. 下列关于苯胺的叙述，错误的是（　　）

A. 是无色油状液体，具有特殊气味，有毒

B. 在空气中很容易被氧化，最后变成红棕色

C. 遇氯化铁溶液显紫色

D. 可用来制造染料，药物等

4. 下列物质属于酰胺的是（　　）。

A. CH_3NH_2　　B. $C_6H_5NH_2$

C. $H_2N-CH_2CH_2-NH_2$　　D. $CO(NH_2)_2$

5. 下列制取尿素和尿素水解的化学方程式正确的是（　　）。

A. $NH_3 + CO_2 \xrightarrow[20.2MPa]{180℃} CO(NH_2)_2 + H_2O$

B. $CO(NH_2)_2 + H_2O + 2HCl \xrightarrow{尿素酶} NH_4Cl + CO_2\uparrow$

C. $CO(NH_2)_2 + H_2O \xrightarrow{尿素酶} CO_2\uparrow + 2NH_3\uparrow$

D. $COO(NH_2) + NaOH \longrightarrow NaCO_3 + NH_3\uparrow$

四、计算题

用硝基苯催化加氢法理论上制得苯胺 186g，需转化率为 70%的硝基苯多少克？

自测题（120 分钟）

一、填空题（共 30 分，第 3 题每空 0.5 分，其余每空 1 分）

1. 写出下列官能团的名称。

（1）—X ________　（2）—C≡C— ________

（3）—OH ________　（4）—CHO ________

（5）—COOH ________　（6）$>C=C<$ ________

（7）$-NH_2$ ________　（8）$-\overset{O}{\overset{\|}{C}}-$ ________

2. 写出下列基的结构简式。

（1）甲基________　（2）乙基________

（3）苯基________　（4）酰基________

3. 写出下列物质的结构简式，并指出各属于哪一类物质。

(1) 氯仿________ _____ (2) 酒精________ _____

(3) 甘油________ _____ (4) 石炭酸________ _____

(5) 乙醚________ _____ (6) 蚁醛________ _____

(7) 丙酮________ _____ (8) 醋酸________ _____

(9) 草酸________ _____ (10) 乙酸乙酯________ _____

(11) 硝基苯________ _____ (12) 甲胺________ _____

(13) 乙酰胺________ _____ (14) 尿素________ _____

4. 用系统命名法命名下列化合物。

(1) $CH_3—CH(CH_3)—CH_2—CH_2OH$ __________

(2) $CH_3—C(CH_3)_2—OH$ __________

(3) $C_6H_5—CHO$ __________

(4) $H_2N—CH_2CH_2—NH_2$ __________

二、选择题（每小题有一至二个选项符合题意，将其序号填在题后括号内）（共 34 分，每小题 2 分）

1. 下列各组物质属于同系物的是（　　）。

A. 甲醛和苯甲醛　　B. 甲酸乙酯和乙酸甲酯

C. 乙醇和丁醇　　D. 软脂酸和硬脂酸

2. 下列各组物质不具有相同分子式的是（　　）。

A. 甲酸乙酯和丙酸　　B. 丙醇和丙酸

C. 丙醛和丙酮　　D. 乙醚和丁醇

3. 下列反应中，反应物发生还原反应的是（　　）。

A. 乙醇燃烧　　B. 乙醛发生银镜反应

C. 由乙醛制乙醇　　D. 由乙醇制乙醛

4. 下列物质的溶液，酸性最强的是（　　）。

A. 苯酚　　B. 乙二酸　　C. 甲酸　　D. 乙酸

5. 下列物质能发生银镜反应，也能与新制的氢氧化铜反应生成红色氧化亚铜沉淀的是（　　）。

A. 丙酮　　B. 甲酸　　C. 甲酸甲酯　　D. 乙酸甲酯

6. 下列物质的溶液遇品红试剂立即显紫红色，再加入浓硫酸颜色仍不消失的是（　　）。

A. 甲醛　　B. 苯酚　　C. 乙醛　　D. 丙酮

7. 能鉴别甲醇、甲醛、甲酸和乙酸四种无色溶液的试剂是(　　)。

A. 石蕊试液和银氨溶液　　B. 银氨溶液和新制的氢氧化铜

C. 石蕊试液和蓝色石蕊试纸

D. 蓝色石蕊试纸和新制的氢氧化铜

8. 下列物质既能使溴水和 $KMnO_4$ 酸性溶液褪色，又能发生氢化反应和皂化反应的是（　　）。

A. 硬脂酸甘油酯　　B. 油酸甘油酯　　C. 软脂酸　　D. 油酸

9. 在空气中易氧化变质的是（　　）。

A. 苯甲酸　　B. 苯酚　　C. 丙酮　　D. 苯胺

10. 对于甲酸钠、乙醛、乙酸甲酯、甲酸和甲酸丙酯五种物质的下列说法，正确的是（　　）。

A. 只有乙醛分子中含有醛基　B. 只有乙醛和甲酸分子中含有醛基

C. 只有乙酸甲酯分子中不含醛基　　D. 只有甲酸具有酸性

11. 下列物质与甲醇是同系物的是（　　）。

A. 1-丁醇　　B. 2-甲基-2-丙醇　　C. 乙二醇　　D. 苯甲醇

12. 可逆反应 $CH_3COOH + C_2H_5OH \rightleftharpoons CH_3COOC_2H_5 + H_2O$ 处于平衡状态，能使平衡向左移动的条件是（　　）。

A. 加浓硫酸　　B. 通入 HCl 气体　　C. 加阳离子交换树脂

D. 加碱

13. 在下列物质的溶液中通入 CO_2 后，溶液变浑浊的是(　　)。

A. 苯酚钠　　B. 苯酚　　C. 乙酸钠　　D. 苯胺

14. 下列物质既能使溴水褪色，又能使高锰酸钾酸性溶液褪色的是（　　）。

A. 甲酸　　B. 丙烯酸　　C. 苯酚　　D. 油酸甘油酯

15. 下列说法错误的是（　　）。

A. 苯酚溶液，遇少量 $FeCl_3$ 溶液立即呈现紫色；遇溴水立即生成白色沉淀

B. 同系物具有相似的化学性质

C. 某有机物燃烧后只生成二氧化碳和水，该有机物肯定属于烃类

D. 碳氧双键（C＝O）能发生加成反应，但不能与溴水发生加成反应，不能使溴水褪色

16. 针对下图所示乙醇分子结构：

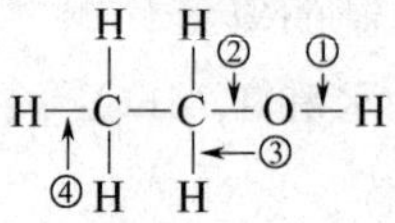

```
      H    H
      |    |② ①
      |    ↓  ↓
 H—C—C—O—H
  ↑   |    |←③
 ④   H    H
```

下述关于乙醇在各化学反应中化学键断裂情况的说法不正确的是（　　）。

A. 与乙酸、浓硫酸共热时，②键断裂

B. 与金属钠反应时，①键断裂

C. 与浓硫酸共热至 170℃时，②、④键断裂

D. 在 Ag 催化下与 O_2 反应时，①、③键断裂

17. 某有机物的结构简式是 $CH_3—CH_2—\underset{\text{Cl}}{\underset{|}{C}}=CH—CHO$，它不可能发生的化学反应是（　　）。

A. 氧化　　B. 水解　　C. 酯化　　D. 加成

三、完成下列反应的化学方程式，并注明反应类型。（共 10 分）

1. $C_2H_5Cl+H_2O \xrightarrow[\triangle]{NaOH}$

________________ 反应类型________________

2. $C_2H_5OH \xrightarrow[170℃]{浓\ H_2SO_4}$

________________ 反应类型________________

3. $C_2H_5OH+O_2 \xrightarrow{点燃}$

________________ 反应类型________________

4. $HCOOH+CH_3OH \xrightarrow[\triangle]{浓硫酸}$

________________ 反应类型________________

5. (硝基苯，NO_2) $+H_2 \xrightarrow[\triangle]{催化剂}$

________________ 反应类型________________

四、有 A、B 两种酯，分子式均为 $C_3H_6O_2$，按下列变化 A、B 分别生成 C、D、G、I 和 E、F、H、J 等化合物，其中 G、I、B、E、H 都能发生银镜反应。（共 10 分）

$$A \xrightarrow{水解} C + D,\quad D \xrightarrow{氧化} G \xrightarrow{氧化} I$$

$$B \xrightarrow{水解} E + F,\quad F \xrightarrow{氧化} H \xrightarrow{氧化} J$$

试确定 A、B、C、D、G、I、E、F、H、J 的名称：

A __________ B __________ C __________ D __________

G __________ I __________ E __________ F __________

H __________ J __________

五、某饱和一元醛 0.58g 与足量银氨溶液反应，析出银 2.16g，求这种醛的分子式，写出它的结构简式。（共 8 分）

六、某种含碳、氢、氧三种元素的有机物 2.2g 完全燃烧后，生成 2.24L（标准状况）**二氧化碳和 1.8g 水，该有机物蒸气对氢气的相对密度为 44，求这种有机物的分子式。**（共 8 分）

学习辅导

一、一些烃的衍生物的结构简式和分子式通式

1. 饱和一元卤代烃

通式是 $C_nH_{2n+1}X$（X 表示卤素）

2. 饱和一元醇

结构简式：$C_nH_{2n+1}OH$

分子式通式：$C_nH_{2n+2}O$

3. 饱和一元醛

结构简式：$C_nH_{2n+1}—\overset{\displaystyle O}{\overset{\|}{C}}—H$ 或 $C_nH_{2n+1}CHO$

分子式通式：$C_nH_{2n}O$

4. 饱和一元脂肪羧酸

结构简式：$C_nH_{2n+1}—\overset{\displaystyle O}{\overset{\|}{C}}—OH$ 或 $C_nH_{2n+1}COOH$

分子式通式：$C_nH_{2n}O_2$

5. 饱和一元酯

结构简式：$C_nH_{2n+1}-\overset{\overset{\displaystyle O}{\|}}{C}-OC_{n'}H_{2n'+1}$ 或 $C_nH_{2n+1}COOC_{n'}H_{2n'+1}$

分子式通式：$C_nH_{2n}O_2$（与饱和一元羧酸为不同类物质的同分异构体）

二、根据化学方程式确定分子式

【例题 1】 某饱和一元醇 0.3g 与足量的金属钠起反应后，在标准状况下生成 56mL 氢气，求这种饱和一元醇的结构简式。

【解】 $2C_nH_{2n+1}OH+2Na \longrightarrow 2C_nH_{2n+1}ONa+H_2\uparrow$

$2(14n+18)g \qquad\qquad 22.4L$

$0.3g \qquad\qquad 0.056L$

$$2(14n+18):0.3=22.4:0.056$$

$$14n+18=\frac{0.3\times22.4}{2\times0.056}=60 \qquad 解之得 \quad n=3$$

饱和一元醇的结构简式为 C_3H_7OH。

答：饱和一元醇的结构简式是 C_3H_7OH。

【例题 2】 某饱和一元醇 4.6g 完全燃烧，在标准状况下生成二氧化碳 4.48L，求它的分子式。

【解】 $C_nH_{2n+2}O+\frac{3n}{2}O_2 \longrightarrow nCO_2+(n+1)H_2O$

$(14n+18)g \qquad 22.4nL$

$4.6g \qquad 4.48L$

$$(14n+18):4.6=22.4n:4.48$$

$$4.6\times22.4n=(14n+18)\times4.48$$

解之得 $\qquad n=2$

该醇的分子式为 C_2H_6O。

答：这种饱和一元醇的分子式是 C_2H_6O。

【例题 3】 某饱和一元酯 4.4g 完全燃烧后，在标准状况下生成 4.48L 二氧化碳和 3.6g 水，该酯的蒸气对氢气的相对密度为 44，求这种酯的分子式。

【解 1】 酯的相对分子质量为 M_r（酯）$=44\times2=88$

求 4.4g 酯中组成元素的质量

C $$C \longrightarrow CO_2$$
$$12g \quad 22.4L$$
$$m(C) \quad 4.48L$$
$$m(C)=\frac{12g\times4.48L}{22.4L}=2.4g$$

H $$2H \longrightarrow H_2O$$
$$2g \quad 18g$$
$$m(H) \quad 3.6g$$
$$m(H)=\frac{2g\times3.6g}{18g}=0.4g$$

O $$m(O)=4.4g-2.4g-0.4g=1.6g$$

求酯分子中各元素的原子个数

$$N(C)=\frac{88\times\frac{2.4g}{44g}}{12}=4$$

$$N(H)=\frac{88\times\frac{0.4g}{44g}}{1}=8$$

$$N(O)=\frac{88\times\frac{1.6g}{44g}}{16}=2$$

酯的分子式为 $C_4H_8O_2$

【解 2】 酯的相对分子质量和 4.4g 酯中含 C、H、O 原子的质量同解 1。

求 C、H、O 三种元素的原子个数比

$$N(C):N(H):N(O)=\frac{2.4}{12}:\frac{0.4}{1}:\frac{1.6}{16}=2:4:1$$

最简式为 C_2H_4O，最简式量 $M_r(C_2H_4O_2)=44$

根据 $$n=\frac{M_r(酯)}{M_r(C_2H_4O_2)}=\frac{88}{44}=2$$

故　酯的分子式为 $C_4H_8O_2$

【解 3】　$C_nH_{2n}O_2+\frac{3n-2}{2}O_2 \longrightarrow nCO_2+nH_2O$

$(14n+32)g \qquad\qquad 22.4nL$

$4.4g \qquad\qquad 4.48L$

$(14n+32):4.4=22.4n:4.48$

解之得　　$n=4$

酯的分子式为 $C_4H_8O_2$。

答：这种酯的分子式为 $C_4H_8O_2$。

三、由性质推断结构式（或结构简式）

有机物的结构决定性质，性质反映结构。在回答由性质推导结构的问题时，不仅要熟悉各类有机物的结构和性质之间的紧密关系，而且要学会一定的分析和推理方法，充分利用题目中告诉的性质和条件，逐一进行对照，最后确定出有机物的结构式（或结构简式）。

【例题 4】　某有机物 A 的分子式为 C_6H_6O，其水溶液显极弱的酸性，能与氢氧化钠起反应生成 B，在 B 溶液中通入二氧化碳后，又得到 A。A 与溴水起反应生成白色沉淀 C。A 还能与硝酸起反应生成黄色晶体 D，D 溶液的酸性比 A 溶液的酸性强。写出 A、B、C、D 的结构简式和名称。

简析：根据分子式 C_6H_6O，推断 A 属于烃的含氧衍生物，又从其水溶液具有弱酸性，推断它只能是酚，最简单的酚为苯酚，其分子式与上式符合，并能发生上述各反应，从而推知 A 是苯酚，B 是苯酚钠，C 是三溴苯酚，D 是三硝基苯酚。

【解】　A、B、C、D 的结构简式和名称是

A. 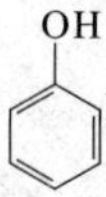 OH 苯酚　　　B. 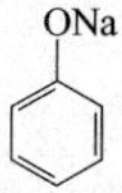 ONa 苯酚钠

C. 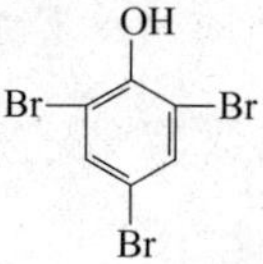 OH, Br, Br, Br 三溴苯酚　　　D. 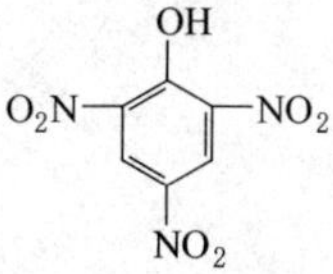 OH, O_2N, NO_2, NO_2 三硝基苯酚

【例题5】 有A、B、C、D、E五种含碳、氢、氧三种元素的链烃衍生物：

(1) A、C、D、E能被银氨溶液氧化；

(2) B、E的相对分子质量相等，等物质的量的B和E在浓硫酸存在下能起反应生成D；

(3) B在加热和有催化剂（Cu或Ag）存在的条件下，能被空气氧化成A；

(4) C氧化时可得E，E能使石蕊试液变红色；

(5) 1mol B完全燃烧时，可生成2mol的CO_2和3mol水，并放出大量的热。

根据上述情况，推断A、B、C、D、E的结构简式并写出名称。

简析：本题要推断的物质种类较多，特别是本题所给条件前后逻辑联系不明显。在这种情况下，应边读题边推测，但仍要注意寻找能确定某一种物质的突破口。

本题由（1）可知A、C、D、E含醛基；由（4）和（1）确知E为甲酸，则C为甲醛；由（1）和（3）推知B为醇，A为醛；由（5）和（3）确定B为乙醇，则A为乙醛；由（2）和（1）确定D是甲酸乙酯。

【解】 A、B、C、D、E的结构简式和名称是A：CH_3CHO 乙醛；B：CH_3CH_2OH 乙醇；C：HCHO 甲醛；D：$HCOOC_2H_5$ 甲酸乙酯；E：HCOOH 甲酸。

第三章 糖类 蛋白质

第一节 糖 类

一、填空题

1. 从结构上看糖类一般是____________或____________，以及能__________生成它们的物质。糖类常根据它能否_____以及_____后生成的物质，分为_____糖、_____糖和_____糖三类。

2. 葡萄糖的分子式是___________________________，结构简式是_______________________分子中含有的官能团是__________基和__________基（填名称），能与银氨溶液起_____反应，也能被新制的氢氧化铜__________生成_____色的___________沉淀，也能与氢气在镍粉作催化剂并加热的条件下发生_________反应，生成____________________。

3. 果糖的分子式是___________________________，结构简式是____，分子中含有的官能团是_______________和______________。果糖和____________互为同分异构体。

4. 糖类每一个分子水解后能生成二分子单糖的__________糖叫二糖，二糖是最重要的_________糖。自然界分布最广的二糖是______________，分子式是_________________________，它和__________糖互为同分异构体。

5. 自然界中最常见和最重要的多糖是__________和__________（填名称），它们的分子通式是__________体，由于它们分子中__________值不同，结构也__________因此它们不是__________。纤维素分子中含有官能团_____基，其分子式也可以用通式____________________表示，因此它表现出_____的一些化学性质。

6. 写出下列反应的化学方程式，并注明反应条件。

（1）葡萄糖与银氨溶液反应；

____

反应类型________________

（2）葡萄糖在人体组织中发生反应的热化学方程式；

________________________________反应类型__________

（3）葡萄糖在镍作催化剂和加热的条件下与氢气起反应；

________________________________反应类型__________

（4）淀粉在稀酸或酶存在时与水反应生成葡萄糖；____

________________________________反应类型__________

（5）纤维素与浓硝酸、浓硫酸的混合物在一定条件下反应制取纤维素三硝酸酯。

________________________________反应类型__________

二、判断题（下列说法正确的在题后括号内画“√”，错误的画“×”）

1. 凡是分子组成符合通式 $C_n(H_2O)_m$ 的化合物属于糖类，也叫碳水化合物。（　　）

2. 患有糖尿病的人，尿中含有糖分（葡萄糖）较多，可根据葡萄糖分子中含有官能团醛基，具有还原性这一性质，检验出一个病人是否患有糖尿病。（　　）

3. 葡萄糖分子里含有官能团羟基，具有醇（多元醇）的性质，能与酸起酯化反应，如它与乙酸起酯化反应生成的葡萄糖五乙酸酯的结构简式是 $CH_2OOCCH_3(CHOOCCH_3)_4CHO$。（　　）

4. 果糖是多羟基醛，葡萄糖是多羟基酮，果糖比葡萄糖味更甜。（　　）

5. 葡萄糖和果糖分子中都含有羰基，碳氧双键（C＝O）能发生加成反应（如催化加氢），但不能与溴发生加成反应，因此不能使溴水褪色。（　　）

6. 甜菜糖分子中含有醛基，是一种还原性糖；麦芽糖分子中不含醛基，是一种非还原性糖。因此可以用银氨溶液或新制的氢氧化铜悬浊液来鉴别它们。（　　）

7. 二糖水解可以转化为单糖，在无机酸或酶的催化作用下，1mol 蔗糖和 1mol 麦芽糖水解时都生成 2mol 葡萄糖，因此二糖水解后能起银镜反应。(　　)

8. 在蔗糖里加入浓硫酸，蔗糖会变黑成炭，这是因为浓硫酸具有极强的脱水性所致。(　　)

9. 淀粉和纤维素的分子式都是 $(C_6H_{10}O_5)_n$ 但它们的结构不同。因此淀粉和纤维素互为同分异构体。(　　)

10. 未成熟的苹果肉含有淀粉，遇碘会显蓝色。苹果成熟的过程，淀粉水解生成了葡萄糖，因此成熟的苹果能还原银氨溶液。(　　)

11. 纤维不能作为人类的营养物质，但它可作食草动物的营养物质。(　　)

12. 糖类物质都是白色晶体，易溶于水，都具有甜味。(　　)

三、选择题（每小题只有一个选项符合题意，将其序号填在题后括号内）

1. 葡萄糖是一种单糖的主要原因是（　　）。

A. 在糖类物质中含碳原子数最少　　B. 分子中有一个醛基

C. 不能水解成更简单的糖　　D. 结构最简单

2. 工业上制葡萄糖的方法通常是（　　）。

A. 用石油副产品进行人工合成　　B. 用淀粉水解

C. 用纤维素水解　　D. 用水果制取

3. 制镜工业和热水瓶胆镀银常用的还原剂是（　　）。

A. 果糖　　B. 麦芽糖　　C. 蔗糖　　D. 葡萄糖

4. 下列物质味最甜的是（　　）。

A. 果糖　　B. 葡萄糖　　C. 蔗糖　　D. 麦芽糖

5. 下列物质属于非还原性糖的是（　　）。

A. 葡萄糖　　B. 蔗糖　　C. 麦芽糖　　D. 果糖

6. 2mol 蔗糖水解生成的物质的质量是（　　）。

A. 葡萄糖 720g　　B. 果糖 720g

C. 葡萄糖和果糖各 360g　　D. 葡萄糖和果糖各 180g

7. 不属于糖类的物质是（　　）。

A. 葡萄糖　B. 淀粉　C. 纤维素　D. 甘油

8. 糖类和脂肪是人类食物的主要成分，这是因为它们（　　）。

A. 含有人体必需的维生素　B. 含有人体必需的微量矿物质

C. 能组成新组织和原生质　D. 能供给能量

9. 下列各对物质不是同分异构体的是（　　）。

A. 葡萄糖和果糖　B. 蔗糖和麦芽糖

C. 淀粉和纤维素　D. 甲酸甲酯和乙酸

10. 下列物质能发生银镜反应的是（　　）。

A. 葡萄糖　B. 蔗糖　C. 淀粉　D. 纤维素

11. 下列物质遇碘呈蓝色的是（　　）。

A. 葡萄糖　B. 淀粉　C. 蔗糖　D. 纤维素

12. 淀粉和纤维素不是同分异构体，这是因为（　　）。

A. 结构相同，分子组成不同

B. 分子组成相同，但结构不同

C. 分子组成和结构都不相同

D. 淀粉分子中不含醛基，而纤维素分子中含有醛基

13. 下列对各物质能用银氨溶液或新制的氢氧化铜悬浊液鉴别的是（　　）。

A. 葡萄糖和麦芽糖　B. 蔗糖和麦芽糖

C. 蔗糖和淀粉　D. 淀粉和纤维素

14. 在以淀粉为原料生产葡萄糖的过程中，能检验淀粉完全水解的试剂是（　　）。

A. 碘的碘化钾溶液　B. 石蕊试液

C. 溴水　D. 银氨溶液

15. 能鉴别葡萄糖、蔗糖和乙酸三种无色溶液的试剂是（　　）。

A. 石蕊试液　B. Na_2CO_3 溶液

C. 银氨溶液　D. 新制 $Cu(OH)_2$ 悬浊液和石蕊试液

16. 下列物质遇淀粉变蓝色的是（　　）。

A. KI　B. KIO_3　C. I_2　D. HI

四、计算题

1. 葡萄糖的相对分子质量是乙酸的3倍，其中含碳40%、氢6.7%、氧53.3%。求葡萄糖的分子式。

2. 某工厂用含淀粉50%的薯干2.4t来制取酒精，如果在发酵过程中有85%的淀粉转化为酒精，可制得含水5%（质量分数）的酒精多少吨？

第二节 氨基酸 蛋白质

一、填空题

1. α-氨基丙酸的结构简式是____________________，分子中所含官能团的名称是______和______，因此氨基酸既能与______起反应生成盐，又能与______起反应生成盐。

2. 蛋白质是由许多_______________通过________键构成的高分子化合物，分子中仍含有______基和______基，与______或______都能起反应生成盐。

3. 现有淀粉和蛋白质的混合溶液，检验混合液中含有这两种物质的方法是：在试管中加入少量混合液，再滴入碘水，变____色，证明混合液中含有______；在另一支试管中加入少量原混合液，再加入1mL浓硝酸，加热出现黄色沉淀证明其中含_________。要从混合液中初步分离出蛋白质，需向其中加入大量固体盐（钠盐或铵盐），使蛋白质的溶解度____而从溶液中______，分离出此沉淀，再把它放入蒸馏水中，又成为__________溶液。

二、判断题（下列说法正确的在题后括号内画“√”，错误的画“×”）

1. 羧酸分子中羟基上的氢原子被氨基取代后的生成物，叫做氨基酸。（　　）

2. 多肽分子中含有多个肽键，是高分子化合物，它的相对分子质量比蛋白质的相对分子质量大。（　　）

3. 氨基酸分子中所含的羧基是酸性基，氨基是碱性基。（　　）

4. 蛋白质是组成细胞的基础物质，生物的一切生命现象都离不开蛋白质。（　　）

5. 在酸、碱重金属盐、热、紫外线等的作用下，蛋白质会发生变性，采用蛋白质的多次变性，可以分离和提纯蛋白质。（　　）

6. 蛋白质的盐析是可逆过程，变性是不可逆过程。（　　）

7. 可以根据蛋白质的颜色反应来鉴别蛋白质，也可以根据蛋白质的灼烧分解来区别毛织物和棉织物。（　　）

8. 误服重金属盐，可以服用大量牛乳、蛋清或豆浆解毒，是因为这些物质中的蛋白质能消耗掉误服下去的重金属盐类，免去它对人体蛋白质的凝结。（　　）

9. 蛋白质是许多 α-氨基酸通过肽键构成的高分子化合物，显中性，分子直径很大，达到了胶体颗粒的大小。（　　）

10. 结晶牛胰岛素、酶、白明胶、酪素、血清、脂肪等都是蛋白质。（　　）

三、选择题（每小题只有一个选项符合题意，将其序号填在题后括号内）

1. 下列物质不属于天然高分子化合物的是（　　）。

A. 淀粉　　B. 油脂　　C. 纤维素　　D. 蛋白质

2. 1965 年中国科学家在世界上首次人工合成的蛋白质是（　　）。

A. 结晶牛胰岛素　　B. 猪胰岛素

C. 人生长素　　　　D. 淀粉酶

3. 下列物质为两性化合物的是（　　）。

A. 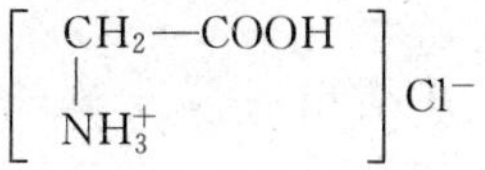 $\left[\begin{array}{l} CH_2—COOH \\ | \\ NH_3^+ \end{array}\right]Cl^-$　　　　B. 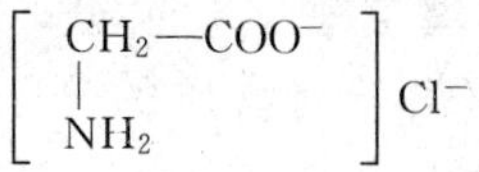 $\left[\begin{array}{l} CH_2—COO^- \\ | \\ NH_2 \end{array}\right]Cl^-$

C. 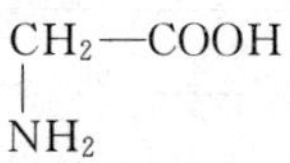 $\begin{array}{l} CH_2—COOH \\ | \\ NH_2 \end{array}$　　　　D. 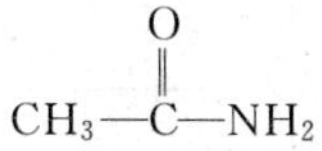 $\begin{array}{c} \quad\quad O \\ \quad\quad \| \\ CH_3—C—NH_2 \end{array}$

4. 下列式子表示肽键结构的是（　　）。

A. —CO—NH—　　B. —COOH　　C. —CHO　　D. R—CO—

5. 下列物质相对分子质量最大的是（　　）。

A. 二肽　　B. 氨基酸　　C. 多肽　　D. 蛋白质

6. 下列方法都能使蛋白质溶液产生沉淀，其中产生的沉淀加水后能重新溶解的是（　　）。

A. 加入氯化铜　B. 加入氯化钠　　C. 加入浓硝酸　　D. 加热

7. 不能使蛋白质变性的是（　　）。

A. 用硫酸铜或氯化汞溶液杀菌

B. 铜、汞、铅等重金属盐类使人畜中毒

C. 给蛋白质溶液中加入钠盐或铵盐的浓溶液

D. 用蒸煮的方法给医疗器械消毒

8. 鉴别蔗糖、淀粉和蛋白质三种无色溶液的试剂是（　　）。

A. 碘水　　B. 浓硝酸　　C. 银氨溶液　　D. 碘水和浓硝酸

四、计算题

某种蛋白质含硫 0.64%，它的分子中只含有 2 个硫原子，求这种蛋白质的相对分子质量。

自测题（120 分钟）

一、填空题（共 30 分，每空 1 分）

1. 写出下列物质的分子式或名称，并指出各属于哪一类物质（糖类应指出属于多糖、二糖或单糖）。

（1）果糖＿＿＿＿＿＿＿＿＿＿＿＿＿＿＿＿

（2）$CH_2OH—(CHOH)_4—CHO$ ＿＿＿＿＿＿＿＿＿＿＿＿

（3）蔗糖＿＿＿＿＿＿＿＿＿＿＿＿＿＿＿＿

（4）淀粉＿＿＿＿＿＿＿＿＿＿＿＿＿＿＿＿

（5）$CH_3—CH(NH_2)—COOH$ ＿＿＿＿＿＿＿＿＿＿＿＿

2. 写出下列反应的化学方程式，并注明反应类型。

（1）用淀粉制葡萄糖：＿＿＿＿＿＿＿＿＿＿＿＿＿＿

反应类型＿＿＿＿＿＿＿＿

（2）纤维素与浓硝酸起反应生成纤维素三硝酸酯：

＿＿＿＿＿＿＿＿＿＿＿＿＿＿＿＿＿＿＿＿

反应类型＿＿＿＿＿＿＿＿

（3）葡萄糖与氢气起反应生成己六醇：

＿＿＿＿＿＿＿＿＿＿＿＿＿＿＿＿＿＿＿＿

反应类型＿＿＿＿＿＿＿＿

（4）葡萄糖与新制的氢氧化铜反应：

＿＿＿＿＿＿＿＿＿＿＿＿＿＿＿＿＿＿＿＿

反应类型＿＿＿＿＿＿＿＿

3. 鉴别蛋白质、淀粉、葡萄糖和蔗糖四种无色溶液的方法是：各取少量溶液，加入碘水，变＿＿色的是＿＿＿＿＿溶液；分别取少量其他原溶液加入洁净的 3 支试管中，再分别加入银氨溶液，水浴加热后，出现＿＿＿＿＿的是＿＿＿＿＿＿＿溶液；分别取少量剩下的原溶液加入 2 支试管中，再分别加入几滴＿＿＿＿＿＿＿＿＿＿，微热后出现＿＿色沉淀的是＿＿＿＿＿＿＿＿＿＿溶液；最后剩下的是＿＿＿＿＿溶液。取少量最后剩下的溶液，向其中加入几滴质量分数为 30%硫酸后加热数分钟，反应后生成了__________和__________，其中__________分子中含有酮基，再用氢氧化钠溶液中和至呈碱性，然后加入新制的氢氧化铜悬浊液，并加热至沸，会出__________沉淀。

二、选择题（每小题有一至二个正确答案，将其序号填入题后括号内）（共 40 分，每小题 2 分）

1. 下列物质不能发生水解反应的是（　　）。

A. 淀粉　B. 甜菜糖　C. 蔗糖　D. 果糖

2. 下列物质不属于天然高分子化合物的是（　　）。

A. 蛋白质　B. 淀粉　C. 氨基酸　D. 纤维素

3. 下列物质不能发生银镜反应的是（　　）。

A. 蔗糖　B. 纤维素水解产物　C. 麦芽糖　D. 淀粉

4. 下列各组物质互为同分异构体的是（　　）。

A. 淀粉和纤维素　B. 氨基酸和蛋白质

C. 葡萄糖和果糖　D. 麦芽糖和蔗糖

5. 从蛋白质和葡萄糖等小分子物质的混合溶液中分离出蛋白质，可采用的方法是（　　）。

A. 过滤　B. 分馏　C. 盐析　D. 加热凝结

6. 下列各组物质最简式相同的是（　　）。

A. 淀粉和纤维素　B. 葡萄糖和蔗糖

C. 葡萄糖、淀粉和纤维素　D. 甲醛、乙酸和葡萄糖

7. 下列各组物质都属于蛋白质的是（　　）。

A. 淀粉和氨基酸　B. 白明胶和酪素

C. 油脂和纤维素　D. 结晶牛胰岛素和酶

8. 检验一个糖尿病人是否患有糖尿病，正确的方法是（　　）。

A. 在尿中滴入石蕊试液看是否变红

B. 在尿中滴入溴水，看是否褪色

C. 在尿中加浓硝酸并加热，看是否有黄色沉淀生成

D. 用尿与新制的氢氧化铜共热，看是否有红色沉淀产生

9. 下列物质属于两性化合物的是（　　）。

A. 氨基酸

B. 蛋白质

C. 氨基酸与盐酸反应的生成物

D. 氨基酸与氢氧化钠反应的生成物

10. 下列物质的水溶液（透明）能发生丁达尔现象的是（　　）。

A. 葡萄糖　　B. 淀粉　　C. 麦芽糖　　D. 蛋白质

11. 下列方法都可以使蛋白质溶液产生沉淀，其中产生的沉淀加水后重新溶解的是（　　）。

A. 加入浓无机盐（钠盐或铵盐）溶液

B. 加入铜、汞、铅等重金属盐溶液

C. 加入浓硝酸

D. 加热

12. 下列物质不能发生水解反应，但在一定条件下能自身相互反应的是（　　）。

A. 淀粉　　B. 蔗糖　　C. 氨基酸　　D. 蛋白质

13. 误食重金属盐类会引起中毒，急救的方法是（　　）。

A. 服用一定量酒精　　B. 服用大量的牛奶或豆浆

C. 服用大量的汽水　　D. 服用一定量碱金属硫化物

14. 下列物质属于非还原糖的是（　　）。

A. 淀粉　　B. 麦芽糖　　C. 蔗糖　　D. 果糖

15. 下列物质分子中，含碳原子数最多的是（　　）。

A. 二肽　　B. 蛋白质　　C. 多肽　　D. 氨基酸

16. 蛋白质的变性（　　）。

A. 是可逆过程

B. 是不可逆过程

C. 是蛋白质溶解度降低而析出，其性质不变

D. 是蛋白质凝结起来，仍保持原有的生理机能

17. 下列各对物质可根据灼烧后的气味鉴别的是（　　）。

A. 毛织物和棉织物　　B. 蔗糖和淀粉

C. 棉花和棉线　　D. 毛线和棉线

18. 由 α-氨基酸通过肽键形成的高分子化合物是（　　）。

A. 淀粉　B. 纤维素　C. 蛋白质　D. 聚乙烯

19. 下列说法正确的是（　　）。

A. 凡是分子式符合 $C_n(H_2O)_m$ 的化合物都属于糖类，也叫碳水化合物，都具有甜味

B. 葡萄糖在人体组织内发生氧化反应的热化学方程式是 $C_6H_{12}O_6+6O_2 \longrightarrow 6CO_2+6H_2O$

C. 重金盐能使蛋白质凝结变性，因此波尔多液（用 $CuSO_4 \cdot 5H_2O$ 与石灰乳混合配成）常用作防治植物病虫害的农药

D. 打针的针头、针筒用煮沸的方法可以使细菌死亡

20. 在 100mL 0.1mol/L 的蔗糖溶液中，所含蔗糖的质量是（　　）。

A. 342g　B. 34.2g　C. 3.42g　D. 0.342g

三、某有机物含碳 32%、氢 6.67%、氧 42.66%、氮 18.67%，它的相对分子质量是 75。（共 15 分）

1. 求这种有机物的分子式；

2. 该有机物既能与碱起反应生成盐，又能与酸起反应生成盐。它与碱生成的盐具有酸性，与碱生成的盐具有碱性，试确定这种有机物的结构简式和名称。

四、热水瓶胆镀银常用葡萄糖作还原剂，如果每一个热水瓶胆要镀银 0.3g，每天生产 5000 个这种热水瓶胆的工厂，至少要用多少千克纯度为 98%的葡萄糖溶液来还原银氨溶液。（共 15 分）

学习辅导

综合题分析

【例题】 有 A、B、C、D 四种含碳、氢、氧三种元素的有机物，它们都含碳 40%、氢 6.7%、氧 53.3%（均为质量分数）。又知：

（1）A 的蒸气对氢气的相对密度为 15；

（2）B 的相对分子质量是 A 的 6 倍；

（3）C 和 D 蒸气的密度换算成标准状况都是 2.68g/L，C 具有酸性，D 水解后能生成酸和醇；

（4）A、B、D 都能起银镜反应，也能被新制的氢氧化铜氧化。

根据上述情况，求 A、B、C、D 四种物质的分子式，试确定它们的结构简式，并指出名称。

简析：此题可根据已知条件求出四种物质的相对分子质量，然后根据有机物的组成中碳、氢、氧三种元素的质量分数求出分子中三种元素的原子个数，求出分子式；或根据组成可知它们的最简式相同，求出分子式；最后根据已知的各物质的性质确定四种物质的结构简式和名称。

【解】 A 的相对分子质量　$M_r(A)=15\times2=30$

B 的相对分子质量　$M_r(B)=30\times6=180$

C的相对分子质量　$M_r(C)=2.68\times22.4=60$

D的相对分子质量也是60

A分子中所含C、H、O三种元素原子个数为

$$N(C)=\frac{30\times40\%}{12}=1$$

$$N(H)=\frac{30\times6.7\%}{1}=2$$

$$N(O)=\frac{30\times53.3\%}{16}=1$$

A的分子式为CH_2O，由题中（4）可知，A分子中含醛基，其结构简式只能是HCHO，名称为甲醛。

由（2）可知B的分子式为$6CH_2O$，即$C_6H_{12}O_6$，又由（4）可知，B的分子中也含有醛基（—CHO），除醛基外其余部分为$C_5H_{11}O_5$，显然碳原子不可能以双键与氧原子结合，同时一个碳原子如果连接二个羟基（—OH）这种物质是不稳定的，所以B物质的结构简式只能是

$$\underset{\displaystyle OH}{\underset{|}{CH_2}}-\underset{\displaystyle OH}{\underset{|}{CH}}-\underset{\displaystyle OH}{\underset{|}{CH}}-\underset{\displaystyle OH}{\underset{|}{CH}}-\underset{\displaystyle OH}{\underset{|}{CH}}-CHO$$

其名称是葡萄糖。

由于C的相对分子质量为60，是A的2倍，且C和A的最简式相同，所以C的分子式为$C_2H_4O_2$，由（3）可知，其分子中含羧基（—COOH），除羧基后其余部分为CH_3，故C的分子组成中还含有甲基（—CH_3）。因此可推知B的结构简式为CH_3COOH，其名称是乙酸。

D的分子式和C相同，即为$C_2H_4O_2$，由（3）可知D是一种酯，其结构简式只能是

$$H-\overset{\displaystyle O}{\overset{\|}{C}}-OCH_3$$

其名称是甲酸甲酯，因分子中含醛基，故能起银镜反应，与（4）相符。

第四章　合成有机高分子化合物

第一节　有机高分子的一般概念

一、填空题

1. 相对分子质量________的分子叫高分子，高分子里的重复__________叫做链节，键节的数目用符号____表示，能聚合生成高分子的低分子化合物叫做________。聚氯乙烯的结构简式是__________________，它的单体是________________，链节是__________________，聚合度用符号____表示。

2. 高分子材料实际上是由许多________相同而________相同或不同的高分子所组成的________物。

3. 高分子的结构大体可分为____结构和____结构两种，其中________结构的高分子是一条能够________的长链，在这种高分子链中，原子跟原子或链节跟链节都是以________键相结合的。

4. 高分子材料通常分为____型高分子化合物和____型高分子化合物，____型高分子材料具有弹性、可塑性等优良特性。高分子材料的老化，就是它在加工或使用过程中，受到__________________等综合因素的影响，逐渐________________以致最后________________。

二、判断题（下列说法正确的在题后括号内画“√”，错误的画“×”）

1. 淀粉、蛋白质、纤维素和天然橡胶都是天然有机高分子化合物。（　　）

2. 高分子化合物与低分子化合物一样，分子组成和相对分子质量一般都是固定不变的，它们都属于纯净物。（　　）

3. 单个高分子有一定的聚合度和确定的相对分子质量，而组成同一种高分子化合物的许多高分子，链节结构都相同，但 n 值不相同，相对分子质量也不相同。（　　）

4. 带支链的线型高分子仍然是一个个单独的高分子。（　　）

5. 线型结构的高分子链是一条直线型的能够旋转的长链。（　　）

三、选择题（每小题只有一个选项符合题意，将其序号填在题后括号内）

1. 下列物质属于合成高分子化合物的是（　　）。

A. 蛋白质　　B. 天然橡胶　　C. 聚乙烯　　D. 淀粉

2. 丙烯是聚丙烯的（　　）。

A. 链节　　B. 聚合度　　C. 同分异构体　　D. 单体

3. 关于聚乙烯的下列说法错误的是（　　）。

A. 属于混合物

B. 所有聚乙烯分子的链节结构、聚合度、相对分子质量都相同

C. 聚合度是指平均聚合度

D. 相对分子质量是指平均相对分子质量

4. 许多高分子聚集时缠在一起，高分子链之间许许多多处存在（　　）。

A. 范德瓦尔斯力　　B. 离子键　　C. 共价键　　D. 斥力

5. 能溶解在适当的有机溶剂里形成胶体溶液（溶胶）的是（　　）。

A. 体型高分子材料　　B. 纤维素

C. 酒精　　D. 线型高分子材料

6. 下列物质能导电的是（　　）。

A. 蔗糖溶液　　B. 线型高分子材料

C. 乙酸溶液　　D. 体型高分子材料

7. 高分子材料的缺点是（　　）。

A. 不能导电

B. 不挥发

C. 耐磨、不透气、不透水、比较耐油

D. 不耐高温、易燃烧、易老化

8. 体型高分子材料具有的特性是（　　）。

A. 弹性　B. 机械强度较大，不导电

C. 可塑性　D. 能溶解在适当的溶剂里形成溶胶

四、计算题

1. 某种聚氯乙烯的平均聚合度为2000，计算它的平均相对分子质量。

2. 某气态烃在标准状况下的密度是1.25g/L，该烃中氢与碳的质量比为1∶6，求这种烃的分子式。

（提示：由质量比可求出各元素的质量分数）

第二节　有机高分子的合成

一、填空题

1. 由人工合成的高分子化合物叫__________高分子化合物，又叫做高聚物，合成它的两类基本反应是__________反应和__________反应，由许多相同或不相同的单体相互反应，生成高分子，同时还生成小分子（如水、氨、氯化氢等）的反应叫__________

反应。

2. 由人工合成的____型有机高分子化合物，具有某些天然____________的性质，所以叫做____________，它是塑料、合成纤维、合成橡胶等合成材料的主要原料。用苯酚和甲醛合成的________________，可直接用来制油漆，叫做____________漆。

二、判断题（下列说法正确的在题后括号内画“√”，错误的画“×”）

1. 由一种单体通过相互加成的反应聚合成高聚物的过程叫加成聚合反应。（　　）

2. 加聚反应只生成一种高聚物，缩聚反应除生成高聚物外，同时还生成小分子（如水、氨、氯化氢等）。（　　）

3. 缩聚反应一定要通过两种不同的单体才能发生。（　　）

4. 苯酚跟甲醛发生缩聚反应时，如果苯酚苯环上的邻位和对位上都能跟甲醛起反应，则得到体型的酚醛树脂。（　　）

三、选择题（每小题只有一个正确答案，将其序号填在题后括号内）

1. 关于加成聚合反应的下列说法，不正确的是（　　）。

A. 简称加聚反应　　B. 简称聚合反应

C. 只有一种生成物

D. 反应生成的高聚物链节的化学组成与单体不同

2. 用乙烯为原料制取聚乙烯时，采用四氯化钛（$TiCl_4$）等制成的配合物作催化剂与用氧气作催化剂比较，下列说法错误的是（　　）。

A. 降低了反应的温度和压强

B. 生成的聚乙烯密度较大

C. 生成的聚乙烯强度较大，因为分子链上支链很多

D. 生成的聚乙烯分子排列较整齐

四、计算题

有A、B、C、D四种有机物，A为气态不饱和烃，它在标准状况下的密度为1.875g/L，该烃中氢与碳的质量比为1∶6；B和A是

同系物，B 的相对分子质量是 28；C 物质由碳、氢、氧三种元素组成，能发生银镜反应，1mol C 完全燃烧能生成 1mol 二氧化碳；D 是一种相对分子质量为 94 的芳香族化合物，其水溶液显极弱的酸性，但不能使石蕊试液变色，它能与 C 发生缩聚反应。

1. 确定 A、B、C、D 的分子式，并指出名称。

2. 分别写出 A 和 B 在一定条件下发生加聚反应的化学方程式。

3. 写出 C 和 D 在一定条件下发生缩聚反应的化学方程式。

第三节　合成材料

一、填空题

1. 人们常说的三大合成材料是__________、__________和__________，其中产量最大、用途最广的是__________。

2. 塑料的主要成分是____________，根据塑料受热时的性质，可分为__________塑料和__________塑料，__________塑料可以反复加工塑制，它们都是____型高聚物。

3. 按照来源不同，纤维可分为________纤维和________纤维，________纤维又可分为人造纤维和合成纤维，合成纤维具有许多

________纤维所没有的优点，但缺点是________性和________性差，因此常用一种或几种合成纤维与________纤维或________纤维制成________织物，深受人们欢迎。

4. 橡胶是一类具有__________的高分子化合物，按照来源的不同，它可分为____橡胶和____橡胶两类，____橡胶的成分是聚异戊二烯，其结构简式是________________，链节是________________，单体的名称是__________；__________橡胶是由人工合成的具有天然橡胶性能的____型高分子化合物，按照性能和用途的不同，它可分为________橡胶和________橡胶，其中________橡胶用于制造轮胎及一般的橡胶制品，聚硫橡胶和丁腈橡胶是耐____的________橡胶，硅橡胶是一种耐________和________的橡胶。橡胶必须进行________，才能用来加工橡胶制品。

5. 写出下列反应的化学方程式，并注明反应类型。

(1) 苯乙烯在加热或引发剂的引发下反应生成聚苯乙烯；

____

反应类型____________________

(2) 尿素与甲醛在一定条件下起反应生成脲醛树脂。

____

反应类型____________________

二、判断题（下列说法正确的在题后括号内画“√”，错误的画“×”）

1. 所有的塑料中都含有辅助剂。（　）

2. 用聚氯乙烯制成的塑料薄膜不能用来包装食品。（　）

3. 通用塑料和工程塑料都是线型高聚物，都具有可塑性。（　）

4. 在化工生产中，硬质聚氯乙烯塑料可代替部分不锈钢制成阀门、管件、贮槽和吸收塔等。（　）

5. 用聚乙烯制造的食品袋等破损后可用热熔法修补，但用电木制成的电灯开关等破裂后不能用热熔法修补。（　）

6. 合成有机胶黏剂，通常是以有机高分子化合物为主料，加入

添加剂组合成的复杂混合物。（　　）

7. 锦纶的耐磨性很好，仅次于涤纶。（　　）

8. 聚酰胺、聚乙烯、聚丙烯、聚氯乙烯等线型高分子化合物既可制造塑料，又可制造合成纤维。（　　）

9. 天然橡胶和合成橡胶都是线型高分子化合物，必须进行硫化，才能用来加工橡胶制品。（　　）

10. 以前学过的塑料、合成纤维和橡胶分子中都含有许多碳碳双键，能与卤素起加成反应。例如，盛溴的瓶子若用橡皮塞，因发生加成反应慢慢就会老化，即变黏，最后又硬又脆而不能使用。（　　）

三、选择题（每小题只有一个选项符合题意，将其序号填在题后括号内）

1. 塑料的主要原料是（　　）。

A. 填充剂　B. 增塑剂　C. 合成树脂　D. 稳定剂

2. 下列塑料属于热固性塑料的是（　　）。

A. 聚乙烯　B. 聚苯乙烯

C. 聚四氟乙烯　D. 脲醛塑料

3. 下列物质属于体型高聚物的是（　　）。

A. 酚醛塑料　B. 聚丙烯　C. 聚氯乙烯　D. 有机玻璃

4. 聚酰胺、聚甲醛、聚碳酸酯、ABS 塑料属于（　　）。

A. 热固性塑料　B. 工程塑料

C. 通用塑料　D. 热固性塑料和工程塑料

5. 由三种单体合成的高聚物是（　　）。

A. 聚四氟乙烯　B. 聚酰胺 1010

C. 聚酯树脂　D. ABS 树脂

6. 聚甲基丙烯酸甲酯是目前最优秀的透明材料之一，它的俗名是（　　）。

A. 电木　B. 电玉　C. 有机玻璃　D. ABS

7. 下列各物质都可作胶黏剂的是（　　）。

A. 酚醛树脂和脲醛树脂

B. 聚氨酯树脂和环氧树脂

C. 聚酰胺 1010 和聚四氟乙烯树脂

D. ABS 树脂和聚苯乙烯树脂

8. 下列各对物质都属于合成胶黏剂的是（　　）。

A. 万能胶和聚氨酯胶黏剂　　B. 环氧树脂和牛皮胶

C. 淀粉和骨胶　　D. 松香和牛皮胶

9. 下列各对物质为合成纤维的是（　　）。

A. 棉和麻　　B. 黏胶纤维和乙酸纤维

C. 羊毛和蚕丝　　D. 涤纶纤维和腈纶纤维

10. 下列各合成纤维的分子中含有酯基（ $-\overset{\overset{\large O}{\|}}{C}-O-$ ）的是（　　）。

A. 锦纶　B. 涤纶　C. 腈纶　D. 维尼纶

11. 人造毛的商品名称是（　　）。

A. 丙纶　B. 氯纶　C. 腈纶　D. 尼龙

12. 下列物质为体型结构的是（　　）。

A. 硫化橡胶　B. 生橡胶　C. 合成橡胶　D. 合成纤维

13. 下列合成橡胶中，产量最大的通用橡胶是（　　）。

A. 顺丁橡胶　B. 丁腈橡胶

C. 氯丁橡胶　D. 丁苯橡胶

14. 下列合成橡胶中，产量最大的特种橡胶是（　　）。

A. 丁腈橡胶　B. 丁苯橡胶　C. 聚硫橡胶　D. 硅橡胶

15. 对于塑料、合成纤维和橡胶的下列说法，不正确的是（　　）。

A. 合成纤维都是线型高分子化合物

B. 塑料都是线型结构的高分子化合物

C. 橡胶是高分子链经过硫化所形成的网状的高分子材料

D. 三种高分子材料可以说都是从线型高分子开始，经过不同的处理而得到的不同性能的高聚物

四、计算题

某化工厂要制取 312.5kg 聚氯乙烯，试计算理论上需要用乙炔

多少立方米（标准状况）。

自测题（120分钟）

一、填空题（共30分，每空1分）

1. 用结构简式 $\mathrm{\text{-}[CH_2-CH(X)]_n\text{-}}$ 表示的高分子化合物，当X分别为氢原子、氯原子和甲基时，其名称分别是________、________和________，合成它们的单体的结构简式分别是________、________和________________，单体的名称分别是________、________和________。

2. 单个高分子具有一定的________度，其相对分子质量是________定的。组成同一种高分子化合物（高分子材料）的许多高分子，它们的____________相同，n值________________。

3. 高分子材料从结构上通常分为____型高分子化合物和____型高分子化合物，其中________型高分子材料难以溶解、没有可塑性。人们常说的三大合成材料是________、________和________，合成这些高聚物的两类基本反应是____________和____________，其中________反应中有小分子生成，所得的高聚物与单体化学组成有所不同。由____型高分子制成的塑料是热塑性塑料，由________型高分子制成的塑料是热固性塑料，合成纤维是由____型高分子制得，橡胶是由____型高分子经过____化所形成的____型结构的高分子材料，三种高分子材料都是从____型高分子开始经过不同的处理而得到的不同性能的高聚物。

二、选择题（每小题有一至二个选项符合题意，将其序号填在题后括号内）（共40分，每小题2分）

1. 下列各组物质都属于天然有机高分子化合物的是（　　）。

A. 生橡胶和蛋白质　　B. 塑料和棉、麻、羊毛及蚕丝

C. 淀粉和纤维素　　D. 塑料、合成纤维和合成橡胶

2. 由链节结构相同的许多高分子组成的同一种高分子化合物（高分子材料）是（　　）。

A. 单质　　B. 化合物　　C. 混合物　　D. 纯净物

3. 对于聚苯乙烯 $\left[CH_2-CH\right]_n$ 的下列说法错误的是（　　）。

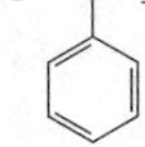

A. n 是指平均聚合度

B. 相对分子质量是指平均相对分子质量

C. 所有聚苯乙烯分子的链节都是 $-CH_2-CH-$

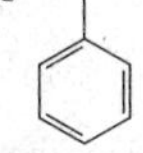

D. 是一种热塑性塑料，俗名叫有机玻璃

4. 聚异戊二烯的链节正确的是（　　）。

A. $\left[CH-\underset{\underset{CH_3}{|}}{C}=CH-CH_2\right]_n$　　B. $-CH_2-\underset{\underset{CH_3}{|}}{C}=CH-CH_2-$

C. $CH_2=\underset{\underset{CH_3}{|}}{C}-CH=CH_2$　　D. $-CH_2-\underset{\underset{CH_3}{|}}{C}-CH-CH_2-$

5. 下列反应属于缩聚反应的是（　　）。

A. $nCH_3-CH=CH_2 \xrightarrow[\text{加热、加压}]{\text{催化剂}} \left[\underset{\underset{CH_3}{|}}{CH}-CH_2\right]_n$

B. $nC_6H_5OH+nHCHO \xrightarrow{\text{催化剂}} \left[C_6H_3OHCH_2\right]_n+nH_2O$

C. $nCF_2=CF_2 \longrightarrow \left[CF_2-CF_2\right]_n$

D. $nO=\overset{\overset{NH_2}{|}}{\underset{\underset{NH_2}{|}}{C}}+nHCHO \longrightarrow O=\overset{\overset{NH_2}{|}}{\underset{\underset{\left[NCH_2\right]_n}{|}}{C}}+nH_2O$

6. 不能溶于适当的溶剂里形成溶胶的是（　　）。

A. 酚醛塑料　　B. 线型高分子材料

C. 蛋白质　　D. 硫化橡胶

7. 对于高分子材料的下列说法，错误的是（　　）。

A. 线型结构的具有弹性、可塑性、能导电，体型结构的机械强度较大，不能导电

B. 不挥发

C. 耐磨、不透气、不透水、比较耐油

D. 不耐高温、易燃烧、易老化

8. 合成材料的主要成分是（　　）。

A. 稳定剂　　B. 润滑剂　　C. 合成树脂　　D. 天然树脂

9. 属于体型结构的高分子材料是（　　）。

A. 热塑性塑料　　B. 合成纤维

C. 热固性塑料　　D. 硫化橡胶

10. 下列物质属于线型高分子化合物的是（　　）。

A. 酚醛塑料　　B. 合成树脂　　C. 脲醛塑料　　D. 生橡胶

11. 下列各组塑料都属于工程塑料的是（　　）。

A. ABS 塑料和聚甲醛塑料

B. 聚酰胺塑料和聚碳酸酯塑料

C. 聚苯乙烯塑料、酚醛塑料和氨基塑料

D. 聚乙烯、聚丙烯和聚氯乙烯塑料

12. 有机玻璃的化学名称是（　　）。

A. 脲醛塑料　　B. 聚甲基丙烯酸甲酯塑料

C. ABS 塑料　　D. 酚醛塑料

13. 下列物质可作胶黏剂的是（　　）。

A. 聚酰胺 1010 树脂　　B. 聚氨酯树脂

C. 氨基树脂　　D. 环氧树脂

14. 用热熔法使塑料口袋封口，所根据的原理是（　　）。

A. 黏性　　B. 热塑性　　C. 热固性　　D. 熔点低

15. 下列各组纤维都属于人造纤维的是（　　）。

A. 棉、麻、蚕丝和羊毛

B. 锦纶、氯纶、维纶、丙纶、涤纶、腈纶

C. 黏胶纤维和乙酸纤维

D. 聚乙烯纤维和聚乙烯醇缩甲醛纤维

16. 下列各组橡胶都属于特种橡胶的是（　　）。

A. 丁腈橡胶、聚硫橡胶和硅橡胶

B. 丁苯橡胶、顺丁橡胶和氯丁橡胶

C. 丁苯橡胶、丁腈橡胶和丁基橡胶

D. 异戊橡胶、氯丁橡胶和聚硫橡胶

17. 顺丁橡胶的单体是（　　）。

A. $CH_2=C(CH_3)-CH=CH_2$　　B. $CH_2=C(Cl)-CH=CH_2$

C. $CH_2=CH-CH=CH_2$　　D. $\{CH_2-CH=CH-CH_2\}_n$

18. 天然橡胶的结构简式是 $\{CH_2-C(CH_3)=CH-CH_2\}_n$，如果它的平均聚合度为 4000，则天然橡胶的相对分子质量是（　　）。

A. 4000　　B. 68　　C. 59　　D. 272000

19. 取食品袋（聚乙烯）、废旧的塑料雨衣（聚氯乙烯）和包装仪器用的泡沫塑料（聚苯乙烯）各一小片，然后将它们分别在酒精灯火焰上点燃，不正确的是（　　）。

A. 聚乙烯燃烧并同时熔化，呈蜡状液滴，冷后凝结

B. 聚氯乙烯燃烧时，因有氯化气体挥发出来，而有刺激性气味

C. 聚苯乙烯燃烧时，因含碳量较大，而有浓的黑烟产生

D. 聚乙烯、聚氯乙烯和聚苯乙烯三种塑料燃烧时的现象完全相同，无法鉴别

20. 下列物质能跟溴起加成反应的是（　　）。

A. 大多数热塑性塑料　　B. 大多数橡胶

C. 大多数热固性塑料　　D. 大多数合成纤维

三、用天然气、食盐和水为原料在一定条件下制取聚氯乙烯，写出有关反应的化学方程式，并注明反应类型。（共 12 分）

电解食盐水可制得氢气和氯气，进而制得氯化氢。

1. 由天然气制取乙炔；

______________________________反应类型____________

2. 由乙炔与氯化氢起反应制取氯乙烯；

______________________________反应类型____________

3. 由氯乙烯制取聚氯乙烯。

______________________________反应类型____________

四、用煤、石灰石、食盐和水为原料，在一定条件下，按照下列合成路线制取氯丁橡胶，写出各步反应的化学方程式。（共 10 分）

焦炭$\longrightarrow$电石$\longrightarrow$乙炔$\longrightarrow$乙烯基乙炔$\longrightarrow$2-氯-1，3-丁二烯$\longrightarrow$氯丁橡胶

五、某石油化工厂用含乙烯（体积分数）**36%的石油裂解气为原料制取聚乙烯塑料，若该厂理论上生产 36t 聚乙烯，需石油裂化气多少立方米？**（共 8 分）

学 习 辅 导

综合题举例

【例题 1】 有 A、B、C、D 四种物质，A 能起银镜反应，35%～40%（质量分数）的 A 溶液叫福尔马林；B 是一种能使溴水褪色的气态烃，在标准状况下的密度是 1.161g/L，分子中碳、氢元素的质量比为 12∶1；C 物质含碳 76.6%、氢 6.38%、氧 17.02%，它的相对分子质量为 94，其水溶液具有极弱的酸性，但不能使紫色石蕊试液变红色；D 是一种无色气体，其溶液是一种强无机酸，能与硝酸银

起反应生成一种不溶于稀硝酸的白色沉淀。

(1) 试确定A、B、C、D四种物质的分子式，并指出名称；

(2) 分别写出由A和C及B和D制取线型合成树脂的化学方程式，并注明反应类型。

【解】 (1) 根据题意 A的分子式为CH_2O，名称为甲醛。

B的相对分子质量 $M_r(B)=1.161\times22.4=26$

分子中含碳原子个数 $N(C)=26\times\frac{12}{12+1}\div12=2$

分子中含氢原子个数 $N(H)=26\times\frac{1}{12+1}\div1=2$

B的分子式为C_2H_2，其名称是乙炔。

C分子中含碳、氢、氧的原子个数为

$N(C)=94\times76.6\%\div12=6$

$N(H)=94\times6.38\%\div1=6$

$N(O)=94\times17.02\%\div16=1$

C的分子式为C_6H_6O，由题意可知它是苯酚。

由题意可知D的分子式是HCl，名称是氯化氢。

A、B、C、D的分子式分别是CH_2O、C_2H_2、C_6H_6O、HCl，名称分别是甲醛、乙炔、苯酚、氯化氢。

(2) A和C反应的化学方程式和反应类型为

$n C_6H_5OH + n HCHO \longrightarrow [C_6H_3OHCH_2]_n + n H_2O$ 属于缩聚反应。

B和D制取线型合成树脂的化学方程式和反应类型为

$CH\equiv CH + HCl \longrightarrow CH_2{=}CHCl$ 属于加成反应；

$n CH_2{=}CHCl \longrightarrow [CH_2{-}CHCl]_n$ 属于加聚反应。

【例题2】 用煤、石油、石灰石、食盐和水为原料制取聚乙烯、聚丙烯、聚氯乙烯、顺丁橡胶、氯丁橡胶、乙醇、乙醛、乙醚、乙酸和乙酸乙酯，写出各步反应的化学方程式，并注明必要的反应条件。

答：(1) 制取聚乙烯

从石油裂解气中分离出乙烯，乙烯发生加聚反应制得聚乙烯：

$$nCH_2{=\!=}CH_2 \xrightarrow{\text{催化剂}} {\lbrack\!\!-}CH_2{-}CH_2{-\!\!\rbrack}_n$$

(2) 制取聚丙烯

从石油裂解气中分离出丙烯制得：

$$n\underset{\underset{CH_3}{|}}{CH}{=\!=}CH_2 \xrightarrow[\text{加热、加压}]{\text{催化剂}} {\lbrack\!\!-}\underset{\underset{CH_3}{|}}{CH}{-}CH_2{-\!\!\rbrack}_n$$

(3) 制取聚氯乙烯

煤炼焦可得焦炭，再跟生石灰起反应制得电石，电石跟水起反应制得乙炔，由乙炔制得氯乙烯，进而制得聚氯乙烯。

$$CaCO_3 \xlongequal{\text{高温}} CaO+CO_2\uparrow$$

$$CaO+3C \xlongequal{\text{高温}} CaC_2+CO\uparrow$$

$$CaC_2+2H_2O \longrightarrow CH\equiv CH\uparrow+Ca(OH)_2$$

$$2NaCl+2H_2O \xlongequal{\text{电解}} 2NaOH+Cl_2\uparrow+H_2\uparrow$$

$$H_2+Cl_2 \xlongequal{\text{点燃}} 2HCl$$

$$CH\equiv CH+HCl \xrightarrow[\triangle]{\text{催化剂}} CH_2{=\!=}\underset{\underset{Cl}{|}}{CH}$$

$$nCH_2{=\!=}\underset{\underset{Cl}{|}}{CH} \xrightarrow[33\sim38^\circ C]{\text{引发剂}} {\lbrack\!\!-}CH_2{-}\underset{\underset{Cl}{|}}{CH}{-\!\!\rbrack}_n$$

(4) 制取顺丁橡胶

从石油裂解气中分离出 1,3-丁二烯制得

$$nCH_2{=\!=}CH{-}CH{=\!=}CH_2 \xrightarrow[40\sim60^\circ C]{\text{催化剂,汽油}} \left[\begin{matrix} H & & H \\ & C{=\!=}C & \\ {-}CH_2 & & CH_2{-} \end{matrix}\right]_n$$

(5) 制取氯丁橡胶

$$CH\equiv CH+CH\equiv CH \xrightarrow[\triangle]{\text{催化剂}} CH_2{=\!=}CH{-}C\equiv CH$$

$$CH_2{=}CH{-}C{\equiv}CH + HCl \xrightarrow{\text{催化剂}} CH_2{=}CH{-}\underset{\underset{Cl}{|}}{C}{=}CH_2$$

$$nCH_2{=}\underset{\underset{Cl}{|}}{C}{-}CH{=}CH_2 \xrightarrow[40℃]{\text{引发剂}} {+}CH_2{-}\underset{\underset{Cl}{|}}{C}{=}CH{-}CH_2{+}_n$$

(6) 制取乙醇

$$CH_2{=}CH_2 + H_2O \xrightarrow[\text{加热、加压}]{\text{催化剂}} CH_3CH_2OH$$

(7) 制取乙醛

$$2CH_3CH_2OH + O_2 \xrightarrow[500℃]{Ag} 2CH_3CHO + 2H_2O$$

或 $$CH{\equiv}CH + H_2O \xrightarrow[\text{加热、加压}]{\text{催化剂}} CH_3CHO$$

或 $$2CH_2{=}CH_2 + O_2 \xrightarrow[\text{加热、加压}]{\text{催化剂}} 2CH_3CHO$$

(8) 制取乙醚

$$2C_2H_5OH \xrightarrow[\triangle]{\text{催化剂}} C_2H_5OC_2H_5 + H_2O$$

(9) 制取乙酸

$$2CH_3CHO + O_2 \xrightarrow[\text{加热、加压}]{\text{催化剂}} 2CH_3COOH$$

(10) 制取乙酸乙酯

$$CH_3COOH + C_2H_5OH \xrightarrow[\triangle]{\text{浓硫酸}} CH_3COOC_2H_5 + H_2O$$

计算题参考答案

绪言

四、75%、85.7%、92.3%

第一章

第一节　四、1. 56　2. 1.52　3. 16　CH_4

第二节　四、1. C_2H_4　2. 11.2L　94g

第三节　四、31.5L

第四节　四、C_8H_{10}

第五节　四、1. C_4H_8　2. 610

自测题：六、C_6H_{14}

第二章

第一节　四、$C_2H_4Cl_2$

第二节　四、1. C_2H_5OH　2. C_2H_5OH

第三节　四、C_6H_6O　C_6H_5OH

第四节　四、C_2H_4O　CH_3CHO　乙醛

第五节　四、14.27mol/L

第六节　四、1. 37.4g　2. $C_4H_8O_2$

第七节　四、89.4%

第八节　四、351.4g

自测题　五、C_3H_6O　CH_3CH_2CHO　六、$C_4H_8O_2$

第三章

第一节　四、1. $C_6H_{12}O_6$　2. 0.55t

第二节　四、10000

自测题　三、$C_2H_5O_2N$　$\underset{\displaystyle NH_2}{\underset{|}{CH_2}}—COOH$　氨基乙酸　四、1. 276g

第四章

第一节　四、1. 125000　2. C_2H_4

第二节　四、1. A. C_3H_6　丙烯　B. C_2H_4　乙烯

C. CH_2O　甲醛　D. C_6H_6O　苯酚

第三节　四、$112m^3$

第四节　五、$8\times10^4 m^3$